"十二五"国家重点图书出版规划项目

水产养殖新技术推广指导用书

中国水产学会
全国水产技术推广总站 组织编写

国家出版基金项目
NATIONAL PUBLICATION FOUNDATION

全国水产养殖

QUANGUO SHUICHAN YANGZHI

主推品种

ZHUTUI PINZHONG

钱银龙　主编

U0195549

海洋出版社

2014年·北京

图书在版编目（CIP）数据

全国水产养殖主推品种／钱银龙主编. —北京：海洋出版社，
2014.4
（水产养殖新技术推广指导用书）
ISBN 978 - 7 - 5027 - 8832 - 2

Ⅰ. ①全⋯ Ⅱ. ①钱⋯ Ⅲ. ①水产养殖 - 品种 - 中国
Ⅳ. ①S96

中国版本图书馆 CIP 数据核字（2014）第 043381 号

责任编辑：常青青
责任印制：赵麟苏

海洋出版社 出版发行

http://www.oceanpress.com.cn
北京市海淀区大慧寺路 8 号　邮编：100081
北京旺都印务有限公司印刷　　新华书店北京发行所经销
2014 年 4 月第 1 版　2014 年 4 月第 1 次印刷
开本：880mm×1230mm　1/32　印张：9.5
字数：256 千字　定价：28.00 元
发行部：62132549　邮购部：68038093　总编室：62114335
海洋版图书印、装错误可随时退换

《水产养殖新技术推广指导用书》
编委会

《全国水产养殖主推品种》
编委会

丛 书 序

我国的水产养殖自改革开放至今，高速发展成为世界第一养殖大国和大农业经济中的重要增长点，产业成效享誉世界。进入 21 世纪以来，我国的水产养殖继续保持着强劲的发展态势，为繁荣农村经济、扩大就业岗位、提高生活质量和国民健康水平作出了突出贡献，也为海、淡水渔业种质资源的可持续利用和保障"粮食安全"发挥了重要作用。

近 30 年来，随着我国水产养殖理论与技术的飞速发展，为养殖产业的进步提供了有力的支撑，尤其表现在应用技术处于国际先进水平，部分池塘、内湾和浅海养殖已达国际领先地位。但是，对照水产养殖业迅速发展的另一面，由于养殖面积无序扩大，养殖密度任意增高，带来了种质退化、病害流行、水域污染和养殖效益下降、产品质量安全等一系列令人堪忧的新问题，加之近年来不断从国际水产品贸易市场上传来技术壁垒的冲击，而使我国水产养殖业的持续发展面临空前挑战。

新世纪是将我国传统渔业推向一个全新发展的时期。当前，无论从保障食品与生态安全、节能减排、转变经济增长方式考虑，还是从构建现代渔业、建设社会主义新农村的长远目标出发，都对渔业科技进步和产业的可持续发展提出了更新、更高的要求。

渔业科技图书的出版，承载着新世纪的使命和时代责任，客观上要求科技读物成为面向全社会，普及新知识、努力提高渔民文化素养、推动产业高速持续发展的一支有生力量，也将成为渔业科技成果入户和展现渔业科技为社会不断输送新理念、新技术的重要工具，对基层水产技术推广体系建设、科技型渔民培训和产业的转型提升都将产生重要影响。

中国水产学会和海洋出版社长期致力于渔业科技成果的普及推广。目前在农业部渔业局和全国水产技术推广总站的大力支持下，近期出版了一批《水产养殖系列丛书》，受到广大养殖业者和社会各界的普遍欢迎，连续收到许多渔民朋友热情洋溢的来信和建议，为今后渔业科普读物的扩大出版发行积累了丰富经验。为了落实国家"科技兴渔"的战略方针、促进及时转化科技成果、普及养殖致富实用技术，全国水产技术推广总站、中国水产学会与海洋出版社紧密合作，共同邀请全国水产领域的院士、知名水产专家和生产一线具有丰富实践经验的技术人员，首先对行业发展方向和读者需求进行广泛调研，然后在相关科研院所和各省（市）水产技术推广部门的密切配合下，组织各专题的产学研精英共同策划、合作撰写、精心出版了这套《水产养殖新技术推广指导用书》。

本丛书具有以下特点：

（1）注重新技术，突出实用性。本丛书均由产学研有关专家组成的"三结合"编写小组集体撰写完成，在保证成书的科学性、专业性和趣味性的基础上，重点推介一线养殖业者最为关心的陆基工厂化养殖和海基生态养殖新技术。

（2）革新成书形式和内容，图说和实例设计新颖。本丛书精心设计了图说的形式，并辅以大量生产操作实例，方便渔民朋友阅读和理解，加快对新技术、新成果的消化与吸收。

（3）既重视时效性，又具有前瞻性。本丛书立足解决当前实际问题的同时，还着力推介资源节约、环境友好、质量安全、优质高效型渔业的理念和创建方法，以促进产业增长方式的根本转变，确保我国优质高效水产养殖业的可持续发展。

书中精选的养殖品种，绝大多数属于我国当前的主养品种，也有部分深受养殖业者和市场青睐的特色品种。推介的养殖技术与模式均为国家渔业部门主推的新技术和新模式。全书内容新颖、重点突出，较为全面地展示了养殖品种的特点、市场开发潜力、生物学与生态学知识、主体养殖模式，以及集约化与生态养殖理念指导下的苗种繁育技术、商品鱼养成技术、水质调控技术、营养和投饲技术、病害防控技术等，还介绍了养殖品种的捕捞、运输、上市以及在健康养殖、无公害养殖、理性消费思路指导下的有关科技知识。

本丛书的出版，可供水产技术推广、渔民技能培训、职业技能鉴定、渔业科技入户使用，也可以作为大、中专院校师生养殖实习的参考用书。

衷心祝贺丛书的隆重出版，盼望它能够成长为广大渔民掌握科技知识、增收致富的好帮手，成为广大热爱水产养殖人士的良师益友。

中国工程院院士

2010 年 11 月 16 日

前　言

为加快农村经济发展，促进农民增收，大力推进水产健康生态养殖，提高水产品质量安全水平，提高农民在水产养殖业方面增产增收的潜力，提高广大养殖者的技术水平和水产经济效益，根据农业部最新推介发布的农业主导品种和主推技术名录，结合现阶段渔业生产发展的需要，我们编辑了《全国水产养殖主推品种》一书。

本书收集了当前养殖效益明显、技术成熟的主要海水、淡水品种养殖新技术和养殖新模式，内容翔实，科学性、实用性强，采用图文并茂的形式，生动形象，通俗易懂，是广大养殖者、农业技术推广人员的良师益友，也可供水产院校师生、各级水产行政主管部门的科技人员和管理干部参考。

参加本书编写的有国内水产养殖领域的知名专家和具有丰富实践经验的生产一线技术人员，在此对有关专家付出的辛勤劳动表示诚挚的感谢！由于编者水平、信息获取所限，编辑整理时间仓促，不足之处敬请广大读者批评指正。

编　者
2013 年 5 月

目　录

上篇　淡水养殖品种

下篇　海水养殖品种

上 篇

淡水养殖品种

鳜　　鱼

一、品种来源

鳜鱼原产长江水系，亲本来自于自然水系并经培育筛选而来。安徽省池州市贵池区白沙湖联营渔场、上海水产大学、安徽农业大学等单位联合，选择长江支流——秋浦河中具有典型地方性状特征的野生翘嘴鳜作亲本，将其 F1 后代作为育种的基础群，经过人工驯化、不断选育和提纯复壮，获得稳定的遗传性状，定名为秋浦花鳜，但未经审定。

二、特征特性

鳜鱼又名桂花鱼，是名贵淡水鱼类品种之一。其肉质丰腴细嫩，味道鲜美可口，营养丰富，含有人体必需的 8 种氨基酸，深受广大消费者的喜爱。在江河、湖泊中，常见的种类有翘嘴鳜、大眼鳜和斑鳜等，其中以翘嘴鳜为多。鳜鱼，属温水性淡水鱼类，底栖生活，喜群居和穴居，静水或微流水均适宜，水草繁茂的浅水带尤为适合其摄食活动。鳜鱼，以活的鱼、虾和其他水生动物为食，是凶猛的掠夺性鱼类。刚开口摄食的仔鱼，就能摄食比自身体形大的其他鱼类仔鱼，饥饿时蚕食同类。鳜鱼与一般鱼类不同，仔、稚鱼均不摄食浮游生物。有明显的摄食节律，清晨及傍晚摄食最旺盛，水温10℃以下时极少摄食，7℃以下停止摄食。雌、雄鱼性成熟年龄为 2 冬龄，体重 1.5～2 千克，繁殖季节为 5 月上旬至 7 月初，水温23℃以上。秋浦花鳜经过定向选育后，遗传性状相对稳定；生长速度快，在同等养殖条件下，子代生长速度较普通鳜鱼快 10% 以上；抗病力、抗逆性强；体色较普通鳜鱼暗，具有黑色的花斑。

三、产量表现

当年的夏花（3~4 厘米）经过 4~5 个月饲养，可养成商品鱼。池塘单养亩产 500 千克以上，平均个体重 500 克左右。在广东池塘单养条件下，7 月初放养全长 3~3.5 厘米规格的夏花鱼种，每亩放养 1 200~1 500 尾，养成 500~700 克商品鱼，周期为 150~180 天，饲料系数为 4~5，亩①产 500~700 千克。

四、养殖要点

1. 苗种培育

开口培育阶段，需 3~5 天，用出膜 8~12 小时团头鲂作为开口料，投喂量为鳜鱼的 5~6 倍；开口 3 天后，可用草鱼或鲢鱼水花投喂。夏花培育需 15~20 天，一般采用水泥池培育，放养密度为每平方米水体 500~800 尾。2 厘米以前投喂水花鱼苗为主，2 厘米之后，投喂鲢鱼乌仔，投喂量一般是鳜鱼苗的 5 倍左右。体长 2.5~3.3 厘米的鳜鱼苗，培育至 8~10 厘米的大规格鱼种，池塘培育按（2~3）∶1 配套饵料鱼培育池，放养密度为 8 000~10 000 尾/亩；网箱培育，按（30~40）∶1 配套饵料鱼池塘，放养密度为每平方米 50~100 尾。经过 20~30 天左右快速培育成 8~10 厘米的大规格鱼种。

2. 池塘养殖

主养高产池塘宜采用面积 4~6 亩、水深 2 米左右的方形土池。池底淤泥厚不超过 20 厘米，水源良好，溶氧量高于 5 毫克/升，有完善的进、排水系统，有条件的可保持微流水，并配备增氧机。

准备工作：鳜苗下塘前 12~15 天清塘消毒，鳜苗下塘前 8~10 天，注水 0.8~1 米，亩放养鲮鱼或草鱼、鲢鱼水花 200 万~300 万尾，利用空闲期间培育前期饵料鱼。鳜苗下塘前注水至 1.5 米左右，

---

① 亩为我国非法定计量单位，1 亩≈666.7 平方米，1 公顷=15 亩，以下同。

若水太肥应适当换水。放养夏花鱼种 1 500 ~ 2 000 尾/亩，放养 8 ~ 10 厘米大规格鱼种 1 200 ~ 1 500 尾/亩。

3. 网箱养殖

网箱设置地点，一般选择天然水域中相对开阔、向阳、有微流水、水深 4 米以上的区域，要求水源充足，水质清新。每亩网箱配套 40 亩池塘培育饵料鱼，网箱放养密度为每平方米投放 8 ~ 10 厘米秋浦花鳜苗种 40 ~ 60 尾。

4. 中小水体混养

山塘、水库、内湖和沟渠等自然水体，野杂鱼资源丰富，适宜混养鳜鱼。要求有完善的拦鱼设施，1 ~ 2 年内彻底起捕，主养鱼规格不能小于鳜鱼苗。建议放养密度：面积 100 亩左右，放养 5 厘米以上鳜鱼苗 500 尾；300 ~ 500 亩，放养 1 000 ~ 1 500 尾；1 000 亩左右，放养 3 000 ~ 5 000 尾。成活率为 40% ~ 50%。

5. 注意事项

饲养鳜鱼以中等肥度的水质最适宜，透明度 25 ~ 35 厘米；在饲养过程中，半个月左右换水一次，抽出部分老水，补充新水，每次换水量不超过 30 厘米，防止起应激反应；必须配备增氧机，每亩水面可配备叶轮式增氧机动力 0.35 ~ 0.5 千瓦，晚间及中午开机，保证充足的溶解氧；做好适口饵料鱼配套计划，保证不同生长阶段鳜鱼所需的适口饵料鱼供应，且饵料鱼规格宁偏小而莫偏大；合理控制饵料鱼投喂量，以每次投喂的饵料鱼 3 ~ 7 天吃完为合适，并及时补充，投喂前对饵料鱼检验检疫，消毒杀虫，防止病原随饵料鱼带入；鳜鱼对敌百虫敏感，禁止使用。

适宜区域：全国各地池塘、水库、湖泊和河道等水域均可养殖。

（广东省水产技术推广总站　姜志勇，马志洲，冼凤英）

鳜鱼

鳗　　鱼

一、基本情况

1. 品种来源

自然捕捞白仔鳗苗，经过人工培育而成黑仔鳗，然后进行人工养成。目前养殖品种有日本鳗鲡、欧洲鳗鲡、美洲鳗鲡和菲律宾鳗鲡，其中以日本鳗鲡和欧洲鳗鲡为主。

2. 特征特性

鳗鱼躯体细长，除用鳃呼吸外，皮肤、鳔、口腔、肠管等部位也能进行呼吸，离水后能活较长时间。鳗鱼是一种广盐性鱼类，在海水中繁殖，淡水中生长。肉食性，摄食量与水温关系密切，当水温在10℃以下时，停止摄食；适宜生长水温为25～30℃；当水温处在2℃以下时会冻死。在自然状态下，生长较慢，一般2年才长到200克左右；在人工饲养条件下，生长较快，一般第一年可长到200克以上，第二年可长到400克以上。

3. 产量表现

可当年养成规格鳗，池塘大面积养殖亩产可达600千克以上。

二、养殖技术要点

（一）苗种培育

用红丝蚓驯食及转换投喂人工配合饲料，经过大约50天左右时间的连续精心培育，适时分养，鳗苗体色变黑，达到每尾规格10克以上的黑仔鳗。目前，鳗鱼人工繁殖尚未完全实现，鳗鱼养殖苗种的来源仍然依靠天然鳗苗，苗种费用占整个生产成本较大的比例。

因此，鳗苗培育阶段的成活率，将直接影响养鳗的生产成本及经济效益。鳗苗培育技术，就是采取人工手段，培育出健壮的苗种，提高成活率。同时，给成鳗养殖过程中的生产经营带来方便，减少病害发生，提高商品鳗价值。

（二）水质调节

由于土池养鳗使用的池塘面积较水泥池养鳗的面积大，换水较为不便，因此，换水频率也就低得多。土池养鳗更应该强调池塘水质的调节。鳗池水质调节，可实施物理调节和化学调节。物理调节包括冲、加水调节和机械调节；化学调节包括投放生石灰和复合肥。不管采取哪种调节方法，其目的都是保持池水水质呈良好清新状况，保证鳗鱼在适宜的水环境中生长。冲、加水调节机理是排放池塘老水，注入新水，提高池水的溶氧量；机械调节则是通过开启增氧设备，使空气中的氧气进入水体，并得到均匀搅动。化学调节投放生石灰，目的是调节池水的 pH 值；投放复合肥则是增加池水中的浮游生物量，改善池塘水体溶解氧及水质状况。

（三）病害防治

鳗鲡是一种深受国内外市场欢迎的高档水产品，价格一直较高。近年来养鳗业飞速发展，在现有各种养殖模式下，由于水环境及养殖因素各方面的影响，鳗鲡发病几率高，给养殖者造成了巨大的经济损失。

1. 鳃霉病

鳃霉病是真菌性鱼病，不能用抗生素治疗，若用抗生素治疗，病情会越来越严重。因此，在发病季节，如果发现有烂鳃现象，需正确诊断后方能用药处理，不然将造成严重的经济损失。

防治方法如下。

① 发病季节，适当增加换水量，保持良好的水质，并用 15～20 毫克/升的生石灰溶液全池均匀泼洒，每星期泼洒 1～2 次，使池水 pH 值保持在 7.5～8.5。

② 采用 0.7 毫克/升的硫酸铜或 0.7 毫克/升的硫酸铜和硫酸亚铁合剂(5:2)全池泼洒，对此病有一定的疗效。

③ 用0.5毫克/升的"鱼康"溶液全池泼洒。

④ 发病的鳗池，把水排放1/2后将食盐撒入池里，使池水的含盐量达0.7%～1%，48小时后加入新水至原水位。效果很好。

⑤ 患病的鳗池，应停止投喂饲料或减少投喂饲料量，有利于病害的消除和病鱼康复。

2. 鳗弧菌病

（1）**病原**　由鳗弧菌感染引起。

（2）**症状**　各鳍条充血发红；肛门红肿；躯干部皮肤褪色、溃烂或隆起；肠道通常有充血；肝脏肿大呈土黄色，有出血斑。

（3）**防治方法**　鳗弧菌是条件致病菌，当受水质不良因素的强烈刺激、鱼体受伤等，都可引起此病的发生。保持水质清洁，定期用"养水宝"或"水宝"改良、净化水质；尽量避免鱼体受伤，可用"应激消"拌入饲料中投喂或全池泼洒，增加鳗鱼抗应激能力；鳗鱼一旦发病，全池泼洒"肠鳃宁"、"复方三氧碘溶液"，隔日再用一次；同时内服"菌毒克星散"或"特制百菌消"，连服3天，病情可得到有效控制。

3. 鳗烂尾病

（1）**病原**　由点状产气单胞菌感染引起。

（2）**症状**　病鳗尾柄、躯干或头部皮肤溃烂，坏死脱落，严重时溃烂深入肌肉层；有的嘴端溃烂。该病往往与水霉病并发，烂尾部继续发展，则可导致细菌性败血症。

（3）**防治方法**　在过池、选别、搬运中，操作要细心，尽量避免鳗鱼受伤；过池时，要用"强力碘"、"戊二醛溶液"将鱼体和池塘消毒，防止感染；发病时用"复方三氧碘溶液"或"菌毒清Ⅱ"消毒，将"鳗炎消"或"菌毒克星散"拌饵投喂，连用3天。

4. 车轮虫病

（1）**病原**　由壶形车轮虫属和小车轮虫属的寄生虫寄生引起。

（2）**症状**　车轮虫主要寄生在鳗鱼的皮肤和鳃上，引起皮肤和鳃组织损伤，使鳃丝肿胀充血，黏液分泌增多，影响鱼呼吸和生长。

病鱼身体消瘦，游动迟缓，摄食不良。

（3）防治方法 该病在水质较肥，放养密度大的鳗池中容易发生。用"净水宝"和"降解底净"改善水质；然后，用"车轮清"或"轮虫净"加"强力混杀精"全池泼洒。

5．小瓜虫病（白点病）

（1）病原 多子小瓜虫。

（2）症状 大量寄生时病鱼体表、鳍条和鳃上布满白色的小点状胞囊。严重感染时，形成一层白色薄膜覆盖于病灶表面。虫体侵入鳃，破坏鳃组织，使鳃出现贫血。虫体侵入鱼的眼角膜，使鱼眼发炎、变瞎。

（3）防治方法 饲养在水泥池中的鳗鱼，容易感染此病。发病时，用"原虫净"或"强力混杀精"全池泼洒，再用"肠鳃宁"杀菌消毒。有条件时，可将水温升高到 $26 \sim 30 ℃$，保持 $4 \sim 7$ 天，使虫体从鱼体上脱落，再转池饲养，对原池进行彻底消毒。

6．肝胆综合征

（1）病因 水质污染、高密度放养及长期投喂高性能的配合饲料，使肝胆综合征频繁暴发。

（2）病症 发病时，病鱼食欲不佳，生长缓慢，抗病力下降。解剖后可发现，肝脏肿大，色泽变淡或呈土黄色，直至黄白相间的"花肝"；胆囊偏大，外壁附有一些银色的外膜，胆汁颜色偏淡；肠内壁充血，弹性差。

（3）防治方法 保持水质清新；使用全价配合饲料，适当搭配投喂动物性饲料；如发生此病，可将"电解维他"加"肝康"、"特制百菌消"拌饵内服，连用 $5 \sim 7$ 天，以保肝护胆，增强鱼体抗病力。

7．亚硝酸盐中毒症

（1）病因 鳗鱼亚硝酸盐中毒症，是由于池水中积累亚硝酸盐浓度过高而引起。池水中氨态氮含量过高，氧气不足，就会导致亚硝酸态氮积累。

（2）**病症** 病鱼表现为毛细血管变薄，出现褐血症（体内亚铁血红蛋白变为高铁血红蛋白）。

（3）**防治方法** 在养殖过程中，要加强池水管理，经常检测 pH 值、亚硝酸盐、氨浓度，防止中毒发生。一旦发现鳗鱼中毒，要迅速泼洒"降解底净"等水质改良剂，同时最好配合使用"应激消"、"电解维他"，以提高鳗鱼抵抗力。

三、养殖模式

成鳗养殖分为水泥池精养和土池饲养两种方式。

水泥池精养的特点是放养密度大，产量高，一般每亩产量为 2 ~ 3 吨，高产可达 7 ~ 8 吨。但基建投资较大，对管理技术要求较高。

土池饲养技术容易掌握，对管理技术要求相对较低，每口池 10 ~ 20 亩，养殖过程一般只加水、少换水，通过菌相、藻相平衡。养殖密度 2 000 ~ 4 000 尾/亩，亩产一般可达 650 ~ 750 千克。

在饲养鳗鱼过程中，一个重要的技术要点是培育水质。水泥池饲养，水体中理想的藻相是微囊藻；而土池饲养鳗鱼时，应以培育绿藻类为主。由于鳗鱼生长差异情况较为明显，因此，水泥池精养鳗鱼时，应经常进行稀疏分养；土池饲养成鳗，多采用分级饲养的方式。鳗鱼病害防治，主要通过加强水质管理和增强鳗鱼机体的抵抗力，坚持"预防为主"的原则。

四、适宜区域

广东、福建和江西等鳗鱼出口优势区域。

（广东省水产技术推广总站　饶志新，钟金香，麦良彬）

虹　　鳟

一、基本情况

1. 品种来源

虹鳟原产于北美洲的太平洋沿岸，我国于 1959 年由朝鲜首次引进。目前，我国饲养较普遍的优良品系主要是以下三种：一是道纳尔逊虹鳟鱼，该鱼是美国道纳尔逊教授从降海型虹鳟选育成的虹鳟速生品系，与普通虹鳟比较，道氏虹鳟具有生长快、肉质好的特点，正在我国逐步扩大养殖。二是金鳟，该鱼是日本长野县水产试验场从虹鳟突变种选育出的黄体色品系，我国引进后经驯化养殖已成为养鳟业的重要养殖品种。除食用价值外，还因其金黄体色而具很高的观赏价值。三是山女鳟，该鱼原产于日本东北部地区，是马苏大马哈鱼的陆地型种群。其体态匀称，肉味极鲜，是 30 多种鲑科鱼类中最好吃的两种鱼之一。

2. 审定情况

虹鳟由中国水产科学研究院黑龙江水产研究所选育，1996 年通过全国水产原种和良种审定委员会审定，品种登记号为 GS – 03 – 006 – 1996。

道纳尔逊虹鳟，由青岛海洋大学（现中国海洋大学）选育，1996 年通过全国水产原种和良种审定委员会审定，品种登记号为 GS – 03 – 007 – 1996。由甘肃省渔业技术推广总站选育的甘肃金鳟，2006 年通过全国水产原种和良种审定委员会审定，品种登记号为 GS – 01 – 001 – 2006。

3. 特征特性

虹鳟系底层冷水性凶猛鱼类，对水中溶解氧要求高，全年摄食。

在人工养殖条件下能很好地摄食颗粒饲料。生活极限温度为 0 ~ 30℃，适宜生活水温为 10 ~ 18℃，最适生长水温为 14 ~ 16℃。当水温低于 7℃ 或高于 20℃ 时，食欲减退，生长减慢；当水温超过 24℃ 时，摄食停止，以后逐渐衰弱而死亡；当水温上升至 27℃ 以上时，短时间内死亡。水体含氧量要求在 5 毫克/升以上，最适 pH 值为 7 ~ 7.5。虹鳟对盐度有较强的适应能力，成鱼经半咸水过渡，甚至可适应海水生活。虹鳟非常适合进行人工集约化养殖，具有高产、高效、市场广阔等特点。

4. 产量表现

虹鳟养殖主要方式为流水养殖和网箱养殖，养殖用水的水量和水质决定了养殖规模和产量。流水养殖产量一般为 5 ~ 15 千克/米²，我国较高水平可达到 20 ~ 45 千克/米²；网箱养殖产量一般可达 20 ~ 100 千克/米²。

二、主推模式和技术要点

（一）主推模式

在拥有冷泉水、溪水、水库底层水等冷流水资源，条件适宜的地方，虹鳟养殖主推模式为流水养殖（图 1），在条件适宜的深水（低温）水库、河道等可推广网箱养殖模式。

（二）养殖要点

1. 稚鱼培育及当年鱼的饲养

刚浮起的稚鱼，索饵能力差，不集群。开始投喂时，需注意使饵料遍撒水面；待喂养 2 周后，则可以把饲料撒到鱼较集中的地方；后期稚鱼渐大，投喂时可将几种饲料混合调成糊状煮熟后，制成小颗粒状，撒到水中。初期每天投喂次数需多些，日投 6 ~ 8 次为宜；后期日投 2 ~ 4 次。一般当水温达 10℃ 以上、稚鱼体长为 13 厘米以下时，干饲料按鱼体重的 2% ~ 7% 投喂，鲜饲料则按 2.5% ~ 13% 投喂。当体长达 14 厘米以上时，干饲料按鱼体重的 0.5% ~ 2.4% 投喂，鲜饲料则按 1% ~ 4.9% 投喂。

图1 虹鳟(金鳟)流水养殖池

初期稚鱼的放养密度为 5 000 ~ 10 000 尾/米²；当稚鱼体重达到 1 克左右（全长 4 ~ 5 厘米）时，需要按个体大小不同分池饲养；2 克左右的鱼种（全长 5.5 厘米），放养密度为 1 200 ~ 1 500 尾/米²；5 个月以后，鱼体重在 20 ~ 30 克的个体，放养密度为 500 ~ 100 尾/米²。

2. 成鱼流水养殖

（1）**鱼种投放** 要想获得高产，必须放足量的鱼种，在一年的生长期中，年生产量约为放养量的 3.5 ~ 5 倍，在条件允许的情况下，放养量和生产量成正比，所以，要实现预期的年产量，放养量必须达到生产目标的 20% ~ 30%。通常，鱼个体重 60 ~ 70 克，放养密度为 230 ~ 250 尾/米²；鱼个体重 100 ~ 150 克，放养密度为 100 ~ 150 尾/米²。同时，要随水温的升高而加大水的流量。

（2）**饲料** 要求饲料粗蛋白含量为 43% 左右，饲料原料一定要保证质量，发霉、变质的饲料坚决不能用。

（3）**日常管理** ① 水质管理与控制。养鳟用水要求清洁无污染；注水率在 10 ~ 15 之间（注水率计算方法见下文"三、养殖实例"）；养成鱼最佳生长水温为 12 ~ 18℃，常年水温最好不低于 10℃，最高不超过 22℃；水中溶氧量要求在 9 毫克/升以上为好，池水最低溶氧量不应低于 5 毫克/升；定期清除池底沉积物，排干池水，洗刷池子。

② 增氧。在有限水量下要获得尽可能高的产量，就需进行增氧。增氧措施有两种：一种是利用注入水的自然落差，跌水增氧；另一种是用增氧机来增氧。

③ 筛选。及时筛选即将达到商品规格的个体，及时出售或单独放养。

④ 鱼病防治。鱼病应以预防为主，并应及早发现，及时治疗。引进的受精卵、稚鱼等要做好检疫，鱼种放养前用 3% 的食盐水浸洗，每半月泼洒生石灰一次，每次用量为 20 千克/亩；可每隔 10 天用 0.5 毫克/升的二氧化氯泼洒消毒，每天一次，连续 3 天；平时，注意投喂新鲜和营养全面的饲料，并可定期在饲料中添加 3% ~ 5% 的大蒜素，连续投喂 3 ~ 6 天为一个疗程，即可预防营养性疾病的发生。

3. 成鱼网箱养殖

（1）苗种放养 当水库水温保持在 8℃ 以上时，即可投放虹鳟鱼种，一般个体重为 20 ~ 100 克。鱼种放养量取决于收获时网箱中虹鳟预期达到的总重量和平均个体重量，还取决于网箱的最适鱼载力。一般为 50 ~ 200 尾/米³。在养殖虹鳟的网箱中，每箱混养 15 千克左右的鲤鱼或鲫鱼，让其摄食和顶撞网片上的藻类等附着物，能达到清除网箱附着物与增加产量的双重效果。

（2）养殖管理 ① 投喂。水库网箱养殖虹鳟时，投喂配合颗粒饲料的养殖效果较好。饲料中的蛋白质含量在 40% 以上。鱼种阶段，每日投喂 3 次，日投喂量控制在养殖鱼体总重的 3% ~ 4%；成鱼阶段，每日投喂 2 次，日投喂量大致为养殖鱼体总重的 1% ~ 2%。根据鱼类生长情况、水温、天气变化等因素，适当调整日投饲量。当水温在 10 ~ 18℃ 时，虹鳟生长速度加快，应加大饲料投喂量；若天气闷热，水温过高，水体溶解氧含量过低时，应少投喂或停止投喂。当水温升至 25℃ 时，要停止投喂，并视虹鳟活动情况及时采取降温措施（如下沉网箱），避免高温造成虹鳟死亡；冬季水库水温较低，饲料投喂量要酌情适当减少。

② 日常管理。一是坚持每天巡箱，同时建立养殖日志；二是经常洗刷网箱上的附着物；三是定期检查网箱的完好情况。

③ 鱼病防治。在水质良好的情况下，虹鳟不易发病，但若管理不善则容易引起病害发生。因此，在初春季节，随着水温逐渐升高，应及时筛鱼分箱，降低养殖密度。要求分箱操作的动作要轻缓，以减少鱼体损伤。防治措施参见流水养殖部分。

三、养殖实例

1. 基本情况

放养时间：2009 年；养殖户名称：河北省虹鳟鱼良种场；地址：河北省涞源县城区办乡水云乡村；养殖面积：2.3 亩。

2. 放养情况

放养品种为虹鳟，放养密度为 48 尾/米^2，单养。

3. 关键技术措施

（1）鱼苗培养 把刚孵出的仔鱼放在水流畅通的特制养鱼设施里，保持水流畅通，采取定期药浴等措施预防疾病。

上浮稚鱼可先在槽内饲养 2 周后，再移入稚鱼池。当上浮稚鱼占槽内稚鱼数一半时开始给饵。日投饵量为鱼总体重的 3%，稚鱼开食 15～20 天时分散于全池，每日投喂 6 次。一定要精心饲养，仔细给饵。定期进行药浴，预防疾病。

（2）鱼种培育 鱼苗通常在水温略偏低的条件下培育不易得病，成活率高。随着鱼苗的成长和游泳能力的增强，可以适当增大水量。

苗种用的全价饲料，其营养成分为粗蛋白 40%～50%，粗脂肪4%～15%，粗纤维 1%～3%，粗灰分 10%～16%，水分 8%～12%。

当鱼苗长到 2 克时，需要进行筛选分养工作。筛选工作每 20～40 天可进行一次，并根据苗种个体大小调整放养密度。

（3）成鱼饲养 水量、温度和氧气是影响饲养密度的三大要素。饲料是高密度养成的关键。虹鳟鱼种和成鱼用的全价配合饲料，其营养成分中粗蛋白为 40%～45%，鱼种日投饵量一般不超过鱼体总重的 3%，每日投饵 2～3 次。成鱼日投喂 2 次，日投饵量约占鱼体重 1%～2%。

池水的溶氧状况是密养情况下水质控制的重要指标。当进水量充足时，无需增氧即可获得可观的生产量。通常注水率在 10～15 时饲养效益最好。注水率可由下式求得：

$$注水率 = \frac{注水量(升 / 秒)}{饲养鱼重量(千克)} \times 1\,000$$

当注水率过小时，需通过增氧来改善池水溶解氧状况，缺氧时要采取增氧措施。在虹鳟的各个生长阶段都要注意疾病预防并及时发现鱼病，及时治疗。

4. 产量和效益

亩产量为 1.75 万千克，亩成本为 28 万元，饲料成本占 80%，亩效益为 14 万元，亩产值为 42 万元，投入产出比为 1:1.5。

5. 养殖效果分析

进行虹鳟养殖，在不发生较大疫情和自然灾害的情况下，亩产商品鱼可达 1.75 万千克，每千克商品鱼售价 24 元，总产值达 42 万元；扣除购买鱼种 3 万尾的费用 3.6 万元，饲料成本 22.4 万元，人工、电费及其他费用约 2 万元，成本合计 28 万元，亩可创效益 14 万元，投入产出比为 1:1.5。

（河北省水产技术推广站　鲁　松）

黄颡鱼

一、生物学特性

（一）分类地位

黄颡鱼是我国淡水水体中分布较广的小型淡水经济鱼类，在鱼类分类上隶属于鲇形目、鲿科、黄颡鱼属，本属有 4 个品种，分别为黄颡鱼、瓦氏黄颡鱼、光泽黄颡鱼、岔尾黄颡鱼。目前最适合养殖的对象是黄颡鱼。苗种繁育、成鱼养殖、饲料加工以及市场均已成熟。

（二）形态特征

黄颡鱼体背部呈黄褐色，体侧黄色，并有断续的黑色条纹，腹部淡黄色或白色，各鳍灰黑色，但在人工养殖条件下，体色受饲料和水质影响极为明显。腹部平坦，后部稍侧扁，无鳞，头大宽平，眼小，位于头的前侧上部，口下位且宽大。须 4 对，鼻须达眼后缘，颌须 2 对，外侧一对较内侧一对为长，伸达胸鳍基部之后。背鳍呈硬刺状，具有锯齿，胸鳍略呈扇形，末端近腹鳍，腹鳍较臀鳍短，末端游离，起点约与臀鳍相对（图 2）。

（三）生活习性

黄颡鱼为底栖性鱼类，白天喜栖息于水体底层，夜间则游到水体上层觅食，对生态环境条件的适应能力较强。在水温 28～29℃时，其平均耗氧率为 0.141 毫克/（克·小时），窒息点为 0.314 毫克/升，在低氧环境中有较强的适应力。黄颡鱼长于江河水流缓慢、多乱石或卵石的环境中，秋冬季低温多在水深的河流、湖穴、岩洞、石缝中越冬，活动范围较小，不易捕捞。仲春开始离开越冬场所，到附近的乱石浅滩、近岩活动摄食，白天主要在水较深的乱石或卵

图 2　黄颡鱼

石间栖息活动，夜间游至浅水域觅食。黄颡鱼喜欢集群，在弱光条件下摄食和活动。

（四）食性

黄颡鱼为杂食性鱼类，随着个体大小的不同，食性有着显著差异，从鱼卵孵化出膜第四至第五天开始摄食浮游动物，如轮虫、枝角类以及人工投喂蛋黄之类的饲料。体长达 5 ~ 8 厘米，主要的食物为枝角类、桡足类、摇蚊幼虫、水蚯蚓及人工配合混合饲料等。当体长达 10 厘米以上时，主要食物有小虾、小鱼、昆虫及其他鱼类产的卵、水生植物等。在池塘人工饲养条件下，必须投喂黄颡鱼专用配合饲料，可投喂硬颗粒饲料和浮性颗粒饲料；在网箱饲养的条件下，推荐选择浮性饲料。

（五）生长

在人工养殖条件下，5 月底下塘的卵黄苗，雄鱼当年体长可达 15 ~ 19 厘米，体重可达 60 ~ 70 克；雌鱼体长可达 10 ~ 12 厘米，体重可达 20 ~ 30 克。如果水质条件较好，而且进苗早，则个体规格相应会更大一些。

（六）生殖习性

黄颡鱼一般 2 冬龄达性成熟。在人工养殖条件下，雌鱼当年可达到性成熟。成熟雌鱼的绝对怀卵量为 500 ~ 6 000 粒。卵呈扁圆形、淡黄色，为透明的沉性黏性卵。在自然水域中繁殖，水温为 21 ~

28℃。黄颡鱼有在水底做窝产卵和护卵护幼等习性。

在黄颡鱼苗种生产中，一般采用人工催产孵化的方法。但在大规模生产中，主要采用两种方法繁殖黄颡鱼苗种：一是在池塘中自然产卵、人工收集卵的方法；二是采用在孵化池中人工充氧微流水孵化的方法。因该法产量大、成本低且质量好，已被越来越多养殖场采用。目前黄颡鱼苗种生产，主要集中在四川、广东、浙江、湖北等地，安徽近年繁殖量也逐步扩大。

二、池塘养殖模式

（一）池塘苗种培育

1. 准备工作

① 肥水发塘，方法同家鱼苗种培育。② 池塘面积以 3 亩左右为好，不宜过大，池底平整。③ 水深可达 1.5 米，鱼苗下塘时水深在 70 ~ 100 厘米（水温低时水深宜浅，高温时宜深些）。④ 清塘消毒、进水严格过滤，防止野杂鱼及鱼卵进入。进苗前 4 ~ 7 天施肥，每亩施用发酵腐熟的有机肥 300 ~ 400 千克（清塘施肥时机，应与鱼苗的日龄、水温等配合好），使鱼苗下塘后即有较为丰富的天然饵料。⑤ 进苗前，用 15 目左右的网布，在池塘中搭建放苗平台（图3），大小按每平方米放 1.5 万尾左右卵黄苗计算，平台的设置深度应在水下 30 ~ 50 厘米，平台的上方再架设一个遮阳网（图4），防止池水缺氧和阳光直射。⑥ 为防止缺氧，在池塘中架设一台 1.5 千瓦增氧机备用。

图3 放苗的平台

图 4　遮阳网及增氧机

2. 苗种投放

（1）**放苗密度**　每亩 5 万 ~ 6 万尾卵黄苗。

（2）**苗种投放时间**　应选择气温相对较为稳定的时段，在 5 月 20 日至 6 月 10 日之间为宜。

（3）**运输方法**　使用尼龙袋加泡沫箱，每袋 10 千克水，装 4 万 ~ 5 万尾卵黄苗（图 5），水温在 25℃以下时，可运输 10 小时以上。水温高时，则应减少装苗数量。

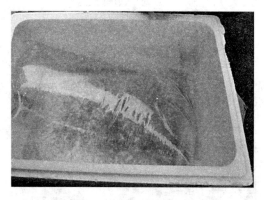

图 5　卵黄苗运输方法

（4）**注意事项**　两地池水温差不宜过大，更不宜采用降低水温（20℃以下）装苗运输。

3. 投喂

一般放苗后 7 ~ 10 天不需投喂。当塘中浮游动物数量明显减少时，就应当补投饲料。可选择青虾或幼鱼粉状开口饲料，粒径为 0.2 毫米左右。沿池塘四周投喂。补充饲料量以第二天上午检查能吃完为准。

当鱼苗体长达到 3 厘米以上时，应加喂粒状料，并开始驯食。

4. 驯食方法

在池边水下搭一食台（食台的颜色应与池底相近或深一些），如池底坚硬，也可不设食台。并在上方挂一个 60 瓦灯泡或 18 瓦以下的节能灯，灯泡离水面高约 1 ~ 1.5 米（图6）。每天 18：30 后开始投喂，持续 2 ~ 3 小时。

图6　灯光诱食

当苗种集群，体长达到 5 ~ 8 厘米后，建议投喂浮性膨化颗粒饲料（粒径在 1 ~ 1.5 毫米），以便于饲喂管理和观察。浮性颗粒饲料的食台，改成"围网"，以防止饲料漂散。"围网"的下缘入水深度约 30 厘米而不触底，使鱼苗可以自由进出（图7）。

5. 病害防治

在苗种培育过程中，较为严重的鱼病一般较少发生。出现较多的车轮病，使用硫酸铜可以有效控制，使用浓度为 0.5 毫克/升。

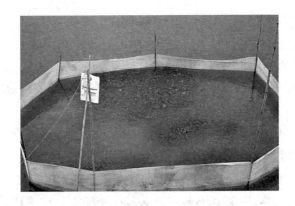

图 7　浮性颗粒饲料"饲料台"

6. 分塘

当鱼苗体长达 5 ~ 8 厘米时，完成驯食（集群摄食）后就可以分塘，进行成鱼养殖或养成大规格鱼种。

分塘方法，可采用较大的罾网抄捕。

（二）成鱼池塘养殖

1. 池塘条件

面积为 3 ~ 5 亩，水深为 1.5 ~ 2 米，池底平整。水源充足，水质清新，无污染，排灌方便。每个池塘配备 1 台 1.5 ~ 3 千瓦的增氧机。

干塘暴晒并用生石灰清塘消毒，进水严格过滤（标准 40 目网布，网目大约为 0.6 毫米），防止杂鱼鱼苗、鱼卵进入。

2. 鱼种投放

放养鱼种的规格为 40 ~ 60 尾/千克，放养密度为 4 000 ~ 5 000 尾/亩，可搭养白鲢冬片 50 尾/亩。同一池塘放养的鱼种规格应整齐，最好能将小规格的雌鱼筛除掉。春天投放鱼种应特别注意：水温低于 20℃时，不应进行拉网、运输等操作。否则鱼种投放后会陆续出现死亡，损失数量一般在 50% ~ 90%。所以投放鱼种时间，应在 4 月中旬前后比较适宜。

如果当年养成达到上市的商品鱼，可在 7 月底前投放 200 ~ 600 尾/千克（体长在 5 ~ 8 厘米），放养密度 7 000 ~ 8 000 尾/亩。搭养白鲢夏花 200 尾/亩，白鲢主要用来调节水质。

3．饲养管理

（1）饲料选择 在黄颡鱼养殖过程当中，最好是选择浮性颗粒饲料，饲料蛋白质含量应在 42% 左右。较为理想的饲料有："嘉吉"、"天邦"、"德海科技"等品牌。饲喂优质饲料的鱼生长较快、体色自然。

（2）饲料投喂 投喂次数，一般每天 2 次，早、晚各投喂一次，也可以只在晚上投喂一次。投喂总量，以吃完不剩为宜，或者按最大个体吃食量的 80% ~ 90% 投喂，以后每周调整一次投喂量，一般不宜过饱。由于黄颡鱼有夜间觅食的习惯，如果一天投喂两次，傍晚的投喂量大一些，约占全天总投喂量的 60% ~ 70%。

（3）水质调控 水质管理的好坏，也直接影响到黄颡鱼的生长。

① 加注新水或换水。向成鱼池加注新水，可增加水中含氧量，保持优良水质，加速黄颡鱼的生长。一般 7 ~ 10 天换水 1 次，每次加注水 10 厘米左右。

② 开动增氧机。使用好增氧机，可有效改善水质，一般晴天中午开机 3 小时左右。亩产量达到 300 千克以上时，应注意防止夜间缺氧，可以在 02：00—03：00 开机 3 小时左右。

捕大留小，减少存塘产鱼数量，也有利于水质控制。整个养殖过程中，捕捞一至两次，将达到上市规格的鱼和成熟的雌鱼捕起销售。

4．捕捞

池塘培育黄颡鱼苗种及养殖成鱼，捕捞是件困难的事，一般采用抄捕或在下半夜池塘中较为缺氧的时候用拉网起捕的办法。

下面介绍一个方法，经实际使用，一次可起捕池塘中 80% 以上黄颡鱼，效果明显，有 4 人即可操作，省工、省事、省力。

（1）网具 拉网或称"赶网"，形状为梯形，上纲长度为下纲长度的 85%，下纲沉子改为整条铁链，铁链钢筋粗 4 毫米。网高为水深的 2 倍，长度达到池塘对角线长即可。盛鱼网箱，宽度为 1.5 ~

黄颡鱼

2米，长度为15～20米，一头敞开，开口处下缘加装铁链，使之完全贴紧池底。网箱安装好后呈簸箕形，如图8所示。

（2）**使用方法**　在池塘长边约中间处，沿池边扎好网箱，网箱开口靠池埂一边拦好，使其没有空隙，另一边与赶网的一端紧密连接好，拉赶网的另一端，慢慢地将鱼赶入网箱即可。如图9和图10所示。

图8　装好网箱，接好赶网

图9　开始拉网"赶鱼"

图10 将黄颡鱼"赶"进了网箱

使用这种方法捕捞黄颡鱼，应注意以下几点：一是网箱开口一端与岸边及与赶网的连接处不能留有空隙，防止黄颡鱼逃逸；二是开始只拉网的上纲，速度不宜快，应缓慢，拉至近网箱时，再收下纲，将鱼赶入箱内；三是捕捞放进网箱的鱼较多，应防止鱼在网箱中缺氧，可在一旁架设水泵冲水或在附近设置一增氧机。

三、养殖实例

2009年，安徽省滁州市全椒县武岗镇，养殖户刘学怀，总水面26亩，用8亩池塘进行苗种培育，5月31日从四川购进卵黄苗60万尾，经过45天培育，鱼苗规格达到8厘米，分塘出苗28万尾，成活率46.6%。2010年6月26日销售时测量，雄鱼平均为137.2克，雌鱼48克，总销售量为1万千克，亩产384千克，产值24万元（由于冬季拉网并塘死亡约750千克未计入）。整个生产周期中总投入13万元。投入产出比为1：1.85，效益较为明显。

四、参考技术标准

1. DB33/T 694.1—2008《无公害黄颡鱼 第 1 部分：苗种繁育技术规范》

2. DB33/T 694.2—2008《无公害黄颡鱼 第 2 部分：养殖技术规范》

（安徽省滁州市水产技术推广中心　凌武海）

黄　鳝

一、基本情况

1. 品种来源

采自天然水域和人工繁育选育。

2. 特征特性

体圆细长，呈蛇形，体表光滑无鳞片，无胸腹鳍，背鳍和臀鳍退化，短期离水靠辅助呼吸器官呼吸。属底层穴居，肉食性鱼类，在自然中以小鱼、小虾等为食，人工饲养条件下，能很好地摄食人工配合饲料。最适生长水温为 23 ~ 25℃，水温低于 10℃ 停止摄食，高于 30℃ 出现不适反应。2 龄性成熟，属分批产卵类型，第一次性成熟前为雌性，后转化为雄性。

3. 产量表现

池塘中套网箱养殖，鳝鱼产量可达 4 ~ 6 千克/米^2。

二、黄鳝的十大生活习性

（1）**穴居性**　冬季钻入泥中冬眠，夏季水温高于 28℃，钻入泥中夏眠。

（2）**自调性**　黄鳝视觉失灵而导致嗅觉、听觉和触觉特别敏锐。如找不到适应环境，则长时间游动不停，且游态多显疾速慌乱，直到周围环境适宜为止（这正是不少黄鳝养殖失败的因素之一）。

（3）**耐低溶氧性**　黄鳝鳃严重退化，使黄鳝具有两栖特性，黄鳝在水中呼吸溶解氧的能力很低，不可能较长时间居于水下，否则会患上严重的缺氧症而死亡。但黄鳝可以通过口腔、鼻孔直接呼吸空气中的氧，因此在浅水环境中水中溶氧很低也不影响黄鳝获得氧气的需求。黄鳝的这种特性，给高密度浅水养殖和长途运输带来了极大的便利。

（4）**耐饥性** 为了避免不良的外界环境条件，黄鳝可以饿上几个月或长年不吃东西也不会死亡。这对于低价购入进行短期暂养赚取差价的养殖者，是极其有利的。

（5）**畏寒喜温性** 黄鳝是变温动物，适应水体温度为 1～30℃，最适宜水温为 21～26℃。黄鳝对温度的敏感性极高，稍有微变即刻发生反应。这是黄鳝极易发生感冒及导致一般养殖中发生迅速死亡的重要原因之一。

黄鳝属于变温动物，对于较急剧的温度变化适应能力差。如果黄鳝在人工控制下，陡然变换其栖息水温，只要水温变化的温差超过 2℃，黄鳝即可能患上感冒而逐渐死亡。

（6）**喜暗性** 黄鳝视神经功能减弱而趋向喜暗，形成昼伏夜出的习性。白天也极喜欢在阴暗的场所栖息，如草丛中、砖石间、岩缝内、树洞树根中。

黄鳝虽喜暗，但不耐长期无丝毫光亮的环境；喜暗，需水爽，微酸性（pH 值不高于 7.5）；喜暗，需水静不混；喜居于青草处。如具备上述阴暗条件，黄鳝就放弃泥中打洞栖身。

（7）**贪食性** 黄鳝一下子可摄入自身体重 20% 的饲料。

（8）**对蚯蚓的特敏性** 黄鳝对各种饲料的嗅觉敏感程度由高至低的顺序为：水蚯蚓、蚯蚓、河蚌、螺蛳、蛙类、鸡肉、鸭肉、猪肠；黄鳝对蚯蚓敏感程度远远高于一般鱼类。在相距 25 米的同一水面两端，同时放入蚯蚓与黄鳝，半小时之内，便有 56% 的黄鳝钻入放有蚯蚓的笼子里。

（9）**三大敏感性** 对敌敌畏、敌百虫、甲胺磷的抗药性，由 20 世纪 70 年代初的 2～4 毫克/升的致死剂量，提高到现在的 4～8 毫克/升。但对大多数新农药致死剂量仅为 1 毫克/升。在养殖过程中慎用药物。

网箱内有机质含量比较高，有机质随时处于分解状态。其中，硫酸盐还原菌就需要大量的能量以维持生命活动，只好向 SO_4^{2-} 借氧气（O_2）去完成这一氧化还原反应，从而加大了硫化氢（H_2S）的生成速率。H_2S 毒性对于水生动物而言可谓魁首。H_2S 对黄鳝的致死浓度远高于一般鱼类（一般鱼类为 0.008 7 毫克/升），当水体中浓度为 0.016～0.02 毫克/升时，黄鳝即逐渐死亡。不同 pH 值条件下的 H_2S 最大含量情况见表 1。

表1　不同 pH 值时的 H_2S 最大百分含量对比

网箱内 pH 值	5	6	7	8	9	10
H_2S 含量/%	36.2	24.5	23.2	5.43	0.62	0.07

当 pH 值为 7.5 时，鲢鱼 24 小时内对铵态氮的半忍受限度为 36 毫克/升；当 pH 值为 8.5 时，鲢鱼 24 小时内对铵态氮的半忍受限度为 5.1 毫克/升；当 pH 值为 8.5 时，黄鳝 28 小时内对铵态氮的半忍受限度为 5.1 毫克/升。

经封闭式试验测定，一尾 50 克的黄鳝排氨量可达每 24 小时 0.31 毫克，按中等放养密度 100 尾/米^2 计，每日排氨量为 31 毫克/米^2，按 1 米水深的水体算即为 0.031 毫克/升。

亚硝酸盐浓度在 0.1 毫克/升时，鱼类的血液载氧能力逐渐失去而产生慢性中毒，表现为呼吸困难，串游不安；亚硝酸盐浓度在 0.5 毫克/升时，代谢功能失常，全池暴发疾病，出现陆续死鱼。

氧是黄鳝的生命元素。高溶氧量时，可抑制氨、硫化氢等有毒物质的反应。

（10）杂食性　杂食性偏肉食性，对人工高蛋白配合饲料的开发利用提供了可能性。在饲料缺少，鳝群个体相差悬殊时，可发生大吃小的现象。

三、养殖要点

1. 苗种来源

主要来自天然水域，部分来自人工繁育：一是养殖中性成熟鳝

黄鳝

鱼的自繁；二是天然捕捉；三是小批量人工繁殖。

2. 苗种培育

水泥池面积为 10 平方米，池深 30 ~ 40 厘米，水深 10 ~ 20 厘米，池底有 5 厘米土层。水桶、水缸等也可用来培育苗种。鳝苗入池前应进行清理，同时要施肥增水。放养时间以在 08：00—09：00 或 16：00—17：00 为宜，放养密度为 300 ~ 450 尾/米^2 左右。

3. 成鳝养殖

主要养殖模式有池塘网箱养殖和精养鱼池中套网箱养殖两种。水色为油绿色或茶褐色，透明度为 25 ~ 35 厘米。网箱规格为 5 米 × 3 米 × 1.5 米或 4 米 × 3 米 × 1.5 米。精养鱼池中套网箱养殖，每亩适合设置 2 口网箱。网箱养鳝适用的水草是水花生，覆盖面积为 80% ~ 95%。水草入池前要进行消毒、清洗除去水蛭。外采水草不要直接投入网箱，先在池塘中暂养，再割成整块放入网箱。鳝种宜选择深黄大斑鳝或浅黄细斑鳝。最适宜放养时间为冬季，其次是 6 月下旬至 7 月中旬。鳝种在进箱前要先分级后进箱，苗种个体规格相差不大于 5 ~ 10 克。冬投苗种规格在 15 克/尾以上，夏放苗种控制在 30 克/尾以上。鳝种放养量在 1 ~ 1.5 千克/米^2。"四定"投饲，投喂小鱼和人工配合饲料。

网箱检查：每天早晚都要查箱一次，一查黄鳝的摄食情况，看有无残饵；二查有无黄鳝上草或死亡；三查水温和水质；四查水草虫害；五查网箱有无鼠咬或破损，发现情况及时处理。

网箱越冬管理：一是要防止老鼠偷吃黄鳝，箱内四周必须保持 30 厘米的空水面。二是防止黄鳝脂肪积累过多，冬眠时沉于水底淹死。要加厚水草层，便于黄鳝栖息。三是防止水面结冰，造成水体缺氧，在出现水面结冰时，要加盖塑料薄膜，但要保持空气畅通。

四、无公害黄鳝网箱养殖技术

（一）选择养殖水域

网箱养殖黄鳝，对水域类型的要求不限。可以是池塘，也可以是河道、湖泊、水库。但总的要求是水源充足，水质无污染。水源的水质标准要符合《渔业水质标准》（GB 11607—1989）。养殖用水要符合《无公害食品　淡水养殖用水水质》（NY 5051—2001）标准。池塘一般要求面积在 3 亩以上，水深 1.5 米以上，注、排水方便且注、排水渠分开。大水面水体尽量选择水面开阔、水流缓慢、风浪小、环境安静、阳光充足的库湾、湖汊，并避开主航道，水深在 2～4 米，水底平坦、泥沙少的水面进行养殖。

（二）网箱结构与设置

1. 网箱结构

采用网目为 20～40 目的聚乙烯无结节网片缝制而成。网箱规格以 2 米×3 米、2 米×4 米、3 米×4 米为主，箱高 1.2～1.5 米，长方形，敞口式。网眼大小，按放养鳝鱼苗的大小选择。

2. 网箱设置

网箱一般以单排或多排并列，每列相隔 3～4 米，网箱间距 2～3 米，网箱的上沿，高出水面 40～50 厘米。池塘等小水体内设置网箱为固定式，网箱四周用毛竹架固定；大水面中的网箱，采用升降式，便于网箱随水位变动而进行升降、清洗。网箱在池塘的设置密度，一般占池塘水面积的 40%～60% 左右，具体视水体交换情况而定，总的原则以不超过水体的自净能力为宜。间隔距离以中间能行驶投饵小船为宜，网箱入水深 50～80 厘米，其上高出水面 50 厘米以上，网底不入底泥，用 6 根竹竿固定网箱的上纲与下面四角。

（三）放养前准备

1. 网箱浸泡

新制作的网箱，在放养鳝种前，要放入水中浸泡 7～14 天。消除网片产生的毒素，使其附着各种藻类，使网箱质地柔软，避免黄鳝受伤。

2. 网箱中移植水草

一般在鳝种放养前 3～5 天，在网箱内移植水生植物，以水花生

黄
鳝

较为适宜，其覆盖面积应占网箱面积的 80% ，水花生不能高出网箱口，以防止鳝种顺草外逃。入箱的水花生，应去根洗净，并经消毒处理，一般用 10 克/米³ 的漂白粉或 5 克/米³ 的二氧化氯溶液浸泡 5～10 分钟，以防止水草携带有害生物与虫卵进入网箱。水花生，要选择当年新生的根茎。

3. 池塘准备

在池塘中从事网箱养殖，要事先对池塘过多的淤泥进行清除，然后用生石灰 150 千克/亩进行消毒，以杀灭池塘内的有害细菌、虫卵，并改善底质。池塘注水后，等网箱安装好，网箱中的水草也移植好，再进行全池带水消毒，可选用 0.3～0.5 克/米³ 的溴氯海因进行全池泼洒。待到药性消失，网箱中水草已返青，才可放养黄鳝苗种。

（四）鳝种投放

1. 鳝苗来源与选择

深黄大斑鳝，体色深黄，布满黑色大斑，生长速度快，增重倍数可达 5～6 倍；体色青黄，增重倍数可达 3～4 倍；灰鳝，体灰色，斑点细密，生长缓慢，增重倍数仅 1～2 倍。

收购季节：4—6 月份，天气变化较大，气温气压也不稳定，苗种下箱成活率较低，只能就地收购；6 月下旬至 7 月份，是最佳放养时期，苗种下箱成活率较高，可以从外地购买，但应在 8 小时之内下箱；8—9 月份收苗，生长期短，主要作为翌年的鳝种；最好利用大棚或室内池培育可提早收苗。

苗种：主要来源于采购人工捕捞的天然野生鳝苗。一般以笼捕的鳝苗种为佳，其成活率较高。鳝苗种应选择体色深黄，无病灶、无外伤、黏液丰富、活动力强的大斑黄鳝，而背色青灰、乌黑、体形纤细、头大尾小的劣质苗种，不适宜网箱养殖。放养的鳝种规格，以 20～30 尾/千克为主。选择网箱养殖的鳝鱼苗种，其品种要求为体色金黄或淡黄或深红，头较大。此类品种，适应性强，食量大，生长快，增肉倍数高。由于黄鳝苗种的规模化人工繁殖没有突破，所以现在生产上养殖用苗，都是采用人工捕捞的野生苗种。那些所谓的良种黄鳝苗，实际上是热带种群，根本不能在我国养殖。

发烧鳝的识别：在气温 26～30℃，20 千克活黄鳝加 15 千克自来水养于一桶中，只需要 12 小时水温即升至 34℃，水中溶解氧也全部耗尽，黄鳝全部患上发烧病。

苗种要掌握几个不收：不收药毒鳝；不收钩钓鳝；不收夹子夹的鳝；不收电捕鳝；不收腹部两侧发红鳝；不收黏液脱落鳝；不收病鳝和受伤的鳝；不收阴雨天的鳝；不收囤养的鳝；不收长途运来的鳝；不收隔天的鳝；不收市场转手多次的鳝。

深水加压鉴定鳝种质量：把头伸出水面坚决不能养。

运输：每千克鳝种放水 2 千克，水的温差不能超过 2℃，2 个小时要换水一次；井水、自来水、放冰的水不能使用；运输期间，要遮盖鳝种，不能让阳光直射；不能用盐、漂白粉、高锰酸钾等刺激性的药物消毒。

2. 放养时间与放养密度

鳝苗投放，一般在每年的 4—9 月份，有大棚保温养殖户，以 4—5 月份为最佳时期；无大棚养殖户，以 6—7 月份为最佳时期，此时天气由凉转暖，雨水多，野生苗种充足，价格较低，同时又以笼捕为主，成活率高。放养密度一般以 2.5～3 千克/米³ 为宜，具体应根据水源、饲料供应情况而定，一般要求投放的鳝种，要同一规格，一次放足。鳝种下箱前，要进行苗种消毒处理。苗种放养时期为 7 月份，这是一年中最佳放养时间。此时气温、水温都稳定在 25℃ 以上，苗种下箱成活率高，并可长途运输。放养鳝种的规格要求在 20～50 克/尾。鳝种下箱前，要分级筛选，防止病、弱、伤苗下箱。放种前，网箱必须在池塘内浸泡 10～15 天，待箱内水草发芽生长，网箱长出一层附着物后才能放种。

（五）饲养管理

1. 饲料投喂

黄鳝主要靠嗅觉捕食。鳝种入箱后，3 天内不投喂饲料，3 天后开始投饲驯化。驯化时，可在网箱内设置 1～2 个食台，便于进行定点诱食，经过 7～10 天驯化，鳝鱼开始集中摄食。鳝鱼的饲料可分为两类：一类是动物性饲料，如小鱼、蚯蚓、螺蛳、蚌肉、小虾；另一类是人工配合饲料（蛋白质含量在 40% 左右）。具体使用什么饲料，应根据当地的饲料资源状况而选择黄鳝喜食的饲料。饲料投喂要按照"四定"要求进行。① 定时：水温在黄鳝适温范围内，一天投喂两次，分别为 08：00—09：00，18：00—19：00；② 定位：饲料应坚持投喂在固定的食台上，以减少散失，便于观察黄鳝的摄食情况及残渣的清除；③ 定质：要求饲料新鲜不变质；④ 定量：一般情况下，投喂的颗粒饲料，每天投喂量占黄鳝体重的 3% 左右；投喂鲜活饲料，每天的投喂量占黄鳝体重的 6% 左右。总的投喂量的多少，以第二次投喂时网箱内无残饵为佳。

2. 水质调节

维持鳝池水质清新，溶解氧充足，是取得养鳝成功的关键。特别是进入夏季高温季节，池塘小水体的水质极易恶化，必须对池水水质进行调节。调节方法，主要是换水，排去池塘中老水，加注新水。必要时施用水质改良剂，如定期泼洒生石灰，每亩水面用量为 10 千克左右，在网箱中定期施放或在饲料中添加微生物制剂，以达到改良水质的目的。微生物制剂以芽孢杆菌、粪链球菌和反硝化细菌等为主。

3. 日常管理

坚持定期检查网箱有无破损，经常清洗网箱，保持箱体内外水体交换畅通；对大水面养殖区域，要注意水位变动，及时调整网箱位置和加固网箱；要做好日常管理日志，如对饲养期间每天的水温、气温、透明度、pH 值、投喂量及有无异常情况的记录，以便不断总结养殖试验，提高养殖水平；同时，要做到"八防"，即防鼠咬箱、防蟹夹箱、防鸟啄鳝、防乱翻箱、防水冲箱、防洪漫箱、防被下毒和防被偷盗。

4. 诱食

用黄鳝最爱吃的水蚯蚓、蚯蚓或新鲜鱼糜，在箱内水草做的食台上投喂。每天 17：00 前后投喂一次，引诱黄鳝按时集中吃食，投喂量从少到多，逐步增加。一般诱食 10 ~ 15 天，使黄鳝都养成定点吃食的习惯，且在 30 分钟内吃完，吃食声又响又脆，才算诱食成功。

5. 驯食

诱食任务完成后，鲜料的日摄食量达到鳝种体重的 5% 以上，才进入搭配颗粒饲料的驯食阶段。驯食开始时，应保持原有的鲜饲料量不变，逐步添加颗粒饲料，当每条鳝都抢食颗粒饲料时，驯食才算成功。

6. 正常喂食

驯食之后，进入了正常喂食，要注意少用鲜鱼，多用颗粒饲料，1 千克鱼配 2 千克颗粒饲料最合适；颗粒饲料投喂量可达到 2% ~ 5%，不吃少喂，及时查找原因；颗粒饲料的品质要好，诱食性好，营养好，配方科学，质量安全。

（六）病害防治

黄鳝病害，以预防为主，在严把鳝种质量关的同时，养殖过程中经常用二氧化氯 2.5 毫克/升全池泼洒消毒，以杀灭池塘中的致病微生物，池塘中搭养银鲫对杀灭黄鳝敌害（如蚂蟥等）有效果。目前在网箱养殖中，黄鳝发病的常见症状有两种：一是鳝种在收购运输过程中的外伤，放养 1 个月内死亡；另一种外观很正常，解剖可见口腔、肠道充血，头部肿大，采用外用二氧化氯，内服中草药拌蚯蚓，可控制大面积发病。

（1）**放养阶段**　下箱 20 天内的大批死亡。

（2）**养殖生长阶段**　患有寄生虫病，如棘头虫病和毛细线虫病，可内服蠕虫净等驱虫药。

（3）**养殖后期**　易患白露综合征，及时出箱，减少损失。

（七）捕捞

网箱养殖黄鳝，捕捞较为简单，只要拉起网箱即可。最佳销售季节为春节前后。商品鳝应整箱出售，一只箱不宜分次捕捞销售。

以培育鳝种为主的春季鳝种网箱和秋季鳝种网箱，在冬天不宜动箱倒箱，应等翌年春天，鳝种放养时动网。

冬天天气寒冷时，放浅池塘水位，在网箱水草上面铺一层稻草，使黄鳝安全越冬。

（八）注意事项

（1）注意暂存时间和密度　试验表明，黄鳝因体表富含黏液，在容器内高密度放置时，其越积越多的黏液通过水中微生物的分解作用，很快消耗完水中的溶解氧，导致鳝种死亡。鳝种放入网箱后有时会相互纠缠成团，有时 50 多千克鳝种纠缠在一起，引起鳝种大量死亡。

（2）注意控制温差　在野生状态下，当水温超过 32℃时，黄鳝潜入泥土中避暑，而网箱养殖因改变了原来的环境，当水温过高时，应及时换注低温河水以降温，否则会引起死亡。换水后的温差不宜超过 3℃，否则会引发感冒病。当换水后的温差超过 10℃时，会引起黄鳝的大批死亡。

（3）投喂饲料要充足　黄鳝网箱养殖，因密度较大，当饲料投放不足时会相互咬伤而使其感染霉菌，在体表生长"白毛"，病鱼食欲不佳而死亡。治疗方法是用食盐水和小苏打合剂泼洒。在饲料充足的情况下，不但可避免这一现象，即使同一网箱中放养的鳝种规格差异较大时，也不会发生相互蚕食现象。

（4）注意饲料质量　投喂的饲料要新鲜，不能投喂变质的饲料，网箱中部分剩余的腐烂发臭的饲料，应及时清除，否则易引发肠炎病。治疗方法，可用大蒜内服。饲料投放前应洗净并经 200 毫克/升高锰酸钾浸洗 3 分钟，再用清水淋洗后方可投喂。若使用人工配合饲料，其蛋白质含量需达到 45% 以上，且以蚯蚓浆为诱饵并经驯化，才能取得良好的效果。

（5）注意预防因擦伤导致的细菌病　鳝种在捕捞、运输和放养过程中，要尽量避免擦伤，以防细菌侵入发生赤皮病，症状为体表出血、发炎，以腹部和两侧最为明显，呈块状，需内服药和外用药消毒结合治疗。预防方法：鳝种放养时严格消毒，具体方法是 100

千克水中加 50 毫升水产苗种消毒剂浸洗 30 分钟，或用 8% 含碘盐水浸洗 10 分钟，然后放入清水中暂养 1 小时，再经清水洗一遍后即可放入网箱中。

（6）注意关键时期的管理　黄鳝网箱养殖最关键阶段，是放养后 1 个月内。这一时期是黄鳝改变原来的部分生活习性，适应新环境的过程。如果方法得当，鳝种成活率可达 90% 以上；如方法不当，则成活率有时在 30% 以下，甚至全部死亡。这一个月，是黄鳝网箱养殖成败的关键所在，除应做好鳝种的消毒和驯化外，还应有效地控制疾病的发生，具体方法是用水体强力消毒剂和生石灰交替消毒，杜绝病原体的产生。

（九）黄鳝养殖八大误区

黄鳝有广阔的销售市场和较高的销售价格。然而，众多养殖者却因技术信息缺乏等原因，盲目养殖而导致失败。主要表现在如下几个方面。

（1）乱购苗种　目前，我国黄鳝人工繁殖技术尚未达到大批量生产苗种供应商品养殖用的水平，许多养殖户到湖北武汉等地购买的所谓"特大黄鳝"苗种或其他所谓的"优质"苗种，实为从市场上购买的野生鳝苗，且这些苗种因商贩长时间不科学的高密度贮存及反复转运，多数已患上发烧病，用于养殖时死亡率可达 90% ~ 100%。所以，购买苗种时，切记要认真辨别。一般人工养殖黄鳝，可选择引进优良繁殖种鳝进行半人工繁殖或自然繁殖来获取鳝苗，也可自己在本地选购优质鳝苗用于催肥养殖。

（2）把书店的参考书当法宝　目前，国内养鳝技术书籍虽然已有数十种版本，但其内容基本上都是照搬一般的养鱼技术或搬出一些空洞的理论来故弄玄虚，真正出自养殖专业人士的较少，仅依靠这些"技术"是很难取得成功的。初涉养鳝者最好是到国内知名的养鳝企业或养鳝大户处现场参观学习，以掌握切实可行的养鳝技术。

（3）大小混养　在同一池（网箱）中，大小黄鳝混养，小鳝不敢争食而体质逐渐衰弱，甚至死亡。饲料不足时发生黄鳝相互蚕食。因此，大小黄鳝混养时，虽大鳝长速快，但整体产量过低。

（4）**池水过深**　黄鳝与一般的鱼类不同，其主要呼吸途径不是靠鳃而是依靠咽腔，又因黄鳝体内结构无鳔，不能在不同水层随意漂浮停留，必须露出水面呼吸空气。池水过深，黄鳝需频繁游至水面呼吸而消耗大量体力，影响正常生活生长。池养黄鳝据鳝体大小水深宜在 20～30 厘米左右，而网箱养鳝水草应尽量充满整个网箱，以便为黄鳝提供良好的栖息和呼吸条件。

（5）**滥施粪肥**　因鳝池水体小，施粪肥极易败坏水质，诱发疾病。

（6）**忽视培植水草**　水草能为黄鳝养殖防暑降温、净化水质并提供优良的隐蔽场所，没有水草的鳝池，无法营造良好的生态环境，养殖黄鳝也难以成功，很难实现高产量、高效益。

（7）**偏"素"缺"荤"**　有的养殖者利用麦麸、菜饼、豆渣、米饭、青菜等植物性饲料投喂黄鳝，黄鳝严重饥饿，饲料不足时，也会少量吞食，但其提供营养却满足不了黄鳝生命活动的需求，更谈不上生长增重，黄鳝会逐渐瘦弱和发病死亡。黄鳝属肉食性鱼类，应投喂动物性饲料或全价配合饲料。

（8）**频繁换料**　常有养殖者因饲料无保障，东抓西凑，经常改换饲料种类。黄鳝吃食饲料有一定的固定性，突然改变饲料种类，黄鳝会难以适应而拒食（改喂蚯蚓除外），影响其正常生活生长。如需改换饲料品种，应与原喂饲料混喂，并且逐渐减少原饲料的比例，同时增加新换食饲料的比例来调整。

黄鳝可在全国淡水水域养殖。

（安徽省水产技术推广总站　奚业文）

鲈　鱼

一、基本情况

（1）**品种来源**　河鲈、梭鲈，在我国主要分布于新疆额尔齐斯河及乌伦古河水系。从额尔齐斯河捕获的野生河鲈群体中，挑选遗传性状稳定的个体作亲本，人工繁育获得良种。大口黑鲈（加州鲈）于 1983 年从美国引进，经驯化推广已成为主要养殖种类之一。

（2）**审定情况**　大口黑鲈（加州鲈），经过广东省水产良种二场驯化选育，1996 年通过全国水产原种和良种审定委员会审定。

（3）**审定编号**　GS – 03 – 003 – 1996。

（4）**特征特性**　鲈鱼肉质细嫩、肉紧味美，无肌间刺；生长速度快；抗病、抗逆性强；经人工培育，遗传性状稳定，可以自繁自育；可摄食人工配合饲料，适合高密度大规模养殖。河鲈适宜的生长水温为 18 ~ 24℃。梭鲈生存水温为 0 ~ 31℃。大口黑鲈（加州鲈）适温范围为 2 ~ 34℃，适宜水温为 12 ~ 30℃，pH 值为 6 ~ 8.5，水中溶氧量最好在 4 毫克/升以上。

（5）**产量表现**　一般两年养成商品鱼，池塘混养亩产为 15 ~ 50 千克，池塘单养亩产为 400 ~ 600 千克，网箱养殖产量在 50 千克/米^{3}左右。

二、养殖要点

（1）**苗种培育**　可采用室内全人工培育，也可采用室外土池肥水生态培育。室内全人工培育，以静水、微充气、定期换水过渡到常流水方式，仔鱼放养密度为 0.5 万 ~ 1 万尾/米^3；室外水泥池仔鱼放养密度为 400 ~ 500 尾/米^3；室外土池仔鱼放养密度为 3 万 ~ 5 万尾/亩。依次投喂轮虫、卤虫无节幼体、桡足类及鱼糜等系列饵料。均可逐步驯化到采食全价人工配合饲料，最好选用膨化浮性饲料。一般经1个多月的时间，鱼苗可长至3～4厘米。此时，宜开始培育鱼种，亩放5 000～10 000尾，当年可培育成50～100克/尾的大规格鱼种。

（2）**池塘主养时**　亩放尾重50克的鱼种1 200～1 500尾，搭配100～150克/尾的鲢鱼种50～75尾，鳙鱼种30～40尾。套养时，在小杂鱼较多的亲鱼池、成鱼池中，亩放养7～10厘米规格的鲈鱼种50～80尾。保持池塘溶氧量24小时在4毫克/升以上。无论是主养还是混养，要注意减少鲈鱼的应激反应。在池水溶解氧不足、水质较差、水温较高时，鲈鱼易诱发应激反应而导致疾病的发生和死亡，故一般条件较差的鱼塘不宜套养鲈鱼。

（3）**网箱养殖商品鱼时**　放养规格一般选择50～150克/尾，每箱规格要一致；放养密度为100～150尾/米^3。

适宜区域：全国各地淡水池塘、水库、湖泊、河道和低洼盐碱地水域均可养殖，河鲈、梭鲈尤其以北方地区为宜。

引进单位：大口黑鲈（加州鲈）由广东省海洋与渔业局引进。

（广东省水产技术推广总站　姜志勇，麦良彬，刘付永忠）

南方大口鲇

南方大口鲇（*Silurus meridionalis*），又名大口鲇，俗称河鲇，属鲇形目、鲇科、鲇属。主产于长江流域江河湖泊中，是一种以鱼类为主食的大型经济鱼类，常见个体重 2～5 千克，最大个体可达 50 千克以上。它与个体较小的鲇鱼（俗称土鲇）为同属不同种。

大口鲇具有生长快、含肉率高、肉质细嫩、味道鲜美、养殖周期短、适温范围广，蛋白质和维生素含量丰富、食性可以转化，消费市场广阔、养殖效益高，并具备出口创汇的竞争潜力等优点，是我国独有的优良品种之一。

一、生物学特性

1. 形态特征

大口鲇头部宽扁，胸腹部粗短，尾部长而侧扁，眼小，口大，牙齿细密锐利；长须 2 对；背鳍短小，无硬刺；胸鳍有一硬刺，其内侧光滑无锯齿状；臀鳍特长并与尾鳍相连；体表光滑，富有黏液；肠短，有胃。大口鲇与土鲇主要区别在于：① 前者成鱼有须 2 对，尾鳍中间内凹，上下叶不对称，上叶长于下叶，背部及体侧通常灰褐色，腹部灰白色；后者成鱼须 2 对，其中 1 对须达到胸鳍末端。臀鳍基部甚长，鳍条数目多，尾鳍小，微内凹，上下叶等长。② 前者的胸鳍刺内侧光滑，后者则有锯齿。③ 前者生长的速度快，个体也长得大；后者生长得速度慢，个体也长不大。另外，大口鲇与革胡子鲇的区别在于，前者只有 2 对须而后者有 4 对须。因此，要慎重选择纯正的大口鲇苗种用于成鱼养殖。

2. 生活习性

大口鲇属温水性鱼类，生存适温 0～38 ℃。因此，在我国南方、北方都能自然越冬。在池养条件下的最佳生长水温是 25～28℃。当水中溶氧量在 3 毫克/升以上时，生长正常；如溶氧量低至 2 毫克/升，则出现浮头；如低于 1 毫克/升时，则会窒息死亡。适宜 pH 值范围是 6～9，最适 pH 值范围是 7～8.5。

大口鲇属底层鱼类，昼伏夜出，主要是夜间摄食，性情温顺，不善跳跃，不钻泥，起捕率高。

3. 食性

大口鲇是凶猛的肉食性鱼类，其摄食主要对象是鱼类，在饲料缺乏时，同类自残现象严重，能捕食相当于自身长度三分之一的鱼体。在人工养殖条件下，能够驯化吃食配合颗粒饲料，要求饲料中粗蛋白质含量在 40% 左右，苗种阶段甚至高达 45% 以上，其中动物蛋白质应占 30%。冬季减食或停食。

4. 生长特性

1～3 龄的大口鲇，生长速度最快。当年 5 月份人工孵出的鱼苗养到年底，一般体重可达 1.5 千克以上，最大个体体重可达 4 千克。在长江以南各省区，一年四季都能生长，但以夏、秋长势最猛，日增重可达 3～5 克，冬季生长较缓，日增重为 0.01～0.5 克。

5. 繁殖

大口鲇的性成熟年龄一般为 4 龄，产卵季节在 4—5 月份。人工催产多用绒毛膜促性腺激素和地欧酮。雌、雄鱼的主要区别在于：雄鱼，胸鳍刺上的锯齿强大，外生殖乳突长而尖；雌鱼，胸鳍刺上的锯齿较细弱，外生殖乳突短而圆，且腹部膨大，卵巢轮廓明显。产卵最适水温为 20～23℃。卵具有黏性，但较弱，油黄色，可附着在鱼巢上微流水孵化。每千克体重的亲鱼，可产卵 3 000～5 000 粒。在水温 22～23℃时，受精卵约需 50～60 小时孵出鱼苗。2～3 天后，鱼苗即可自由游泳并开始觅食。

二、养殖模式

1. 鱼苗培育

当孵出仔鱼的卵黄囊基本消失、体色由淡黄变成黑褐色时，即可转入专门的培育池培育；放养密度为每平方米水面放养 100～200 尾；饵料以水蚤或鱼苗为主（鳊、鲫鱼苗），开始可辅之以蛋黄浆等。在饵料充足、水温稳定、水质清新的条件下，只需 15～18 天，鱼苗就能达到 3 厘米以上，成活率一般在 80% 左右。此时，就应及时过筛、分级分池，进入鱼种培育阶段。由于大口鲇出膜 2 天后的仔鱼就具有相互蚕食的天性，因此，提供充足适口饵料，是取得育苗成功的关键。

2. 鱼种培育

每平方米水面可放养 3 厘米长的鱼苗 50～100 尾。经过 25 天的培育，全长可达 10 厘米以上。此阶段的前期，主要饵料是水蚯蚓或家鱼苗种。达 5 厘米后，可以开始用添加了引诱剂的配合饲料进行食性转化，日投量为鱼体总重的 3%～10% 左右。此阶段苗种间的自相残食现象最为严重，控制的措施除供足饵料外，必须隔 10 天左右将全池鱼苗过筛、分级分池培育。当其全长达 10～12 厘米、尾重 7～8 克时，就可放入大池开始成鱼养殖。

3. 成鱼养殖

大口鲇的适应能力较强，主推模式有：池塘主养、池塘套养和网箱养殖三种模式。

（1）池塘主养 选择水源充足，排灌方便，池水深 2 米以上的池塘。鱼种放养前须先清除淤泥，再用生石灰消毒。在饲料的数量和质量都有保证的前提下，亩放 10 厘米以上的鱼种 500～600 尾，养到年底平均尾重可达 1.5～2.5 千克，平均亩产 500～800 千克（亩可配养 80～100 尾鲢、50～80 尾鳙，规格在 15 厘米以上，让它们消耗池中的浮游生物）。其饲料来源，一种是"以鱼养鱼"，即用小野杂鱼或鱼苗鱼种来喂养。规模化的养殖就必须用配合颗粒饲料投喂。

南方大口鲇

每天投喂两次，分别是 09：00—10：00、17：00—18：00，日投喂量为鱼体重的 3%～10%，要根据水温、天气和吃食情况具体灵活增减。投喂应定时、定点，还应设置饲料台，以便检查。

加强水质管理，调节水质，保持池水清新，防止缺氧，是大口鲇养殖成功的又一关键。平时应经常加注新水，排灌不便或水源紧张的池塘，应配备增氧机，保证水体有较高的溶氧量。

（2）池塘套养　在野杂鱼较多的家鱼池塘中套养大口鲇，亩放 10 厘米以上的大口鲇 20～30 尾，可在不减少其他鱼种放养量和不增加饲料投入的前提下，年底便可收获尾重 2～3 千克，亩产 30～80 千克商品鲇，增收 500 元左右。同时，不会影响主养鱼的产量；大口鲇能吃掉野杂鱼和病弱鱼，还可起到减少家鱼争食对象和抑制鱼病的作用。

池塘套养大口鲇应注意以下事项：① 凡放养有鳜鱼、黑鱼等肉食性鱼类的养殖水体，不宜放养大口鲇。② 水质过肥，排灌不便，家鱼经常浮头的池塘，不宜混养大口鲇。③ 已经套养来年鱼种的池塘，不宜混养大口鲇。

（3）网箱养殖　① 网箱的规格及设置水域的选择。放置网箱的水域应相对开阔、向阳、有一定风浪或微流水，水深 5 米以上，透明度在 1 米左右，全年 18℃ 以上水温有 4—6 个月。常用的网箱规格有 2 米×3 米×2 米或 2 米×4 米×2 米，网箱框架高出水面 10～15 厘米。网目以苗种及饵料鱼不逃为宜。鱼种网箱，网目 1.2 厘米，单层；成鱼网箱，网目 2～4 厘米，双层。

② 鱼种放养。一般放养水温在 15～20℃ 之间。要选择体质健壮、规格整齐、无病无伤、体色鲜亮、品种纯正的南方大口鲇苗种，一次放足。放养密度：规格为 8～15 厘米，则放养 25～30 尾/米³；规格为 15～25 厘米，则放养 20～25 尾/米³；规格为 500 克左右，放养 8～10 尾/米³。入箱前用 3%～5% 食盐水或 5 毫克/升高锰酸钾浸泡 10 分钟左右，杀死鱼体携带的病原体和寄生虫。消毒时间，主要要视鱼的活动情况、承受能力，适时掌握时间。

③ 饲养管理。鱼种入箱 2 天后开始投喂，每天投喂 3～4 次，日

投饵率为3%～5%。网箱养鲄的饲料和池塘养鲄的饲料相同，有鲜活的动物性饲料，包括各种野杂鱼、蚯蚓、蚌肉及动物内脏等和人工配合颗粒饲料两类。饲养期间经常检查网箱，防止逃鱼。定期清洁网箱，保证水流畅通。

4. 鱼病防治技术

大口鲄的抗病力较强，成鱼养殖阶段病害较少，但在苗种阶段病害则较多，细菌性疾病或细菌性、病毒性、寄生虫类疾病的并发症，往往也会导致苗种大量死亡。

（1）病害发生的原因 ① 鱼池清塘不彻底；② 苗种放养密度过大；③ 水质变坏未能及时调节；④ 投喂的饲料带来病原体。

（2）渔药使用注意事项 由于大口鲄是无鳞鱼，对各种药物，其用量小于常规用量，采用少量多次方法较为适宜。大口鲄对甲苯咪唑特别敏感。

常见鱼病及防治详见表2。

表2　常见鱼病及其防治

病　名	发病季节	症　状	防治方法
车轮虫病	5—8月份	鳃组织损坏，产生大量黏液	0.5～0.7毫克/升硫酸铜、硫酸亚铁合剂（5:2）全池泼洒
小瓜虫病	水温20～25℃	在皮肤和鳃组织形成大头针大小的小白点，肉眼可见	15毫克/升的福尔马林全池泼洒，每隔2天泼一次，泼1～3次；或10毫克/升高锰酸钾溶液浸洗1小时
水霉病	常年可见，2—5月份	体表菌丝大量繁殖，呈灰白色絮状	2%～3%食盐水浸浴10分钟，或2毫克/升高锰酸钾溶液全池泼洒
烂尾病	5—10月份	患病鱼尾部发白、溃烂，鱼种阶段一旦发生其传染快，感染率高，可导致大批死亡	0.1毫克/升强氯精全池泼洒，每隔2天泼一次，泼1～3次；或2毫克/升强氯精浸洗1小时

南方大口鲄

三、附录

1. 相关标准

①《无公害食品　淡水养殖用水水质》（NY 5051—2001）。

②《无公害食品　渔用药物使用准则》（NY 5071—2001）。

③《南方大口鲇人工繁殖技术操作规程》（DB 34/T515—2005）。

④《无公害南方大口鲇商品鱼养殖技术操作规程》（DB 34/T516—2005）。

2. 相关渔药

(1) 常用渔药　① 漂白粉；② 强氯精；③ 硫酸铜和硫酸亚铁合剂；④ 氯氰菊酯。

(2) 禁用渔药　①《无公害食品　渔用药物使用准则》规定的禁用渔药；② 甲苯咪唑。

3. 苗种供应信息

① 安徽省铜陵县水产良种场。

② 湖北省水产良种试验站。

（安徽省铜陵县水产技术推广站　唐燕高）

泥　　鳅

一、基本情况

泥鳅，又称鳅鱼，在分类上属鲤形目、泥鳅科、泥鳅属。主要分布于我国的淡水河流、沟渠、水田、池塘、湖泊等，是较常见的淡水经济鱼类。

泥鳅（*Misgurnus anguillcaudatus*）是一种小型经济鱼类，经济价值较高，广泛分布于我国除西藏高原外的其他地区，日本、韩国、俄罗斯、印度等也有分布。泥鳅肉质细嫩、清淡鲜美，而且具有滋补药用价值，历来为人们所喜食，尤其在韩国、日本销路甚广。泥鳅多栖息在静水或微流水的池塘、沟渠、稻田等浅水水域中，对生活环境要求不严，水质中性或偏酸性。除用鳃呼吸外，还可以用皮肤和肠道进行呼吸。

泥鳅不仅营养丰富、味道鲜美，而且具有多种药用功效，被称为"水中人参"，受到广大消费者的喜爱，国内外市场需求量大，出口量连年增长。其肉中含蛋白质 18.4% ~ 20.7%，脂肪 2.7% ~ 2.8%，灰分 1.6% ~ 2.2%，每 100 克肉中含维生素 A70 国际单位，维生素 B_1 30 微克，维生素 B_2 440 微克，钙 51 毫克，磷 154 毫克，铁 3 毫克，并含有较高的不饱和脂肪酸。从中医药方面看，泥鳅又是一种保健和药用食品。在《本草纲目》和《本草拾遗》中记载，泥鳅有暖中益气功效，其性甘平无毒、祛湿邪、治消渴，对肝炎、小儿盗汗，皮肤瘙痒、跌打损伤、手指疔疮、痔疮、疥癣等具有一定疗效。我国民间医方认为，泥鳅有壮阳利尿、治疗结核、开胃之功效。

养殖泥鳅是一项投资小、方法简便、节省劳力、效益较高的水产养殖事业。从目前的养殖技术水平来看，一般每亩稻田可产泥鳅200千克左右，仅泥鳅一项净收入就达2 000元左右。投资大、管理好的田块，产量和效益将更高。庭院养殖泥鳅，经150天左右的饲养，即可增重5～10倍，达到上市规格，一般100～200平方米泥鳅池，可产泥鳅250～500千克，收入可达3 000～5 000元。如采用池塘流水养殖，亩产量可达5～6吨，效益更为可观。

二、生物学特征

泥鳅属于鲤形目、鲤亚目、鳅科、泥鳅属。全世界共有10多种，主要品种有真泥鳅、大鳞副泥鳅、花鳅等。目前，我国养殖的主要品种是大鳞副泥鳅和真泥鳅两种。

泥鳅苗种抗病力强、生长速度快。泥鳅喜欢栖息于静水的底层，常出没于湖泊、池塘、沟渠和水田底部富有植物碎屑的淤泥表层，对环境适应力强。泥鳅不仅能用鳃和皮肤呼吸，还具有特殊的肠呼吸功能；当天气闷热或池底淤泥、腐殖质等物质增多，引起严重缺氧时，泥鳅也能跃出水面，或垂直上升到水面，用口直接吞入空气，而由肠壁辅助呼吸，当它转头缓缓下潜时，废气则由肛门排出。由于泥鳅忍耐低溶解氧的能力远远高于一般鱼类，故离水后存活时间较长。泥鳅多在晚上出来捕食浮游生物、水生昆虫、甲壳动物、水生高等植物碎屑以及藻类等，有时亦摄取水底腐殖质或泥渣。泥鳅2冬龄即发育成熟，每年4月份开始繁殖（水温18℃），产卵在水深不足30厘米的浅水草丛中，产出的卵粒黏附在水草或被水淹没的旱草上面。孵出的仔鱼，常分散生活，并不结成群体。

泥鳅对环境的适应能力较强，广泛分布于各类水体中，一般生活在水底，有钻泥的习惯，喜欢在中性或者酸性泥中栖息。

1. 水温

泥鳅生长的适宜水温为18～30℃，最适水温22～28℃，水温较高时（32℃以上）钻入泥中栖息，水温低于7℃时，潜入泥中冬眠。

2. 呼吸

泥鳅有三种呼吸方式：鳃呼吸、皮肤呼吸、肠道呼吸，可以根据不同环境采取不同呼吸方式，比较能够耐受低氧，这是泥鳅的一个特性。在水中氧气不足的情况下，可以钻出水面利用肠道直接呼吸空气，主要是靠其肠壁中丰富的血管进行气体交换，维持生命；在泥中或者洞中栖息，能利用皮肤进行气体交换；泥鳅在苗期，完全靠鳃呼吸。

3. 生长特性

泥鳅的生长，取决于饵料的质量、数量和水温。在自然生长状态下，刚孵出的仔苗，体长只有 3 ~ 3.5 毫米，培育 25 ~ 30 天，体长达到 5 厘米，半年后达到 8 厘米以上。人工养殖条件下，1 龄泥鳅可达 70 ~ 100 尾/千克的商品规格。泥鳅在人工养殖的情况下，个体生长差异较大，有条件的养殖单位，要及时做好分养工作，使同一规格的泥鳅饲养在一口池塘中，避免大小悬殊，也可以采取捕大留小的方法，将达到商品规格的泥鳅及时捕捞上市出售。此外，生长速度还与放养密度、水温、性别等密切相关。苗期生长较快，雌性个体的生长速度明显快于雄体，成鳅阶段的个体差异也较大，雌体往往是雄体的 2 ~ 3 倍，甚至更多。在自然界中，生长 4 ~ 5 年的个体重达 200 ~ 300 克的泥鳅也有，但很少见。

4. 生殖习性

泥鳅一般 2 龄性成熟，1 年也可以多次产卵，繁殖季节为 4 月底到秋季，繁殖最佳水温为 24 ~ 27℃，雌体的怀卵量多少不一，最少只有 1 000 粒左右，最多达 20 000 粒。

受精卵较小，具黏性，一般黏在水草、石块上，如黏性较差，容易脱落，易被其他鱼类吃掉。

三、养殖技术

池塘养殖平均亩产 550 千克，利润为 5 000 元；稻田生态养殖，平均亩产 220 千克，利润为 2 000 元。

（一）泥鳅的稻田生态养殖技术

稻田养殖泥鳅，是一种生态型水产养殖。泥鳅个体比较小，适宜在稻田浅水环境中生长。在稻田里，泥鳅经常钻进泥中活动，能够疏松田泥，有利于有机肥的快速分解，有效地促进水稻根系的发育；稻田中的许多杂草种子、害虫及其卵粒，都是泥鳅的良好饵料；同时泥鳅的代谢产物，又是水稻的肥料。所以在稻田中养殖泥鳅，能够相互促进，达到稻、鳅双丰收。根据各地稻田养殖泥鳅的成功经验，现将其技术要点总结如下。

1. 稻田及水稻品种的选择

要求稻田保水性能好，水源充足，排灌方便，稻田面积宜小不宜大。要求水稻品种抗病、耐肥、抗倒伏，单季中、晚稻比较适合，直播或者插秧均可。

2. 田间开挖沟渠

鱼沟的设置，解决了种稻和养殖泥鳅的矛盾。鱼沟是泥鳅游向田块的主要通道，可使泥鳅在稻田施肥、施药等操作时，有躲避场所。开沟面积，至少占稻田面积的 5%，做到沟沟相通，不留死角。鱼沟在栽种前后开挖，深、宽各为 0.4 米，结合环沟的开挖，可以根据田块的大小，最后鱼沟开成"田"字形或者"井"字形。在栽秧田块中开沟时，可将沟上的秧苗分别移向左右两行，做到减行不减株，利用边行优势，保持水稻产量。环沟宽为 2 米，深为 1.5 米，开挖环沟的泥土，可用来加固田埂。

3. 设置防逃网

用宽幅为 1.5 米的 7 目聚氯乙烯网片做防逃网。防逃网紧靠四周田埂，至少下埋 0.4 ~ 0.5 米，用木桩、毛竹、铁丝固定。

4. 设置拦鱼栅

建成弯拱形。进水口凸面朝外，出水口凸面朝内，既加大了过水面积，又使之坚固，不易被水冲垮。拦鱼栅的设置，与防逃网一样，可与防逃网同时施工。

5. 苗种投放

（1）时间 每年 6 月底、7 月初雨季来临时，天然野生泥鳅苗种被大量捕捞上市，这时的泥鳅价格在一年当中最为便宜，要抓住这一有利机会及时收购。人工苗种在水稻返青后投放。

（2）**品种选择**　针对韩国市场需求，应该选择大鳞副泥鳅进行养殖。大鳞副泥鳅，也称黄板鳅、扁鳅。真泥鳅，又叫泥鳅、圆鳅、青鳅，可养殖真泥鳅供应国内市场。

（3）**规格选择**　同一田块，应该选择规格一致的泥鳅苗种，这样便于日后的管理。用泥鳅筛非常方便，可以把泥鳅按规格分开。

（4）**泥鳅体质的选择**　要求泥鳅体表光滑，色泽正常，无病斑，无畸形，肥满。除去烂头、烂嘴、白斑、红斑、抽筋、肚皮上翻、游动无力、容易被捕捉的泥鳅个体。

（5）**具体操作方法**　把泥鳅放置在泥鳅专用筐中，用水激的方法刺激泥鳅，泥鳅就会上下钻动，健康的泥鳅会钻到下面，体弱无力者在上面，其他小鱼、小虾、杂质也会在上面，这时用小盆在泥鳅表层把不健康泥鳅和杂质舀去就可以了，剩下的泥鳅再次进行人工挑选即可。

（6）**投放量**　收购的野生苗种，每亩投放 75～100 千克。投放规格为体长 5 厘米的人工苗种，每亩 4 万尾，40 千克左右。

（7）**泥鳅苗种的运输**　用泥鳅专用箱运输。每只箱子存放泥鳅苗种 10 千克，加水 8～10 千克，用板车送到稻田。路程较远的要降温运输，以确保泥鳅运输的成活率。

6. 泥鳅苗种的消毒

经过人工挑选后，要及时进行消毒。药物一般选择高效低毒消毒剂，用聚维酮碘较为安全。10% 的聚维酮碘溶液，用 0.35 毫克/升的浓度药浴，消毒 5 分钟后及时下塘。

7. 日常管理

（1）**巡塘**　从投放苗种的第二天开始，就要沿稻田四周巡田查看，及时捞取病死泥鳅，防止其腐烂变质影响稻田水质，传染病害。以后每天坚持巡田，观察泥鳅的活动、摄食等情况，观察防逃网外有无泥鳅外逃，如发现有外逃鳅苗，即要及时检查、修复防逃网；

泥
鳅

根据剩饵情况，及时调整下次投饵量。

（2）消毒　第三天就要进行消毒处理，使用10%的聚维酮碘溶液时，浓度为0.25毫克/升，使用强氯精，其浓度为0.35毫克/升，两种药物也可交替使用，效果更好，一天一次，一般三天一个疗程。

（3）投喂　苗种投放后第三天，开始投喂饲料。稻田每亩每天投喂一次，稻田用量为1~2千克即可，投料时间为18：00。经过7~10天驯化，泥鳅基本都能在稻田水沟里进行摄食。一般投喂饲料量，在1~2小时后没有剩余为准。使用的饲料为泥鳅专用全价配合饲料，也可自己配制。稻田中天然饵料比较丰富，即使不投饵，也可获得一定的产量。

8. 稻田的管理

按照一般的方法管理即可，在施肥时注意要少量多次进行，不能对泥鳅造成伤害。施肥原则为重施基肥，少施追肥。每亩每次追肥用量为：尿素10千克以下，过磷酸钙12千克以下。水稻用药应该选择高效低毒农药，为了防止伤害泥鳅，采取分片施药的办法进行。

通过3~4个月的精心饲养，泥鳅达到上市规格，在天气转凉之前及时起捕出售。起捕工具主要是地笼网。使用地笼起捕时，应注意水温的变化。水温在20℃以上时，起捕率较高；水温在15~20℃时，起捕率一般达95%；当水温在10℃以下时，起捕率只有30%左右。建议尽早起捕，根据市场行情出售，也可以暂养到冬季再出售。

（二）泥鳅池塘养殖

1. 养殖池塘的选址及塘口要求

养殖泥鳅池塘的准备：面积为1~2亩，池塘深为1~1.5米，东西走向，长宽比1:（2~2.5），池底淤泥保持10~15厘米，池底在进水口略高些，排水口最低，这样便于操作。池塘具有独立的进、排水系统。高密度养殖池塘，还要在池塘的四周加设栏网防逃。

选择水源充足，水质良好，土质为壤土或黏土的池塘，黄土最佳，交通方便，环境相对安静。

每口池塘面积1~2亩，最大不超过3亩，池深1米，水深保持

0.5～0.6米，进水口高出水面0.5米以上。用阀门控制水流量。排水口与池塘正常水面持平，排水底孔处于池塘最低处。排水口用防逃网罩上，排水孔用阀门关紧。

2. 苗种放养

在放养前，要清整池底，用漂白粉或生石灰清塘消毒，用量分别为3千克/亩和100千克/亩。第三天施基肥并加水至0.5米深，亩施有机肥250千克，采取堆肥方式。10天药效消失后，即可放苗。放养密度为6厘米长鳅苗5万尾/亩。投苗时，用2%食盐水消毒2分钟，温差不超过3℃。

3. 饲养管理

正常日投饵量占体重的2%～4%，投饵次数为每天4次，时间分别为05∶30、09∶30、14∶30、18∶00。具体投喂量和次数，根据当时的天气、水温等情况适时调整。当秋天水温低于15℃时，改为每天投喂两次。投喂量渐减，当水温降到10℃以下时，停止投喂。投饵方式为全池遍洒。每口池塘搭建数个食台，用于检查吃食情况。成鳅养殖，一般要使用正规厂家生产的全价颗粒配合饲料，最好是泥鳅专用沉性饲料，其蛋白质含量不低于30%。

泥鳅苗种下塘后，由于其对环境的不适应，到处游动造成水质浑浊，从第二天开始加水2～4个小时，以后连续加水3～4天，并且每天捞取病死泥鳅及杂质等，第三天上午用0.35毫克/升的强氯精全池泼洒，第四天上午用0.5毫克/升的聚维酮碘泼洒消毒。换水是日常管理的重要环节，夏季高温时每天加注新水5～10厘米，老水从排水口溢出。当水温为20～25℃时，每周换水2次；当水温为15℃时，每周换水1次。

每月全池泼洒两次聚维酮碘和强氯精进行病害预防，用量分别为0.5毫克/升和0.3毫克/升。另外，每月用一次"驱虫散"（中草药），预防泥鳅感染原生动物疾病。

当秋季水温下降至15℃以下时，要抓紧时间起捕上市或暂养。起捕用底拖网，在泥鳅池中反复拖拉，可起捕一半以上，剩余的用

泥
鳅

地笼网结合水流刺激进行诱捕，一般 3～5 天即可起捕完毕，总起捕率达 90% 以上。

（三）泥鳅病害防治

1. 引起泥鳅发病的原因

（1）外在因素 ① 水温变化。泥鳅在不同的发育时期，对水温都有一定的要求。泥鳅苗下塘时温差不宜超过 2℃；大规格泥鳅苗种下塘时，温差不超过 5℃，否则，会引起生病或者死亡。

② 水质变化。影响水质变化的主要因素有生物活动以及水源、底质、气候等。例如，池塘中有机质过多，微生物分解过盛时，一要吸收水中大量氧气，二要放出有害气体，同时微生物也要大量繁殖，从而导致鱼类"浮头"、发病、甚至死亡，水中 pH 值也会有较大的变化。此外水源被污染，同样会使养殖鱼类发病。

③ 溶解氧变化。泥鳅适于在水质清新，溶氧量高的水体中存活。因此，水中溶解氧高低，对于泥鳅的生长和发育都有很大的影响。

④ 放养密度。密度的大小，与疾病的发生有很大的关系。若密度过大，超过一般饵料基础和饲养条件，使鱼类摄食不足，导致营养不良，抗病力减弱，为疾病的发生创造有利条件。因此，确定放养密度，应该综合考虑鱼体规格、饲养条件和养殖技术、管理水平等诸多因素。

⑤ 饲养管理。饲料是鱼类生活中所不可缺少的。若饲料供应不足或投喂腐败变质的饲料或者未根据鱼类需求而投喂，都会使鱼类正常的生理活动发生异常，导致疾病的发生。

另外，施肥的种类、数量、时间、方法不当，也会引起鱼病的发生。

（2）生物因素 主要是病原微生物，还有水老鼠、水鸟、水蛇、蛙类、水生昆虫等，也会直接或者间接危害泥鳅。

（3）内在因素 这是指泥鳅的身体状况。控制泥鳅病害的发生，应该从提高泥鳅的自身抵抗力入手，要做好以下工作。

早投放，早开食，坚持"四定"原则，合理施肥，提高泥鳅的抗病能力。

施肥的主要作用是增加水中的营养物质，使浮游生物快速生长繁殖，给泥鳅提供足够的天然饵料和促进光合作用。如果施肥不得法，会污染水质，引起鱼病。在施足基肥的情况下，追肥要坚持"及时、少施、勤施"的原则。

加强日常管理，注意操作，减少泥鳅受伤，坚持每天巡塘，观察泥鳅活动、水质变化和其他情况，发现问题及时解决。注意池塘的环境卫生，勤除池边杂草、敌害、中间寄主，及时捞除残饵和死鱼，定期清理和消毒食场。

放养规格要一致，不同规格的泥鳅不要混养，以免互相争食。

2. 药物预防

（1）泥鳅消毒 鱼体消毒，这是预防疾病、提高成活率的有效手段。在分池、换池、放养前，都要进行鱼体消毒。一般用 2% ~ 3% 食盐水浸洗消毒处理。

（2）药物清塘 一般用强氯精、漂白粉等药物。强氯精每亩施用 3 千克，漂白粉每亩施用 5 千克，化水后全池泼洒。

3. 病害防治

（1）水霉病 病原：水霉菌。

症状：发生在泥鳅受精卵的孵化阶段，水温较低时，受精卵最易得此病。泥鳅受伤时，也容易得此病。病鳅行动迟缓，食欲减退。体表可见，灰白色棉絮状绒毛。

防治方法：① 尽量避免泥鳅受伤。② 用 1 毫克/升的漂白粉溶液全池泼洒。③ 用 0.2% 食盐和 0.2% 碳酸氢钠浸泡泥鳅 3 ~ 5 分钟。

（2）寄生虫病 病原：车轮虫、三代虫、杯体虫等。

症状：在泥鳅幼苗阶段，容易发生。表现为体表黏液增多，离群独游，漂浮水面，呼吸困难，食欲减退。镜检可见虫体。

防治方法：① 0.7 毫克/升的硫酸铜溶液全池泼洒。② 感染三代虫可用 0.5 毫克/升的晶体敌百虫溶液全池泼洒。③ 硫酸铜和硫酸亚铁合剂（2:5）全池泼洒，浓度为 0.7 毫克/升。

(3) 腐鳍病 病原：短杆菌。

症状：鳍条基部肌肉糜烂，鳍条表皮脱落，呈灰白色，严重时鳍条脱落，肌肉外露。夏季流行。

防治方法：用 0.35 毫克/升的强氯精溶液化水全池泼洒；用 0.5 毫克/升的聚维酮碘全池泼洒。

(4) 气泡病 病原：水中存在过多的氧气或者其他气体微粒。

症状：泥鳅苗种阶段误食气体微粒过多，聚集在泥鳅的组织、器官里，形成气泡，上浮在水面上，泥鳅失去平衡能力；成鳅在夏季高温时，长期处在水层表面，吸入大量氧气后，在鳍条的表皮下形成小气泡，产生白鳍现象，成鳅的这一现象又称"白翅病"。

防治方法：① 泥鳅幼苗池塘水质不宜过肥，保证饵料可口、充足。② 发病时大量冲水，缓解病情。

(5) 肠炎病 症状：病鳅常浮于水面上，腹部朝上，背部向下，并不断挣扎企图下沉。解剖可见肠道前部有食物，多为绿色藻类等，肠道后半部有气体并膨胀，肠系膜充血。多发生在秋季水温下降时。发病率低，但是死亡率高。

预防：要坚持"四定"投喂原则，不要投喂过期或劣质饲料，保持水质清新，严格控制蓝绿藻过量繁殖。

治疗：外用二氧化氯消毒，使用浓度为 0.3 毫克/升，同时内服诺氟沙星，每千克饲料拌药 1 克，连喂 6 天。

适宜区域：池塘、稻田、河道等水域均可养殖。

良种供应单位：安徽省怀远县鳅科鱼类良种场。

（安徽省水产技术推广总站　奚业文）

彭 泽 鲫

彭泽鲫属于鲤形目、鲤科、鲤亚科、鲫属，常栖息于湖泊芦苇丛中，体侧有 5～7 条灰黑色芦苇状的斑纹，原产于江西省彭泽县丁家湖、芳湖和太泊湖等天然水域。其具有生长快、产量高、个体大、易运输、抗病能力强、养殖效益好、营养价值高等优良特性，目前成为淡水养殖的一个重要品种，已在全国广泛推广养殖，获得了较高的经济效益和较好的社会效益。特别是近几年来，彭泽鲫商品鱼外销韩国、日本，给养殖户带来了丰厚的利润，发展前景十分广阔。

一、养殖条件

1. 池塘条件

鱼种池面积以 3～5 亩为宜，水深 2 米；成鱼池面积以 10 亩为宜，水深 2～2.5 米。要求水源充足，无污染，排灌方便，每 3～5 亩池塘配备 3 千瓦的增氧机 1 台，每个池塘配备自动投饵机 1 台。池塘平整、无渗漏、无杂草。

2. 池塘消毒、施肥

在鱼苗、鱼种下塘前 10～15 天，每亩池塘用生石灰 75～125 千克或 3～5 千克漂白粉干法清塘，消毒除野。5～7 天后注入 70～80 厘米深水，注水时用 60 目聚乙烯网过滤，以防野杂鱼及其卵进入。鱼苗、鱼种下塘前 7 天施肥，每亩施发酵好的有机肥 300 千克做基肥，培肥水质，为鱼苗提供丰富的浮游生物及有机物碎屑等适口饵料，以提高成活率。

二、鱼种培育

1. 放养密度

每亩池塘放养乌仔 0.8 万~1 万尾或夏花 6 000~8 000 尾,出池规格 50~80 克/尾。鱼苗下塘后 10~15 天,放养白鲢夏花 2 000~3 000 尾,作为搭配种类来调节水质(但不能搭配鲤鱼、罗非鱼等),成活率可达 90% 以上,每亩可产鱼种 500~600 千克。

2. 饲养投喂

鱼苗下塘后,根据水质的肥瘦情况,追施有机肥或投喂豆浆。根据鱼种的生长情况,投喂豆饼粉、细麦粉、米糠等饲料,经过 20 天左右的培育,可长成 3 厘米左右的夏花。

夏花培育成大规格鱼种,需要投喂全价配合颗粒饲料,蛋白质含量 32% 以上,粒径前期小些,后期大些(表 3)。日投饵率按鱼体重 6%~8% 左右进行投喂驯化。

表 3   不同规格鲫鱼的适口饲料粒径

鲫鱼规格/克	<5	5~30	30~50	50~80	80~120
饲料粒径/毫米	0.5	1	1.5	2	2.5

3. 驯食

开始用破碎料进行驯食,每天 2 次。具体方法:投喂前用废旧铁盘子有节奏地敲击池塘食台边的水泥墩,然后按"慢—快—慢"和"少—多—少"的方法进行投喂,边敲边投,每次驯食的时间不得少于 45 分钟,经过 20 天的驯食,鱼种形成了集中上浮水面抢食的条件反射。一般经过 15 天左右的驯化,就可集群上浮抢食。投饲量应根据水温、天气情况、水质肥瘦、鱼的吃食情况而灵活掌握。

4. 日常管理

主要是加强水质管理,保持池水透明度 25~30 厘米,使池水"肥、活、嫩、爽"。鱼种培育期间,特别是高温季节,必须经常换注新水，以防水质过肥。前期20～25天换注新水一次，每次10～15厘米，后期7天换水一次，每次15～20厘米。当池水透明度大于30厘米时，应适时追肥，原则为"少施、勤施"，每亩可施有机肥50千克或尿素3千克。每半个月全池泼洒生石灰改善水质，每亩用生石灰15千克。定期防病治病。

三、成鱼养殖

1. 鱼种选择

鱼种最好来源于自育。若需要购买时，应注意选择从信誉好的国家级良种繁育场购买鱼种，才能保证质量。

目前市场上出售的彭泽鲫品种较多，而真正的一代原种较少，由于品种不纯，在整个养殖过程中没有显示出彭泽鲫的优势。良种的选择是养殖大规格商品鱼和创高产的基础，外购鱼种必须是经过国家检疫检验部门检验合格的，规格大小整齐、差异小、无畸形、无病态、无伤痕、体形完整、体色正常、活动迅捷、溯水力强的健康鱼种。

2. 放养时间

一般3月初在水温达到15℃左右时，即可放种。购进鱼种时，要与养殖池的水温基本一致，否则要逐渐过渡到适合养殖池的水温才能放进养殖池。选择无风的晴天，入水的地点应选在向阳背风处，让鱼种自行游入池塘。

3. 鱼种的消毒

鱼种入池时，用3%～5%食盐溶液对鱼种浸洗消毒。对鱼种消毒操作时，动作要轻、快，防止鱼体受到损伤，药浴的浓度和时间需根据不同的情况灵活掌握，以鱼种出现严重应激为度。

4. 放养模式

投放彭泽鲫鱼种规格为50～80克，搭养白鲢规格为50～100克、花鲢规格为100～200克。具体放养情况如表4所示。

表4　成鱼养殖放养模式

亩产量/千克	亩放养量/尾		
	鲫鱼	鲢、鳙鱼	合计
350	1 200	200	1 400
400	1 500	250	1 750
500	1 800	300	2 100
600	2 100	300	2 400
700	2 400	330	2 730

5. 饲养管理

（1）**投喂方法**　小于 10 亩的池塘设一个投料点，大池塘设两个投料点。鱼种下塘后 7 天开始投喂驯化，按"慢—快—慢"和"少—多—少"的方法进行投喂。饲料采用沉性硬颗粒饲料。饲料粗蛋白质含量，要求达到 30% 以上。饲料粉碎细度要求应在 40 目以上，饲料粒径 2~4 毫米。一定选择信誉好、质量可靠、供货及时的饲料厂生产的全价配合饲料，其安全指标应符合《无公害食品　渔用配合饲料安全限量》的生产要求。

（2）**投喂技术**　做到"四定"投喂，即定时、定位、定质、定量。定时就是每天在固定时间投喂，每天投喂次数应根据水温而定，一般 20℃ 以下时，每天投喂 2~3 次；20℃ 以上时，每天投喂 3~4 次。每次投喂时间控制在 40 分钟左右，一般 6—8 月份每天投喂 4 次，时间分别为 08：00、11：00、14：00 和 17：00；定位就是在池塘较为安静、方便、适中的位置设置投饵机投喂；定质就是投喂的饲料要新鲜、不霉变且营养成分含量适宜鱼类每个时期的生长；定量就是按鱼摄食情况来确定每日实际投喂量，即根据水温，天气情况，水质肥瘦，一般在水温下降、阴天无风、天降暴雨、水质浑浊、溶氧量降低时，应适当减少投喂量。一般日投喂量为鱼体重的 3%~8%，投喂量以有八成鱼吃饱为宜，即大部分鱼游走为止。

（3）**水质调控**　鱼种放养时水深 1 米，以后每隔 7~10 天注入部分新水，每次30~40厘米，高温季节每隔15天左右换水一次，换水量30~40厘米，保持水体的肥度和溶解氧。养殖期始终控制池水透明度在30~40厘米，水色以黄绿色和绿褐色为好。

根据水质情况，定期监测水化指标，观察水体变化，做到有问题早发现，定期使用微生物制剂和水质改良剂，分解鱼类粪便和残饵，减少水中有害物质的含量，调节水中浮游生物的种类和数量，使池塘水质保持"肥、活、嫩、爽"，符合《无公害食品 淡水养殖用水水质》（NY 5051—2001）要求。

（4）水体增氧 水体缺氧时，要及时增氧。增氧方法有机械、生物、化学三种。机械增氧是利用增氧机、水泵或潜水泵进行搅水、加水、冲水和换水，以增加水体溶解氧。在高温季节，要每天定时打开增氧机。生物增氧是利用浮游植物光合作用增氧和用药物杀灭过多的浮游动物控制耗氧。化学增氧是用过氧化钙、碳酸钠等施于水中分解增氧，用于应急救治鱼类严重浮头和泛塘。

（5）日常管理 坚持每天多次巡塘，做好养殖记录，主要包括饲料投放、水质变化、天气变化、鱼的活动情况、鱼病情况等，作为养殖资料。注意池塘环境卫生，勤除池边杂草，勤除敌害及中间寄主，并及时捞出残饵和死鱼。注意改善水体环境，定期清理、消毒食场。根据掌握的情况，及时采取换水、消毒、投喂药物等调节措施。

6. 鱼病防治

"养鱼先养水"，只有治理好水体环境，才能保证养殖生产的顺利进行。应掌握"以防为主，以治为辅，防治结合"的原则，坚持无病先防、有病早治和防重于治。

（1）渔药的选择 渔药的使用应严格遵循国家和有关部门的规定，使用"三效"（高效、速效、长效）和"三小"（毒性小、副作用小、用量小）的渔药。

（2）控制致病因子 根据各地区春夏之交和夏秋之交鱼病流行特点，每半个月全池泼洒生石灰改善水质，每亩用生石灰15千克。按月有针对性地使用杀虫剂和灭菌剂各预防一次（全池泼洒或食场

彭泽鲫

泼洒）并内服一个疗程药饵。定期施用光合细菌，净化水质。

（3）**工具消毒** 渔用的各种工具，往往成为传播疾病的媒介。在已发病鱼塘使用过的工具，必须及时消毒，用 50 毫克/升高锰酸钾或 200 毫克/升漂白粉溶液浸泡 5 分钟，然后以清水冲洗干净后再使用，或在每次使用后置于太阳下暴晒半天后再使用。

（4）**食场消毒** 在鱼病流行季节，每半个月对食场消毒一次，方法是用漂白粉 250 克加水适量溶化后泼洒到食场及其附近（应选择晴天在鱼进食后进行）。也可定期进行药物挂袋，一般每袋用量为漂白粉 150 克、敌百虫 100 克，连用 3 天。

（5）**鱼病治疗** 病害发生时应对症用药，选用刺激性小，毒性小，无残留的优质渔药，严禁滥用渔药、盲目增大用药量，增加用药次数或延长用药时间。

（6）**休药期** 成品鱼上市前，应有相应的休药期。这样可以确保上市水产品的药物残留量符合《无公害食品 水产品中渔药残留限量》要求，不得选用国家规定禁止使用的药物，也不得在饲料中长期添加抗菌药物。

（安徽省六安市水产技术推广中心 冯 毅）

全国水产养殖主推品种

翘嘴红鲌

一、基本情况

1. 品种来源

广泛分布于我国内陆主要水系，特别是长江中、下游的各大水域。选取野生亲本进行培育，人工规模化繁殖可获得批量苗种。各地方已制定地方标准，如安徽省的《无公害食品　翘嘴红鲌池塘养殖技术规程》（DB34/T 741—2007）。

2. 生物学特性

翘嘴红鲌（*Erythroculter ilishaeformis*），俗称"白鱼"、"白条"等，分类上隶属于鲤科、鳊亚科、红鲌属。翘嘴红鲌鱼体狭长且侧扁，口向上翘起，眼大而圆（图11），体表鳞片呈银白色，个体大，生长快，肉质细嫩，味道鲜美，是名贵的淡水经济鱼类，深受广大消费者的喜爱。

图11　翘嘴红鲌

（1）**摄食频率高**　在天然水域中，翘嘴红鲌摄食频率高，达81%，是不分季节持续摄食性很强的鱼类，水温在3℃以上便开始摄食生长。因此，可利用翘嘴红鲌的这一生物学特性，提前放养，尽早养殖，确保翘嘴红鲌在养殖季节有足够的生长时间，以达到养殖的要求。

(2) 食性随着个体的生长发生显著变化 天然水域中，体长小于 20 厘米的翘嘴红鲌为以摄食枝角类、桡足类、水生昆虫、轮虫等浮游动物为食的幼鱼阶段；体长 20~30 厘米，食性由以浮游动物为主，逐渐转变成以小型鱼类为主的过渡阶段；至体长 30 厘米以上，则完全以小型鱼类为主的成鱼食性阶段。可采取冬放鱼种，前期培水养鱼，充分利用天然饵料，而后期（从 5 月份开始）因鱼体长大、高密度养殖下天然饵料不足时才开始投喂人工配合饲料，利用其食性的转变，来降低饲料成本，达到增产增效的目的。

3. 推广意义及产量表现

养殖模式多样，能作为主养品种集约化养殖，还可以与河蟹、珍珠蚌套养、网箱养殖，同时可开展水库湖泊资源增殖放流，拓展名贵水产品的市场。

翘嘴红鲌池塘集约化成鱼养殖，每亩放养规格为 15 厘米左右的鱼种 1 000~1 500 尾，当年亩产一般可达 400 千克以上，最高可达 500 千克。上市规格为 500 克左右，饲料系数 1.5~2，亩纯利润稳定在 4 000 元左右；亩放养规格为 8~10 厘米鱼种 4 500 尾，当年亩产翘嘴红鲌（规格为 150~200 克）可达 500 千克。该规格翘嘴红鲌产品可为加工休闲水产食品提供批量原材料，也可作为 2 龄鱼种销售给养殖户。

二、养殖技术要点

（一）苗种繁殖技术要点

1. 亲鱼培育

（1）亲鱼来源 最初可选择野生翘嘴红鲌成鱼作为繁殖用亲鱼，在池塘培育至性腺发育成熟。

（2）**亲鱼年龄及规格** 用于人工催产的亲鱼，年龄为 2～3 足龄，体重达 1～2 千克/尾。

（3）**亲鱼培育池** 选用专塘培育，面积为 1 亩，水深为 1.2～1.5 米，近水源和产卵池。

翘嘴红鲌亲鱼培育池，必须根据该鱼的特点加以选择。第一，培育池应选择在近产卵池附近，近水源，便于注换水；第二，培育池不宜过大，要便于催产时的捕捞；第三，翘嘴红鲌的亲鱼培育，需专塘培育，尽量避免转池拉网。在捕捞、运输亲鱼等操作过程中，要注意防止因该鱼的蹿跳而受伤。亲鱼捕捞时，可采用加上拦网并抬高上纲捕鱼，也可在上纲后面放置长箱；亲鱼运输时可采用尼龙袋加水运输，操作应轻快，尽量避免亲鱼伤亡。

（4）**亲鱼培育管理** 集中专塘培育，投喂活饲料鱼，饲料鱼主要有麦穗鱼和小规格家鱼鱼种等。整个培育过程，要注意水质控制，除冬季以外，经常注换水（最好能有微流水），保持培育池水质清新，溶解氧充足，促使其加快性腺发育成熟。

2. 人工催产

（1）**催产季节** 翘嘴红鲌是一种野生的自繁性鱼类，在自然条件下，其产卵期一般集中在 6 月中旬至 7 月中旬。

（2）**成熟亲鱼的选择** 翘嘴红鲌成熟亲鱼的选择，主要依据外观特征来进行。在繁殖季节，性成熟的雌性亲鱼腹部膨大，卵巢轮廓十分明显，腹部柔软，生殖孔微红。性成熟的雄性亲鱼，副性征较明显，大多数鱼的头部、上下颌鳃盖骨、胸鳍及体表有明显的"追星"，手摸有粗糙感觉，两手轻压下腹部，生殖孔有乳白色精液流出。

（3）**雌、雄性比例** 翘嘴红鲌实行人工催产的雌、雄性比例为 1:1。

（4）**催产方式和催产剂选择** 翘嘴红鲌的人工催产，采用胸鳍基部一次性注射、自然产卵的方式进行。所使用的催产剂主要有 HCG 和 LRH－A。

（二）夏花培育主要技术要点

（1）鱼种培育池 系普通的养鱼池塘，面积为 1 ~ 3 亩，水深为 0.8 ~ 1.2 米，放养前一周，按常规方法用生石灰清塘消毒。

（2）水源 水质清新，溶解氧丰富，无污染。培育池进水口，用 60 目的筛绢袋过滤处理。

（3）鱼苗放养 选择孵化出膜后的第三天，即 3 日龄的鱼苗进行放养。其放养密度大致为 10 万 ~ 20 万尾/亩。

（4）饲料 主要使用黄豆浆及鱼粉、豆粕粉、四号粉等粉状饲料。

（5）培育管理 ① 鱼苗下塘：采用"肥水"下塘方式，适时加注新水，池塘水位随培育时间的增加、鱼体的生长而逐渐增加。

② 培育方式：基肥—豆浆—粉状饲料。培育期间，当鱼苗下塘经 20 余天的培育后，停止豆浆培育，改投喂粉状饲料，以补充天然饲料之不足，每日投喂 2 次，直至夏花鱼种出塘。

③ 培育管理：培育期内，采用常规鱼类夏花鱼种培育的管理方法，坚持每日巡塘，注意观察和记录天气、水质、鱼的摄食及生长情况等。

④ 夏花鱼种出塘前，需经 2 ~ 3 次拉网和"上箱"锻炼。

（三）冬片培育的主要技术要点

（1）鱼种来源 翘嘴红鲌夏花鱼种，规格为 3 ~ 5 厘米/尾，体质健壮，活力强。

（2）池塘条件 普通的养鱼池塘，面积为 1 ~ 3 亩，水深为 1 ~ 1.5 米，放养鱼种前按常规方法用生石灰清塘消毒，施肥培育水质，用量为 250 千克/亩。

（3）放养时间和密度 培育的冬片鱼种，放养时间紧接着夏花鱼种出池定塘即可同时进行。放养密度为 0.5 ~ 1 万尾/亩。每亩套养 4 ~ 5 厘米的花鲢 3 000 尾。

（4）饲料与驯化 用于培育的饲料，主要有人工配合饲料、四号粉、菜子饼三种。在投喂之前，先将其粉碎成粉状饲料。驯化开始的头 10 ~ 15 天，采用较细的粉状饲料（30 目左右），随着鱼种个体的增大，粉状饲料的颗粒逐渐变粗，日投喂量也逐渐增加。投喂次数为 2 次/日，上午、下午各一次，投喂时可在池塘周边泼洒，也可采用在池塘边搭多个食台投喂。翘嘴红鲌鱼种，喜在池塘水体中、上层区域活动，具集群性，且抢食性强，因而比较容易驯化。

(5) 水质控制 培育池的水质，要求保持"新、活、爽"，特别在 8—9 月份的高温季节，加上投喂的是粉状饲料，水质极易恶化。要求经常注换，调节水质，保持池水清新，水体溶解氧丰富，以增强鱼体活力，促进翘嘴红鲌的摄食生长。

(6) 冬片鱼种的起捕 在当年的 11 月中旬至 12 月底进行，为提高运输成活率，运输前必须进行 3 ~ 4 次拉网锻炼。

（四）成鱼池塘集约化养殖技术要点

1. 池塘条件

(1) 池塘面积和形状 池塘为东西走向的长方形，面积以 10 亩左右为宜，平均水深 2 米，池底平坦，塘埂坡度 1∶(1.5 ~ 2)。

(2) 池塘消毒 鱼种放养前 15 ~ 20 天，塘内留水 10 厘米，用 150 千克/亩的生石灰全塘泼洒清塘消毒，以杀死池中的野杂鱼和病原生物，并暴晒数日。

(3) 水质培育 肥水下塘，鱼种放养前一周池塘内施入经发酵的有机肥 250 千克/亩，培育浮游动物供鱼种摄食。

2. 鱼种放养

亩放养 15 厘米冬片鱼种 1 000 ~ 1 500 尾。要求鱼种为规格大小均匀、体质健壮、活力强、体表无病灶的优质鱼种。

3. 饲料与投喂

(1) 饲料 选用鲌鱼浮性全价颗粒饲料。

(2) 投喂方法 采用人工投喂，池边用 7 米 × 7 米的毛竹圈成一个方形的饲料框，投喂时饲料泼洒于框内。每次投喂饲料前辅以泼水数分钟以使翘嘴红鲌形成摄食习惯，减少投料时间。具体投喂方法是"四看"和"四定"，一般每天 2 次，5 月、11 月、12 月在

10：00、14：00 左右投喂；6—10 月则在08：00—09：00、16：00—17：00 投喂。投喂量以每次投至翘嘴红鲌基本不来抢食为止，并视鱼的生长、吃食情况、水质及天气变化等灵活调整。

4. 水质调整

应保持池塘水质"新、活、爽"，透明度在 30 厘米左右。在 7—9 月份的高温季节，鱼体摄食量大，投喂饲料量大，一般每周注换水一次，换水量为池水总量的 20% 左右，池水水位保持在 1.5 米左右。如遇天气闷热或突变时，适当加大换水量或开动增氧机增氧。

5. 日常管理

坚持每天早、中、晚巡塘，观察鱼群活动情况、水色与天气变化及鱼是否有浮头现象等，定期检查鱼的生长情况，发现问题及时采取措施。

6. 病害防治

以预防为主，除做好放养前的清塘消毒外，一是保持水质清新，饲料新鲜充足；二是定期用生石灰 5～10 千克/（亩·米），化浆后均匀全池泼洒消毒；三是采用生物防治方法，在夏秋季节泼洒光合细菌等，以调节水质。但使用生物制剂时，不施用生石灰。

三、养殖实例

主养模式有池塘混养、网箱养殖、池塘套养、水库放流增殖等模式。下面以安庆水产养殖有限公司（安庆市宜秀区）2004 年实际养殖情况为例进行介绍。

（一）养殖模式

主养翘嘴红鲌，搭配花鳕、鲢鱼的混养模式。养殖池塘 3 口，面积26 亩，2004 年 1 月 15 日放养翘嘴红鲌鱼种，5 月 2 日开始投饲，养至 12 月 15 日捕捞出池，投放苗种数和使用饲料情况见表 5 和表 6。

表5 鱼种放养情况

放养时间	放养品种	鱼种规格	放养数量/万尾	放养密度/（尾·亩⁻¹）
2004-01-15	翘嘴红鲌	8~10 厘米/尾	12	4 500
2004-01-20	花鲭	10~15 厘米/尾	0.78	300
2004-01-15	鲢鱼	12~14 尾/千克	0.39	150

表6 养殖全程饲料投喂情况

月份	5	6	7	8	9	10	11	2	合计
饲料量/千克	650	1 075	1 650	2 275	2 720	3 200	1 950	520	14 040

（二）养殖效益

（1）**产量** 经过将近 1 年时间的饲养，共投喂饲料 14 040 千克，饲料系数为 1.08，起捕翘嘴红鲌 12 987 千克，平均个体重 100~150克，翘嘴红鲌养殖成活率 95%；产花鲭 1 228.5 千克，平均个体重175 克；鲢鱼 3 512 千克，平均个体重 1 千克。花鲭、鲢鱼养殖成活率 90%。

（2）**产值** 当年出售翘嘴红鲌商品鱼产值 30.9 万元、花鲭产值3.69 万元、鲢鱼产值 1.76 万元，总产值 36.35 万元，亩产值 13 981元，扣除成本 21.04 万元，实际盈利 15.31 万元，亩均盈利 5 888元，投入产出比为 1:1.73。

适宜区域：全国各地池塘和湖泊均可养殖。

选育单位：安徽省安庆水产养殖有限公司，安徽省安庆市石塘湖渔场。

（安徽省安庆市水产技术推广中心站 杜学磊）

翘嘴红鲌

团头鲂"浦江1号"

一、基本情况

团头鲂俗称武昌鱼、鳊鱼，原产于湖北省的一些湖泊中。自20世纪60年代作为淡水养殖新品种以来，以其抗病力强、养殖成活率高、生长快、食性杂等优势，被养殖生产者所推崇，以其肉味鲜嫩可口而受到广大消费者的青睐。但多年来由于一些水产苗种繁育场忽视团头鲂的亲本选择和提纯复壮等选育工作，致使团头鲂养殖群体出现了退化现象。表现为生长缓慢、性成熟个体变小、品种混杂等不良现象，生长优势明显减弱，经济效益下降，严重影响了我国淡水常规养殖鱼类的生产发展。自1986年以来，上海海洋大学（原上海水产大学）以湖北省淤泥湖团头鲂为原种，采用群体选育方法，经过10多年的人工定向精心选育后，遗传性状稳定，成为水产养殖优良品种——团头鲂"浦江1号"，2000年通过全国水产原种和良种审定委员会审定，品种登记号为：GS－01－001－2000，并于2000年由农业部审核和公布，在全国推广养殖。

团头鲂"浦江1号"，具有体型好（高体型，体长与体高之比为2.18）、体背厚（鳞片呈珍珠黑）、生长快（比原种提高30%）、适应性广（适合我国各类淡水宜养水域）和抗病力强等优良性状。由上海海洋大学提供技术支撑和团头鲂"浦江1号"亲本，在江苏省涡湖和上海市松江区分别建立两个国家级团头鲂"浦江1号"苗种繁育基地，通过夏花、1龄鱼种和后备亲鱼等三级选育，为水产苗种繁育场提供了更新换代的后备亲本。目前，团头鲂"浦江1号"已推广到全国20多个省、市、区。近5年来，江苏省通过品种、技术和知识更新等"三项更新工程"项目以及10大主推品种的推广，逐步提高团头鲂良种的覆盖率。从各地推广养殖的情况来看，池塘主养单产 500~800 千克，湖泊、河荡等精养单产可达 1 000 千克以上，亩经济效益在 2 000 元以上。在江苏省漏湖周边地区，团头鲂商品鱼的上市规格为 500 克/尾以上，产量达 6 万吨，主要销往上海、杭州等大城市，已成为我国团头鲂的主产区。

1. 养殖团头鲂"浦江 1 号"的主要特点

（1）养殖周期短　常规的团头鲂养殖需 3 年才能上市，即：第一年培育 1 龄鱼种；第二年培育 2 龄大规格鱼种；第三年养成商品鱼上市。而团头鲂"浦江 1 号"，只需养殖 2 年即可上市，即：第一年培育成 40~60 克/尾的大规格 1 龄鱼种；第二年可直接养成商品鱼上市。因此，可大大缩短养殖周期，对稳定团头鲂养殖生产，提高养殖经济效益，具有积极意义。

（2）饲料系数低　精养池塘主养团头鲂"浦江 1 号"，采用自动投饵机。在 9 月中旬之前，投喂粗蛋白 28% 以上全价配合颗粒饲料。饲料系数为 1.8~2。有效地降低了饲料成本。

（3）成活率高　养殖常规团头鲂与鲢鱼、鲫鱼一样，6—9 月份会暴发出血病，个体大的先得病，死亡快。而团头鲂"浦江 1 号"鱼种规格整齐，避开了 6 月份发病高峰。如预防措施得当，一般养成成活率达到 95% 左右，因而体现了良种抗病力强的特点。

（4）可错季销售　常规鱼养殖通常年初放养，年底起捕。团头鲂"浦江 1 号"可年底并塘，翌年 5—6 月份出塘销售，比上一年年底出售价格可提高 2~4 元/千克，提高了养殖经济效益。由此可见，团头鲂"浦江 1 号"既可作为精养池塘主养鱼，也是经济效益较高的养殖新品种。

2. 养殖团头鲂"浦江 1 号"的关键技术和措施

（1）大规格 1 龄鱼种的培育技术　养殖周期长是制约常规鱼类养殖经济效益的主要因素之一。在当前饲料价格逐年提高的形势下，养殖户怎样挖掘池塘的潜力、如何缩短养殖周期、加快资金周转，多出商品鱼、稳定和提高养殖经济效益？培育优质大规格 1 龄鱼种

团头鲂「浦江１号」

71

是关键。传统的放养模式，一般是主养鱼搭配鲢鱼、鳙鱼和底层鱼。多年的生产实践显示，在投喂沉性颗粒饲料的情况下，如搭配放养鲢鱼，则团头鲂鱼种的冬季出塘规格小，且不整齐。主要原因是，鲢鱼争食比团头鲂更凶。因此，只能搭配草鱼夏花以及1龄鳙鱼，还要推迟放养。

（2）**因地制宜调整商品鱼养殖模式，合理搭配混养鱼类** 搭配混养鱼类，既能合理利用水体空间，又能充分利用饲料资源。在自动投饲机投饲的情况下，不宜放养鲤鱼和青鱼，因其长势差，而以搭配鲢鱼、鳙鱼、银鲫和草鱼鱼种为宜。

（3）**改进投饲技术，降低饲料成本** 一般饲料成本占养殖总成本的70%～80%。在满足鱼种生长所需营养的前提下，如何降低饲料成本，是提高养殖经济效益的重要措施之一。首先，采用自动投饲机投饲。浪费少，鱼体健壮，水质好；其次，分期投喂不同粗蛋白含量的颗粒饲料。培育1龄鱼种，前期投喂粗蛋白含量为32%的颗粒饲料（占总投饲量的45%左右），中期（9月份）改为投喂28%的颗粒饲料（占35%），后期（10月份以后）选用25%颗粒饲料。商品鱼养殖前期投喂粗蛋白含量为28%的颗粒饲料，后期（9月中旬）改投25%颗粒饲料。这样既保证了鱼种生长的营养需求，又可降低饲料成本10%以上。

（4）**鱼病防治技术** 养殖生产实践表明，池塘淤泥多、清塘不彻底、水质差和防病不及时等，都会发生严重鱼病，影响成活率和经济效益。暴发性出血病，是团头鲂"浦江1号"最主要的鱼病之一，而引发出血病的主因是，团头鲂鱼体和鳃部寄生了锚头蚤和指环虫。因此，预防和治疗出血病，一定要先杀虫（指环虫和锚头蚤），再用抗菌药，不可颠倒或单用抗菌药。

二、团头鲂"浦江1号"1龄鱼种培育模式

1. 鱼池准备

鱼种培育池面积一般为5亩左右，水深2米，进、排水方便。

每池配备 3 千瓦增氧机一台。每亩用 80 千克生石灰兑水后全池均匀泼洒，彻底清塘消毒并暴晒。夏花入池前一周，进水 50 厘米；隔两天再加注水至 80 厘米。进水口用 50 目筛绢过滤，防止敌害生物或野杂鱼进入。另池适量培育芜萍、小浮萍。

2. 鱼种放养

亩放团头鲂夏花 1 万 ~ 1.2 万尾；草鱼夏花 600 ~ 800 尾；1 龄鳙鱼 30 ~ 40 尾。草鱼、鳙鱼推迟半个月下塘。此养殖模式，团头鲂鱼种的出塘规格为 50 ~ 60 克/尾，亩产 600 ~ 800 千克。

3. 饲料投喂

放养第三天，开始投喂团头鲂鱼种专用颗粒饲料。日投饲量为鱼体重的 10%，每天投喂 2 次。前期设多个投饲点（俗称"笃滩"），以后逐步引入专设的饲料台（自动投饲机）周围。9 月份前投粗蛋白含量为 32% 的全价颗粒饲料，9 月份起投喂粗蛋白含量 28% 的颗粒饲料，10 月份开始投粗蛋白含量 25% 的颗粒饲料。

4. 日常管理

坚持每天早、晚巡塘，做好池塘管理日志。投饲坚持"四定、四看"。7—9 月份每天投饲 4 次，每半月加（换）水一次，保持池塘水质"肥、活、嫩、爽"。水体透明度保持在 30 厘米左右。视天气情况，适时开启增氧机。每半个月每亩用生石灰 15 千克，兑水全池泼洒，调节水质，预防鱼病。

三、团头鲂"浦江 1 号"商品鱼养殖模式和实例

1. 池塘条件

商品鱼养殖面积为 8.69 亩，水深为 2.6 米，池底平整不渗水，注、排水方便，配备 3 千瓦增氧机一台，放种前清除过多底泥。用生石灰 80 千克/亩清塘，清塘 3 ~ 5 天后排干池水晒塘。

2. 鱼种放养

以团头鲂为主养鱼，平均规格为 60 克/尾，体质健壮，无病无

伤，搭配银鲫、青鱼、草鱼、鲢鱼、鳙鱼。鱼种放养时，用3%食盐水浸浴鱼种10~15分钟后放养。

3. 饲养管理

水质调节：5月份水深为1.3~1.5米，6月份水深为1.8~2米，7—10月份水深为2~2.5米；7—9月份每周加新水10~20厘米。高温季节、晴天中午增氧2小时，连续阴雨天多开增氧机。

饲料投喂：投喂粗蛋白含量为28%的颗粒饲料。5月份开始每天投喂3次，6月至9月中旬每天投饲4次，9月中旬改投粗蛋白含量25%的颗粒饲料。种植苦荬菜，适量投喂可促进团头鲂生长，增强体质。采用自动投饲机，投喂颗粒饲料。

4. 收获情况

收获产量12 316千克，平均亩产1 417.2千克。饲料系数为1.83。团头鲂"浦江1号"占总产量的67.8%（表7）。

表7　以团头鲂"浦江1号"为主养鱼的池塘商品鱼养殖模式和实例

品种	鱼种放养			夏花鱼种	起捕情况				
	重量/千克	尾数/尾	规格/（克·尾⁻¹）	尾数/尾	重量/千克	尾数/尾	规格/（克·尾⁻¹）	成活率/%	亩产量/(千克·亩⁻¹)
团头鲂	870.7	14 512	60	5 000	8 350	14 395	580	99.2	960.9
银鲫	423.5	3 300	128	3 000	1 650	3 267	505	99	189.9
白鲢	318	937	339	1 000	1 163	862	1 349	92	133.8
鳙鱼	141	502	280	—	625	469	1 330	93.6	71.9
草鱼	65	110	590	275	88	3 125	80.6		31.6
青鱼	87.5	50	1 750	—	175	45	3 880	90.9	20.1
青鱼种	58	78	744	—	78	60	1 300	77	9
合计	1 963.7	19 489	—	9 000	12 316	19 126	—	—	1 417.2

四、出血病防治技术

6—9月份，是鲢鱼、团头鲂、银鲫等细菌性败血症（俗称出血病）暴发季节，因指环虫和锚头鳋等寄生引起鳃组织和体表损伤、坏死，从而引起暴发性死亡或用药效果差等现象。如天气正常，溶氧量充足，在投饲时鱼争食力下降或不在食场摄食，可能有指环虫等寄生。首先要治疗指环虫病，再内服抗菌药。出血病防治一定要遵循"预防为主、防重于治"的原则。

预防方法：① 鱼种放养前，用 20 毫克/升高锰酸钾或 5 毫克/升的晶体敌百虫面碱合剂（1:0.6）浸泡 15～30 分钟。② 6—9 月份高温季节，定期（15～20 天）每亩施用 30 千克生石灰。③ 出血病严重地区，定期用恩诺沙星等抗菌药内服预防。

治疗方法：① 1 周内，连续两次泼洒晶体敌百虫，每次每亩每米水深 0.33 千克（0.5 克/米³）。② 用 10% 甲苯咪唑全池泼洒，每次每亩每米水深 0.02 千克（0.03 克/米³）。③ 在 6—9 月份暴发期，内服恩诺沙星、氟苯尼考等抗菌药，3～4 天为一个疗程。

供应团头鲂后备亲鱼单位：国家级江苏滆湖团头鲂良种场。

地址：江苏省常州市武进区人民中路 193 号。

（国家级江苏滆湖团头鲂良种场　孔优佳）

团头鲂「浦江 1 号」

乌　　鳢

乌鳢俗称乌鱼、黑鱼、才鱼、生鱼、乌棒。它含肉量高，肉质细嫩，味道鲜美，营养丰富，特别是蛋白质的含量高，每百克肉达 19.8 克，而脂肪的含量仅有 1.4 克，并含有钙、磷、铁等多种营养成分，是一种颇受欢迎的经济鱼类，属于淡水鱼中较高档次的水产品。

一、池塘要求

鱼池的塘埂要高，防止乌鳢跳上塘埂；池塘底部要有适当的淤泥，这是因为乌鳢有潜伏于淤泥的习性，但淤泥不能太厚，太厚会造成起捕率低；排灌方便，保证池水肥而新，能适时调节水质和排水捕鱼。在池水面的四周种上漂浮性水草，宽度约为 0.8 ~ 1 米，一般水草面积不超过水面的 20% ~ 25%。在养殖前 15 ~ 20 天左右，每亩用生石灰 100 ~ 150 千克，现化现用，均匀地泼洒在池塘的每一角落，暴晒 1 周后进水，进水 10 天后可以放养鱼种。原来已养过乌鳢的池塘，在消毒前，先用铁耙将底泥耙一遍；把埋于底泥的乌鳢起捕干净。

二、鱼种放养

1. 鱼种规格的选择

选择 10 厘米以上的隔年鱼种，最好是 16 ~ 20 厘米的鱼种，它的活动能力、摄食能力、对环境的适应性都比较强。规格力求一致，减少残食，成活率高。10 厘米左右的鱼种，一般放养后需经过 1 ~ 2 次的分养；6 ~ 8 厘米的鱼种需经过 2 ~ 3 次分养。当鱼种投放到成鱼池后，由于成鱼池面积较大，分养工作比较困难。可先投入面积较小的水泥池，或在成鱼池中搭网箱，先培育一个阶段，经过几次分养，规格达到 16～20 厘米后再放入大池养殖，效果比较好，成活率高。鱼种选择除了要求规格整齐之外，还要注意鱼种的质量。优质鱼种的标准是，体质健壮，体表色泽鲜艳，鳞片完整，活动正常自如，对外界刺激反应敏捷。有病、有伤、畸形的不要。

2. 放养密度

合理密养是高产丰收的关键，根据放养时鱼种的规格、饲料的供应情况，水深、水质的好坏等综合考虑来确定放养密度。水深在 1.7～1.8 米左右，饲料供应充足，水呈微碱性，鱼种体长 6～8 厘米，每平方米投放鱼种 15 尾；体长 10～12 厘米，每平方米投放鱼种 13.5 尾；体长 14～16 厘米，每平方米投放鱼种 12 尾；体长在 18～20 厘米，每平方米投放鱼种 10～10.5 尾。饲料供应不足，水深达不到 1.5 米，水质较差或水源供应不便等或其中部分条件较差，则应适当降低放养密度；华中地区养殖乌鳢，每亩放养 3～5 厘米的鱼种 5 000～8 000 尾；或 10～15 厘米的鱼种 3 000～5 000 尾；或 27 厘米的鱼种 500～600 尾。在乌鳢精养池中，还可以放养少量的鲢、鳙鱼的老口鱼种，以调控池塘水质。

3. 鱼种放养时间

最好选择当地生产的鱼种。一般当年鱼种在 6—8 月份，1 冬龄鱼种在 3—4 月份放养。下半年移动鱼种时最好在乌鳢停食前 15～30 天进行，即在摄食期间，让鱼种移动之后仍在摄食，给它一个恢复阶段，同时适时服用药饵。若冬季停食后移动，捕捞时很容易受伤，鳞片脱落；特别是经过长途运输的鱼种，翌年春天很容易暴发水霉病，死亡率很高，损失大。下池前必须经过严格消毒，一般用 2%～3% 食盐水浸泡 10～15 分钟后放养入池。华中地区，当年鱼种在 5—6 月份放养；隔年鱼种，在 3—4 月份投放入池。

三、饲料与投喂

1. 饲料种类

乌鳢的饲料可分为两大类：一种是以野杂鱼为主的鲜动物饲料；另一种是以鱼粉为主的人工配合饲料。

（1）鲜动物饲料 乌鳢成鱼养殖常投喂以鲜野杂鱼、小虾为主的动物饲料。也可以在乌鳢专养池中投放一些自繁能力较强的野杂鱼及鲫鱼、鲤鱼、罗非鱼等亲鱼，让其自然繁殖，供乌鳢摄食。

（2）人工配合饲料 乌鳢饲料，有浮性颗粒饲料、硬颗粒饲料和粉状配合饲料。

2. 投饲

投饲要做到"四定"，即定时、定位、定质、定量。每天上午、下午各 1 次，分别在 08：00—09：00、16：00—17：00 进行。采取陆续抛投方式的效果很好，容易形成抢食的场面，当鱼不再抢食就可以停止投抛。投饲人工配合饲料时，要在鱼池中搭一食台。饲料制成软颗粒饲料或团状，仍按少量逐步抛投方式为好。投饲量，根据乌鳢的个体规格大小略有调整。鱼种放养初期，鱼体小，投喂小杂鱼时按鱼体重的 8%～10%，随着鱼体增长而投饲率逐渐下降，一般鱼种长到 150 克左右，降至 6%，以后基本上按鱼体重的 5%～6% 投饲。投喂配合饲料一般掌握在按鱼体重量的 5%～8%，同样随着鱼体生长而做适当的调整。

四、养殖管理

乌鳢养殖日常管理工作主要有水质管理、分养、防逃设施的检修、巡塘等。

1. 水质管理

养殖乌鳢的水质要求中性或弱碱性。酸性土质地区，一般水的pH 值在 6～6.5 左右，可以施用生石灰调节成中性或弱碱性。在养殖前必须做好池塘的清整工作。在高密度养殖的情况下，残饵、排泄物颇多，这些有机物沉积于池塘底部，作无氧发酵分解，常产生硫化氢、甲烷、亚硝基盐及氨氮等有害的还原性物质，使水质恶化。不仅有害于乌鳢的生长，还会导致乌鳢中毒及发生疾病。为此，要定期清除食台中的残饵、定期清洗食台、经常性更换水体。闷热天气要格外注意，水泥池换水要更频繁。冬季和高温季节，水位要升高，保持水温的相对稳定性。

2. 分养

规格整齐是养殖成败的关键之一。在鱼种阶段，尽量避免拉网捕捞，而且乌鳢拉网起捕率很低，很容易损伤鱼体，鱼体在 10～20 厘米阶段，最好在大塘中搭网箱培育为好，既便于起捕分养，又可充分地利用水体。经过 2～3 次分养，鱼种一般可达 20 厘米，然后放入大塘，一直养到成鱼出池。每次分养前停食 1 天，防止食料翻吐，污染分养时的水质，影响分养时的成活率。

3. 防逃设施的检修

鱼池进、排水口，必须安装坚实的防逃网或拦鱼栅等防逃设施，池埂必须高出水面 50 厘米以上，池的四周安装防逃的竹篱笆或用渔网围栏。在大雨、大风、大换水时，必须检查以上设施，若有损坏应及时修补。

4. 巡塘

每天早、晚各巡一次塘，观察乌鳢的摄食、活动、发病动向和水质环境的变化情况，及时采取相应的措施。如水质恶变要更换水体，清洗食台；水草生长过盛，要清除一部分；有浮头预兆出现要及时增氧；防逃设施损坏要修复；乌鳢活动异常，甚至死鱼，要及时寻找原因，采取相应的防病、治病措施。

五、养殖模式

乌鳢的养殖模式众多：有单养、混养，可集约化养殖和网箱养殖。

乌鳢

1. 池塘单养

采用家鱼池，池周须设竹栏或网栏，高1.5米。池水深1～1.5米，水面种植水浮莲等。水质呈中性或弱碱性，水温不超过30℃。乌鳢单养，一种是喂以活的野杂鱼虾；另一种是投喂人工配合饲料。用配合饲料要从小投喂，中途不要混投小鱼虾。将饲料制成颗粒状，置于食台供鱼取食。日喂两次，用量为鱼体总重量的5%左右，并视摄食情况调整。单养乌鳢以投喂活体鱼虾较好，生长快，成活率高。

2. 池塘混养

池塘混养就是在家鱼成鱼养殖池或亲鱼专养池中适当套入少量的乌鳢鱼种。如在青鱼、草鱼、鲢、鳙、鲤、鲫、鳊、鲮、罗非鱼的混养或单养池中套入少量的乌鳢鱼种。池塘混养乌鳢的好处：一是充分利用了水体中饵料资源，增加了优质鱼的产量，提高了单位面积的产量和效益；二是清除了鱼池中野杂鱼后，减少了争食对象，保证了养殖鱼的摄食，提高了养殖鱼的产量，提高了经济效益。

乌鳢鱼种的放养是否合适，对于混养的效果起到决定性影响，它包括乌鳢鱼种的规格大小、放养时间、放养密度等方面。必须把握好这些环节。① 苗种的规格：家鱼成鱼池中搭养乌鳢时，乌鳢鱼种放养的规格大小，根据主养鱼的鱼种的规格大小来确定，因此，要选择合适的乌鳢鱼种。乌鳢十分贪食、凶猛，它可以吞食其体长1/2的其他鱼种，甚至是其体长2/3的其他鱼种。所以套养的乌鳢鱼种，必须比主养鱼鱼种的规格要小，至少要小于其他鱼种体长1/2。否则，乌鳢会吞食、伤害主养鱼鱼种，影响主养鱼的成活率和产量，降低效益。实践证明，套养的乌鳢鱼种，在上述原则前提下，规格越大越好；成活率越高，产量越高。同一鱼池套养的乌鳢鱼种规格要求一致，所以在放养前经过筛选分养，使投放在一口池的乌鳢鱼种大小相近。并要求鱼种体质健壮，无病无伤、无畸形。② 放养量：投放乌鳢苗种数量恰当与否，对家鱼池中套养乌鳢的养殖总效果起着十分重要的作用。乌鳢鱼种的放养量，关键是看养殖池中野杂鱼的数量多少和主养鱼中是否有具自繁能力的家鱼（鲤、鲫、罗非鱼等）来确定。投放量不仅与乌鳢鱼种规格、养殖池中野杂鱼的多少有关，而且与主养鱼的种类有关，与主养鱼中有具有自繁能力的品种（鲤、鲫、罗非鱼等）一起混养的池，乌鳢苗种亦可以适当多放。可以利用乌鳢鱼种吞食自繁出来的苗种，减少苗种与主养鱼争食、争氧、争空间等，保证主养鱼类的生长发育。③ 种青：在混养池的水面中种植适量的漂浮性水生植物，如种植空心菜、水花生、水葫芦、水浮莲等。水草种植面积一般不超过养殖水面的1/5，种于池塘的浅水区，或池塘水面的四周。但种植面积不能过大，否则会引起水质过瘦、降低溶氧等，影响主养鱼类的生长。水草还能作为野杂鱼、昆虫的繁殖场所。种植适量的水草，还可遮阳和调节水质。④ 忌用硫酸亚铁：家鱼主养池中混养乌鳢，在防病治病时要特别注意各种鱼类对各类药物敏感性上的差异。家鱼对硫酸亚铁均无反应，而乌鳢对硫酸亚铁十分敏感，会造成大量死亡，甚至全池覆灭。所以在家鱼主养池搭养乌鳢之后，忌用硫酸亚铁。⑤ 冬季干塘必须捕尽乌鳢：在主养家鱼的成鱼池中混养乌鳢，冬季捕捞上市时，必须干塘将乌鳢捕尽。如果不捕尽，将会影响翌年的家鱼养殖。为了防止捕捞不干净，在干塘清理时，必须用药将其杀死。

3. 集约化养殖、高密度精养

集约化养殖，在实践中取得了良好的养殖效果，突破了每亩产5 000 千克大关。乌鳢集约化养殖的池塘，可采用土池、石砌池、土质底的养殖池等，高密度养殖乌鳢要求池深 2 ~ 2.5 米，水深 1.5 ~ 2 米，塘埂顶面要高于水面 50 厘米以上。池塘要求宜小不宜大，一般在 1 亩左右，最大不超过 1 334 平方米。池塘小有利于生产管理和各生产环节实施。如乌鳢的吞食量大，排泄物多，水质容易恶变，池小有利于换水；池塘小有利于实施适时干塘，进行分养，调整全池乌鳢鱼种的规格，减少互相残杀，提高成活率；池塘小，投喂时容易将鱼集中，引鱼上食台，形成抢食局面，有利于培育，加速生长；池塘小，便于干塘捕捞。由于乌鳢高密度养殖，数量多，产量高，在池塘的进水口和排水口要做好严格的防逃设施，池塘四周的塘埂上用竹篱笆或渔网围拦，防止乌鳢跳上堤岸。

六、病害防治

(一) 疾病防治基本原则

在自然环境里，乌鳢的生命力和对环境的适应能力都很强。在乌鳢混养或低密度单养时，很少发生疾病；随着乌鳢集约化养殖的推广和发展，科学饲养管理的经验不足，防病治病措施不力，导致乌鳢病害日趋增多，不断涌现出各种新的疾病。及时做好乌鳢疾病的防治，成为发展乌鳢养殖，保证收益的重要环节。

养殖中要坚持以防为主、防治结合、防重于治、有病早治的原则，从增强鱼体抗病能力着手，消灭病原，改善生态环境，控制发病率，提高成活率，配合药物预防，发现鱼病及时治疗。

(二) 常见疾病的防治

1. 赤皮病

症状：鱼体体表局部出血、鱼鳞脱落，特别是腹部两侧，有蛀鳍现象，鱼体行动缓慢，病鱼常漂浮于水面，体弱无力。常常继发水霉病；直至死亡。

预防方法：用生石灰彻底清塘。在分养、捕捞、运输等生产活动过程中，操作要谨慎，避免伤害鱼体。

治疗方法：①用"万消灵"0.5 毫克/升或其他含氯消毒剂，如三氯异氰尿酸、二氯异氰尿酸钠、二氧化氯等消毒。②口服"鱼服康"、"鱼血康"，每100 千克鱼用药250 克或根据说明书使用，拌入饲料投喂，连服 3～5 天。

2. 水霉病

症状：发生在乌鳢生长的各个阶段，特别是在鱼种越冬阶段更容易发生。感染后的早期，不易观察到，当水温回升到18℃左右时大量暴发。早期无明显症状（潜伏期），随着病原体在体内的蔓延，体表出现点状小血斑，食欲减退，鱼体逐渐消瘦；病灶部位黑色素消退，出现灰白色区域；鱼的体表失去光泽；离群独游，有时停滞在水面、水草丛中、食台旁，相继长出絮状的菌丝体，肌肉变成浊白色，组织坏死，直至死亡。

防治方法：用30毫克/升浓度福尔马林或用30～50毫克/升的高锰酸钾全池泼洒。在使用福尔马林时，由于对浮游生物具有较强的杀灭作用，所以使用药物时要及时增氧。

3. 出血性败血症

症状：病鱼的鳍条基部、下颌至肛门的腹部发红，特别是胸鳍基部和靠近鳃盖后缘的体壁两侧有垂直鱼体侧线的出血条纹。个别病例还有眼眶充血和肌肉充血现象，严重时腹部肿胀，肝脏淤血，肠道中空充血，体腔内有无色腹水。病鱼鳞片松散，容易脱落。此病亦有急性变化，从发现充血症状之后，经过3～4天出现大批暴死的现象。主要原因是放养密度高，投饵过量，残饵没有及时清除。网箱养殖期间，网孔被堵，水中有机物腐败污染水质，导致病原菌大量孳生，毒性增强，感染率提高而致病。

防治方法：用福尔马林全池泼洒，使池水浓度为20～30毫克/升，或用二氧化氯溶液全池泼洒，使池水浓度为0.5毫克/升，4～6天后重复1次。口服"鱼复康"2号或"鱼血散"、"鱼血康"均可，用量按说明书使用；可将药粉拌入糨糊中，待糨糊冷却后，再与鲜动物饲料拌匀、晾干后投喂。

4. 腐皮病

症状：发病部位多位于尾部、身体两侧、口腔、头的后额等，病灶红肿、溃疡、化脓。发病1周后逐步死亡，传染率、死亡率高。在水泥池中养殖常有发生，是鱼种、成鱼养殖阶段的主要疾病。发病季节主要在越冬后，往往继发水霉病，平时在梅雨季节和9—10月份为高峰期。

防治方法：投喂鲜动物饲料或营养全面的配合饲料；经常注入适量的新水，保持水质清新，水泥池要勤换水排污。定期消毒预防，可采用福尔马林20～40毫克/升浓度，氯制剂按各种不同品种的使用浓度进行，全池泼洒；然后用五倍子按0.1～0.2克/米³的浓度，在食场四周挂袋；口服土霉素，每千克饲料2克，连喂5～6天。

乌鳢

5. 红线虫病

症状：雌虫寄生在乌鳢的背鳍、臀鳍和尾鳍的鳍条之间。雄虫寄生在鱼鳔、肾内。发病季节在 3 月中旬至 5 月中旬，4 月份最多，夏季以后不再发现有成虫。发病率高，一般可达 90% 左右，感染强度大，影响商品鱼价值，从而造成不少经济损失。

防治方法：以生石灰清塘杀死幼虫；用 3% ~ 5% 的食盐溶液或万分之一的晶体敌百虫（90%）溶液浸泡病鱼。

（山东省渔业技术推广站　张收元）

"新吉富"罗非鱼

一、基本情况

（1）**品种来源** "新吉富"罗非鱼是上海水产大学（现上海海洋大学）与国家级广东罗非鱼良种场、青岛罗非鱼良种场合作选育的具有自主知识产权的优良品种。在 1994 年从菲律宾引进的经过三代选育的吉富品系罗非鱼的基础上，从 1996 年起，通过选择体形标准、健康的吉富品系罗非鱼建立选育基础群体，采取群体选育方法，经过连续 9 代选育而成。

（2）**审定情况** 2006 年通过全国水产原种和良种审定委员会审定。

（3）**审定编号** GS－01－001－2005。

（4）**特征特性** "新吉富"罗非鱼为热带鱼类，适宜的温度范围为 16～38℃，具有生长快、规格齐、体形好、出肉率高、适应性强、初次性成熟月龄推迟、易辨认（体高、尾鳍条纹典型的个体比例高）等优点，符合当前养殖大规格罗非鱼加工出口需要。

（5）**产量表现** 养殖对比证明，比常见的奥尼鱼生长快 30%。要养殖大规格罗非鱼，同时避免越冬和年底集中上市而影响售价，应该放养越冬苗种或早繁苗种，池塘大面积养殖亩产 1 000 千克以上。在南方 1 年可养殖 2 茬。

二、养殖要点

与常规罗非鱼养殖方法相同，无特别要求。

1. 鱼种培育

刚孵出鱼苗经 15～20 天培育，培育成 2～3 厘米规格苗种后，就可进行池塘养殖。

2. 成鱼养殖

（1）**池塘单养** 当年 4—5 月份放养 2~3 厘米规格苗种，亩放养 1 500~2 500 尾。视池塘条件、水深、水质和放苗密度有所不同。投喂配合颗粒饲料养殖，配备增氧设备，养殖到 9—10 月份起捕，平均规格达到 800 克以上，最大达到 1 000 克，亩产达到 1 吨以上。可搭配鲢、鳙、鲫鱼等品种，可增加产量。也可放养 4~5 厘米规格或 50~100 克规格的越冬大规格鱼种，放养密度为 1 500~2 000 尾/亩。有条件的养殖 2 茬，可增加单位产量，提高养殖经济效益。

（2）**池塘混养** 主要指以养殖四大家鱼为主，罗非鱼仅作为搭配品种进行养殖。在以滤食性鱼类养殖为主的池塘中，当水温恒定在 18℃ 以上时，即可放养罗非鱼越冬鱼种，规格 4~5 厘米。放养密度，一般每亩为 500~1 000 尾，视其他鱼种放养情况而增减放养量。养殖 5—6 个月，个体重可达 600~800 克。

（3）**网箱养殖** 放置网箱的水域，以水质肥、无污染、水温适宜、向阳避风、底部平坦、深浅适中（常年水深保持 2~4 米）、没有洪水的水域。成鱼养殖，放养鱼种的规格为 100 克左右，放养密度为 100 尾/米^2。

（4）**小水库和围栏养殖** 小型水库精养，大、中型水库库湾拦网精养。亩投放鱼种 800~1 000 尾，鱼种个体规格为 15~30 克。饲养期 4 个月，个体平均规格可达 800 克以上，养殖效果更为显著。

三、主推养殖模式

推广"一二三三级分级循环养殖模式"。

1. 一级养殖模式

把 2.5 厘米的鱼苗，经过 1 个月的标粗，标粗至 15 克左右。要求池水深 1 米左右。选择有许可证正规苗种生产厂家的鱼苗，放养密度为 2 万尾/亩，并设置投料台。先用开食料投喂至 10 天左右，再用鱼苗标粗料投喂至 30 天。技术要领：先将鱼苗开食料、标粗料加水拌成半干团状，20 分钟后检查是否吃完，不足必须添加，每天投喂 8 次左右。

2. 二级养殖模式

将经培育 1 个月的标粗鱼苗进行分级，将 12 朝以上的鱼苗（5 000 尾左右）筛出放入 A 塘，剩余的鱼苗继续标粗 10 天左右，然后将其中 12 朝以上的鱼苗（5 000 尾左右）再次筛出放入 B 塘，剩余的鱼苗继续标粗 10 天左右，然后又将其中 12 朝以上的鱼苗（5 000 尾左右）筛出放入 C 塘，剩余的鱼苗杀死淘汰，形成梯级养殖模式。

分塘注意事项：①网箱及工具要严格消毒，可选择高锰酸钾等溶液；②要求筛选出的鱼苗，尽量规格要均匀一致、无残伤疾病；③分塘时，要求天气晴朗。分塘前一天不喂料。也可以提前饲喂维生素 C 等预防应激药物；④养殖池塘对肥水要进行消毒，消除野杂鱼，备好灌溉增氧设备；⑤放养密度应控制在 5 000 尾/亩左右，做好水质控制和养殖管理，经过 2 个月可以达到 200 克左右。

3. 三级养殖模式

将经过 2 个月培育的鱼种，再次进行分塘，再经过 3 个月左右的精养，95% 以上的个体可以达到 500 克以上，又其中 40% 以上的个体，可达到 800 克/尾左右，形成了梯级养殖模式。

技术要领：① 做好日常水质检测，根据水质检测的结果做好水质调节；② 根据天气情况，做好池塘增氧，特别是在 12：00—14：00，一定要增开增氧机，以保证池塘溶氧充足均匀；③ 养殖管理要坚持"四定"原则，即定时、定量、定质、定位。根据天气情况控制好投喂量，可用 10 天投喂法，就是把一个月分为三个 10 天，即 1—10 日、11—20 日、21—30 日。计算每个 10 天中的第一日的投喂量，以将鱼喂至八成饱、30 分钟食完为宜。并按该投喂量，连续投喂 10 天后，再对投喂量进行调整，之后以此类推；④ 做好防病工作，定期使用维生素 C、大蒜素、三黄散等中药拌料投喂。

总结：①"一二三三级分级循环养殖模式"，也是循环梯级养殖模式，养出的罗非鱼个体规格均匀，销售价格高；② 池塘利用率高，不会造成大量的资金积压，可以根据市场行情调整出售时间，避免大批成鱼上市，避免遭遇因市场行情造成的亏损。

四、适宜养殖区域

罗非鱼是广盐性热带鱼类，正常生长繁殖的水温为 16 ~ 38℃，最适水温为 22 ~ 35℃。水温适宜的淡水池塘、水库、湖泊、河道、稻田和低洼盐碱地水域及海水池塘均可养殖，还可以进行工厂化流水养殖。但应注意，水温低于 12℃，易发生冻伤死亡。

五、选育单位

上海海洋大学、广东罗非鱼良种场和青岛罗非鱼良种场。

（广东省水产技术推广总站　蔡云川，饶志新，姜志勇）

鲟　鱼

一、基本情况

1. 品种来源

我国鲟鱼的人工繁殖研究始于 1956 年，1988 年开始鲟鱼的人工养殖研究，商品鲟鱼养殖始于 20 世纪 90 年代，养殖热潮兴起于 1996 年前后。2000 年，全国平均每年放养量已超过 1 000 万尾。2009 年我国鲟鱼产量达 28 723 吨，成为世界上养殖鲟鱼产量最高的养殖大国。养殖品种较多的有三类：一类是从欧洲（主要是从俄罗斯）引进的欧洲鲟鱼，以俄罗斯鲟、西伯利亚鲟、闪光鲟为代表；第二类是我国自有的种类，以黑龙江流域出产的史氏鲟、杂交鲟以及长江流域少量的中华鲟为代表；第三类是从美国引进的匙吻鲟。主养种类也由最初的 15 种左右逐渐集中在 6 种左右，分别是史氏鲟、黑龙江杂交鲟、西伯利亚鲟、小鲟鳇（欧洲鳇和小体鲟的杂交种）、中华鲟和匙吻鲟。目前，我国鲟鱼的养殖方式繁多，有网箱、水库、土池、水泥池等养殖模式，其中湖北主要以网箱养殖为主，山东、河北则以流水养殖为主，而土池养殖鲟鱼相对较少。

2. 审定情况

小体鲟亲本 1999 年由中国水产科学研究院黑龙江水产研究所和中国水产科学研究院鲟鱼繁育技术工程中心从俄罗斯引进选育，2005 年通过全国水产原种和良种审定委员会审定，品种登记号为 GS－03－003－2005。

3. 特征特性

小体鲟是鲟科鱼类中个体较小的种类，通常不作远距离的洄游，生存水温为 2 ~ 33℃；食性杂，与其他鲟鱼种类相比，容易接受人工配合饲料，易驯养；鱼苗期生长速度较快；性成熟较早，一般需 4 ~ 5 年，是大、中型水体进行增养殖以及鱼子酱生产的理想鲟鱼品种。

西伯利亚鲟外形与生物学特征极似小体鲟，成熟个体通常为 90 ~ 130 厘米，体重为 20 ~ 25 千克。西伯利亚鲟是溯河性鱼类，食性广，既吃昆虫的幼虫、软体动物、蠕虫，又吃甲壳类和小鱼等。西伯利亚鲟是广温性鱼类，其生长的适宜水温为 15 ~ 25℃，可耐严寒和酷暑，冬季冰封期还能摄食生长，夏季能耐受 30℃ 的水温。

史氏鲟是中国现存鲟鱼中最具有经济价值的优质珍稀鱼类，具有个体大、寿命长、幼鱼成活率高、生长速度快等特点，其最大个体可达 100 千克以上。史氏鲟的适温范围介于温水性鱼类和冷水性鱼类之间，其生长最适水温为 18 ~ 25℃。在自然界中，史氏鲟的性成熟年龄为 11 ~ 13 龄，人工养殖的较天然的早，一般为 6 ~ 7 龄，为隔年产卵鱼类。史氏鲟为肉食性鱼类，幼鱼的食物以底栖生物、水蚯蚓和水生昆虫为主；成鱼则以水生昆虫、底栖生物和小型鱼类为食。在饲养情况下，经过驯化，可摄食人工配合饲料。史氏鲟的食欲与水温密切相关，水温在 8 ~ 12℃ 开始摄食，但食量少，生长缓慢；随着水温的升高，食欲逐渐增加，尤其当水温上升至 18 ~ 25℃ 时，摄食量最大。当水温升高至 26℃ 以上时，摄食量又逐渐减少。

匙吻鲟是一种大型淡水经济鱼类，属世界珍稀名贵鱼类，其卵、肉、皮均有极高的经济价值。该鱼原产于美国密西西比河流域，我国从 1990 年 4 月开始从美国引进匙吻鲟受精卵。匙吻鲟为软骨鱼类，体表裸露，润泽无鳞，吻呈汤匙状，形像鸭嘴，故又名鸭嘴鲟。匙吻鲟性成熟年龄为 6 ~ 8 龄，是鲟科鱼类中性成熟最早的鱼类。匙吻鲟适应性强，生长迅速，性情温顺，是唯一以浮游动物为食的鲟科鱼类，饵料来源广泛，易养易捕，适温性广，在水温为 2 ~ 37℃ 的水体中均能生存，能在北方地区自然越冬，喜栖居于水体中、上层，对水体溶氧量要求在 4 毫克/升以上，比白鲢耐氧力稍差，在池塘、湖泊、水库等不同水域均可进行养殖，能在池塘中与草鱼、鲤鱼、团鲂鱼等鱼类混养，更适合于在大、中型水库放流增殖。放养全长

25 厘米的匙吻鲟，当年全长可达 50 厘米，体重达 0.5 千克；翌年全长可达 80 ~ 85 厘米，体重可达 2.5 ~ 3 千克。匙吻鲟食性与花鲢相似，是一种滤食性鱼类，主食浮游动物，偶尔也摄食摇蚊幼虫等小型水生昆虫，全长在 12 厘米以下的个体，逐个吞食浮游动物，也吞食小鱼、小虾，全长超过 12 厘米以后，其摄食器官发育逐渐完善，转为滤食方式。在人工饲养条件下，经驯化养殖也能摄食商品配合颗粒饲料。

4. 产量表现

流水养殖产量与水量和放养量有关，一般可达到 6 ~ 45 千克/米^2。网箱养殖与水质和放养量有关，一般可达到 15 ~ 95 千克/米^2。12 厘米鲟鱼种约为 4 ~ 4.5 元/尾，每放养一千克鲟鱼饲料成本约为 12 元。综合考虑鲟鱼养殖成本，成活率按 90% 计算，每尾鱼体重 650 克，鲟鱼养殖个体重达 1 千克，总成本为 18 ~ 20 元，市场价格每千克最低 30 元，最高 44 元，其利润是比较可观的。

二、主推模式和养殖技术要点

（一）主推模式

在拥有冷泉水、溪水、水库底层水等冷流水资源、条件适宜的地方，鲟鱼养殖主推模式为流水养殖；在条件适宜的深水（低温）水库、河道等地方可推广网箱养殖模式。

（二）养殖要点

鲟鱼养殖要求常年水温为 15 ~ 28℃，水质清新，无污染，溶解氧充足，pH 值为 7.5 ~ 8.5。

1. 流水养殖（图 12）

（1）鱼种放养 冷水鱼放养密度视水体交换量和鱼种规格而定，鱼种规格为 100 ~ 250 克/尾的鲟鱼，放养密度为 20 ~ 100 尾/米^2，放养密度以重量计为 10 ~ 14 千克/米^3。鱼种进池前或分池时需用食盐水消毒。

（2）投喂 投喂全价（全营养）优质配合颗粒饲料。在适宜的

图12 流水养殖鲟鱼

条件下，鱼种日投喂率为3%左右，成鱼为2.5%左右。根据每次投饵后鱼的吃食情况以及水温、鱼体状况、溶解氧等因素科学合理调整投喂量。每次所投的饲料量，最好能在15分钟内吃完，最多不超过20分钟，最低不少于5分钟。饲料粒径与鱼体规格应相适应，一般饲料粒径为所喂鱼口裂2/3为佳。投喂时要全池遍撒并降低水体交换，使池中水体呈微流状态。个体重25克以下苗种，投喂粉状料，日投饵率为5%，每日分6次投喂；25～50克的苗种，投喂粒径为1～2毫米的配合颗粒饲料，日投饵率为3%，每日分4次投喂；50～250克个体的苗种，投喂粒径为2～3毫米的配合颗粒饲料，日投饵率为2%，每日分4次投喂；个体重250～500克的鱼种，投喂粒径为4～5毫米的配合颗粒饲料，日投饵率为1.5%，每日分3次投喂；个体重500～1 000克的鱼种，投喂粒径为5～6毫米的配合颗粒饲料，日投饵率为1%，每日分2～3次投喂；个体重1 000克以上的个体投喂粒径为6～11毫米的配合颗粒饲料，日投饵率为0.2%～0.8%，每日分2次投喂。

　　（3）**管理**　一是每周清洗池底1次。二是水源不足、池水水温高时，可利用增氧设备和补充地下水增加水中溶解氧。三是控制水量及水位，投放鱼种的规格较小时，水的流量也相应要小，随着鱼体的增长逐渐加大流量，从10厘米鱼苗养至1千克商品鱼，水位应从 50 厘米逐渐加高至 150 厘米。养殖前期池中水体交换量最低要能达到每小时 1 ~ 3 次，养殖后期池中水体交换量要视水温、放养密度等情况而定，鱼池水体的交换率要求为每小时 2.5 ~ 4 次。四是控制水温，最好使池内水温保持在 18 ~ 24℃ 之间，最高水温一般不得超过 28℃。水温过高，可加大水交换量或池上架设遮阳网。五是做好鱼病预防，目前鲟鱼病害较少，主要任务是提高鱼体的抗病力。对于经过长途运输和体表损伤的鱼种、成鱼，可投喂无机盐营养饵，调节鱼体渗透压，使体液移动、储留正常，促进皮肤黏膜生长，加快伤口愈合。此外，在饲料中拌入 0.6% 的大蒜素，制成药饵，每月投喂一次，每次投喂两天。

2. 网箱养殖（图 13）

（1）**网箱规格** 以 9 ~ 20 平方米为宜，面积越大水交换越差，不利于高产。

图 13　网箱养殖鲟鱼

（2）**鱼种放养规格** 以 50 ~ 110 克尾为宜，放养密度以 30 ~ 60 尾/米^2 为宜。

（3）**投喂饲料** 每天投喂 2 ~ 3 次，并以光照较弱时投喂效果较好，投喂量以鱼体重的 2% ~ 5% 为宜。

（4）**鱼病预防** ① 在饲料中拌入 0.6% 的大蒜素，制成药饵，每月投喂一次，每次投喂两天；② 每半月按网箱水体交替使用

0.5 毫克/升硫酸铜和 0.2 毫克/升硫酸亚铁合剂或 10 毫克/升高锰酸钾泼洒消毒；③ 每月清刷、日光暴晒消毒饲料台 1~2 次；④ 在水下 1.5 米处网箱四周进行二氧化氯挂袋。

三、养殖实例

（一）流水养殖实例

1. 基本情况

放养时间：2008 年；养殖户名称：刘兵生；地址：河北省石家庄市威州镇坡头村；养殖面积：1 700 平方米。

2. 放养情况

放养品种为鲟鱼，放养密度为 5 尾/米^2，单养。

3. 关键技术措施

① 发病季节及时预防，平常按常规预防。② 投饵均匀，注意观察摄食情况及时调整投饵量。③ 适时分池，清洗排污。④ 认真巡塘，做好记录，及时总结。

4. 产量和效益

亩产量为 4 950 千克，亩成本为 72 600 元，其中饲料成本占 40%。亩效益为 6 600 元，亩产值为 79 200 元，投入产出比为 1∶1.09。

5. 养殖效果分析

该场养殖人员技术水平较高，养殖期间，管理措施完善。但是，由于选用苗种质量差、死亡率高，再加上成鱼价格偏低，所以造成成本高，效益不太明显。

（二）网箱养殖实例

1. 基本情况

放养时间：2009 年；养殖户名称：崔西庆；地址：河北省迁西县大黑汀水库小黑汀村；养殖面积：6 400 平方米（16 米^2/箱）。

2. 放养情况

放养品种为西伯利亚鲟，放养密度为 600 尾/箱（规格为 750 克/尾），单养。

3. 关键技术措施

① 根据不同时期养殖水体的水温调整饲料投喂量，最大程度降低饲料系数；② 根据不同生长时期，及时对鲟鱼实施分箱，保证商品鱼个体规格均匀；③ 投喂饲料实行"四定"；④ 对鱼个体定期检查生长情况；⑤ 对水体实施定期消毒制度；⑥ 对鱼病时时监控，做到早发现早治疗。

4. 产量和效益

每平方米产量为 94 千克，每平方米成本为 2 500 元，其中饲料成本占 70%。每平方米效益为 1 250 元，每平方米产值为 3 750 元，投入产出比为 1∶1.5。

5. 养殖效果分析

鲟鱼网箱养殖每平方米产值 3 750 元，成本 2 500 元，效益为 1 250 元。

（河北省水产技术推广站　鲁　松）

克氏原螯虾

一、品种介绍

克氏原螯虾（*Procambarus clarkii*），俗称小龙虾、红色沼泽虾等，英文名 red swamp crayfish。原产于墨西哥北部和美国南部，1918年由美国引入日本，20 世纪 30 年代从日本传入我国南京附近。随着人为携带的扩散和自然繁衍的扩增，克氏原螯虾已归化为我国内陆水域的常见物种，成为重要的经济虾类。自然野生种源或选育亲本，人工繁育苗种。

1. 主要特性

克氏原螯虾喜荫怕光，常栖息于沟渠、坑塘、湖泊、水库、稻田等浅水水域，营底栖生活，昼伏夜出，傍晚觅食，食性杂，冬夏穴居，适应环境的生存能力较强。克氏原螯虾能生活在一些其他鱼、虾不能生存的富营养水体中。其主要生物学习性如下。

（1）**打斗习性** 克氏原螯虾个体间攻击行为较强，当密度过高或缺饵或水环境恶化时，小龙虾会出现相互残杀现象。通常幼虾体长超过 2.5 厘米，相互残杀现象就十分明显，刚蜕壳的软壳虾，常被其他虾杀死，甚至吃掉。

（2）**领域行为** 克氏原螯虾具有很强的领域行为，它们会精心选择某一区域作为其领域，在其区域内进行掘洞、活动、摄食，不允许其他同类的进入，只有在繁殖季节才有异性的进入。在养殖过程中，利用人工隐蔽物或移植水草等方法增加环境复杂度，可增加养殖密度，提高养殖成活率。

（3）**掘洞习性** 克氏原螯虾在冬夏两季营穴居生活，具有很强的掘洞能力，一般在水体的近岸掘穴，大多数洞穴的深度在 50～80

厘米，部分洞穴的深度超过 1 米，通常为直洞或陡直洞。洞穴直径视虾体大小有所区别，洞穴底部通常保持有水。

（4）趋水习性 克氏原螯虾有很强的趋水流性，逆水上溯，集群生活。在养殖池中，常成群聚集在进水口周围。大雨天气，可逆向水流上岸，因此，养殖场地要有防逃的围栏设施。

（5）食性与摄食行为 克氏原螯虾食性杂，喜食各种鲜嫩的水草、水体中的底栖动物、软体动物、大型浮游动物、鱼虾的尸体以及人工投喂的各种植物、动物下脚料及人工配合饲料。其摄食能力很强，具有贪食、争食的习性，饲料不足或群体过大时，会发生相互残杀的现象，尤其是吞食软壳虾的现象。克氏原螯虾摄食多在傍晚或黎明，尤以黄昏为多。人工养殖条件下，经过一定的驯化，白天也会出来觅食。摄食的最适水温为 15 ~ 28℃，水温低于 8℃或超过 35℃，摄食明显减少，甚至不摄食。克氏原螯虾食性杂，生长快，在饲料充足的条件下，在养殖季节，经 60 ~ 90 天的饲养，即可长成商品虾。

（6）繁殖习性 克氏原螯虾性腺发育与季节变化和地理位置有很大关系，在长江流域，自然水体中的克氏原螯虾，一年只产一次卵，一年中有两个产卵高峰期，即春季的 3—5 月份和秋季的 9—11 月份。秋季产卵群体大，产卵期也比春季的长。克氏原螯虾每次产卵 200 ~ 700 粒，最多产卵可达 1 000 粒以上，通常亲虾每克体重平均可产 10 ~ 15 粒卵。受精卵孵化时间较长，水温 18 ~ 20℃时，需 25 ~ 30 天。如果水温过低，受精卵呈休眠状态，休眠期可达数月。刚孵出的幼体，挂在母虾腹肢上，蜕壳后其形状似成虾的幼虾，体色较淡。幼虾一般不会远离母虾，在母虾的周围活动，一旦受到惊吓会立即重新附集到母虾身上，躲避危险。幼虾要蜕壳 3 次后，才离开母虾营独立生活。

2. 消费现状

克氏原螯虾是一种世界性食用虾类，其味道鲜美、营养丰富。欧美已有 200 多年的食用历史，我国食用克氏原螯虾始于 20 世纪 60 年代，克氏原螯虾已成为当今世界热销水产品之一，备受国内外消费者青睐。国际市场供不应求，欧美国家是克氏原螯虾的主要消费地区，市场空间十分巨大。据中国食品土畜进出口商会统计，2008年我国出口克氏原螯虾系列产品2.4万吨，出口创汇1.5亿美元。国内消费市场是随着我国广大消费者认识的提高和盱眙"中国龙虾节"的连续成功举办兴起的，目前已风靡国内水产品市场，刮起"小龙虾红色风暴"，吃食克氏原螯虾被视为时尚消费，而且消费群体还在进一步扩大。

3. 产量表现

市场的火爆助推了养殖产业的发展，全国已有数十万渔民以此为业，克氏原螯虾已成为我国水产养殖业中发展最为迅速、最具特色、最具潜力的养殖新品种，养殖面积逐年扩大，产量和效益逐年提高。据统计，2006年全国克氏原螯虾养殖产量13万余吨，2007年达到了20多万吨，2008年约为30万吨，2009年达到了47.9万吨，目前全国克氏原螯虾养殖面积约为500万亩，年产量预计可达479 374吨。池塘主养克氏原螯虾，亩产150~250千克/亩，池塘混养为50~75千克/亩，稻田养殖为75~150千克/亩，滩地增养殖为50~100千克/亩。

二、生产操作中的重点与难点

1. 苗种繁育（土池繁育克氏原螯虾苗种）

苗种繁育池一般为长方形、东西向，面积为3~5亩，池深为1.5米，池埂坡比1:3，池中和池埂水草丰富，水源充足，无污染；池塘清野消毒后，在8—9月份放养挑选合格的亲虾40~50千克/亩，每天根据吃食量投喂优质饲料，注意水质调节；在翌年3—4月份及时捕出产过苗种的亲虾，加强幼虾的培育，在4月中、下旬起捕克氏原螯虾苗种，进入成虾养殖。整个繁育期间，要及时消除野杂鱼。

2. 池塘养殖

池塘养殖分为主养和混养，池塘面积以8~10亩为宜，池深为1.2~1.5米，四周用密网加塑料薄膜作防逃设施，池中水草覆盖率占池水面积的 50% ~ 70%。

苗种放养要求如下。

(1) 放养时间 每年的 3—6 月份或 9—11 月份。

(2) 池塘主养 苗种规格为 150 ~ 400 尾/千克,放养量为 1. 5 ~ 2 万尾/亩。

(3) 池塘混养 混养品种为河蟹或大宗鱼鱼苗,克氏原螯虾苗种规格为 150 ~ 400 尾/千克,放养量为每亩 1 万尾左右。

经过长途运输的苗种,放养时要进行缓苗处理,将虾苗和运输箱一起放入池水中浸泡,取出后放在岸上 1 ~ 2 分钟,如此反复 2 ~ 3 次后进行放养。苗种放养时,要全池多点散放。放养后,要及时投喂饲料。苗种放养后,经养殖 50 天后,可根据生长情况,用地笼进行捕捞上市。

3. 稻田养殖

稻田面积以 5 ~ 20 亩为宜。要求水源充足,无污染,进、排水方便,保水性好。稻田要加高加固田埂。田中开挖好虾沟虾溜,虾沟宽 3 ~ 4 米,深 70 ~ 80 厘米。田埂四周,要设防逃设施。虾沟中,要移植水草。克氏原螯虾苗种放养规格为 150 ~ 300 尾/千克,放养量,每亩 1 万尾左右;放养时间为 10—11 月份或 3—5 月份。当虾长到体长超过 8 厘米,可捕捞上市。

4. 滩地增养殖

要求选择水源充沛、水质良好,水生植物和天然饵料资源比较丰富,水位稳定且易控制的草荡或圩滩地,平均水深为 1. 5 米左右;四周封闭、能围拦。堤埂要加高加固,开挖一定数量的虾沟或河道,占总面积的 30%,虾沟要求春季能放养虾种、鱼种,冬季能给克氏原螯虾栖息穴居。滩地养虾,通常一次放种多年捕捞,放种以在 7—9 月份为宜,放养量 15 ~ 25 千克/亩;翌年 4—6 月份开始捕捞,用地笼进行捕大留小,年底留存同样数量的亲虾,用于作为来年的虾苗。

5. 主要管理措施

① 保持养殖水质清新,定期泼洒生石灰或微生物制剂。

② 控制好放养密度，及时捕捞大虾，提高生长速度。

③ 提前投放饲料，通常在 3 月初就要投喂优质饲料，并根据吃食情况及时调整投喂量。

④ 有条件的地方，可以在养殖池中安装微孔增氧设施。微孔增氧机，在 5 月中旬就要开机使用，使用时段通常为 22：00 到第二天 06：00，中午开机 1 小时。

⑤ 养护好池中水草，在池塘四周可种植水花生、水葫芦等浮水植物。

三、养殖实例

1. 池塘主养实例

养殖地点：江苏省盱眙县河桥镇大莲湖克氏原螯虾养殖户叶宝春养殖场，养殖面积为 80 亩。2009 年放养规格为 30 克/尾的克氏原螯虾苗 40 ~ 50 千克/亩。主要投喂饲料为小麦、花生饼、玉米、麸皮、小杂鱼、全价颗粒饲料等，总价款 61 208 元。共捕出克氏原螯虾商品虾 31 807 千克，平均亩产 397.6 千克。

效益分析：塘边价 16 元/千克，总产值 508 912 元，扣除总成本 158 008 元（饲料 61 208 元，人员工资 4 人 × 15 000 元/人 = 60 000 元，水电费 8 000 元，池塘租金 80 × 360 = 28 800 元），总效益达 350 904 元，平均亩效益 4 386.3 元，投入产出比为 1∶3.22，效益可观。

2. 池塘虾、蟹混养实例

养殖地点：江苏省淮安市楚州区范集镇进华养殖场，养殖面积为 1 000 亩（25 只池塘）。

苗种放养：克氏原螯虾苗种以在年前放养亲虾获得，每亩放养规格 28 尾/千克亲虾 3 千克，河蟹每亩放养规格为 120 只/千克的苗种 480 只，鲢、鳙鱼每亩放养规格为 10 尾/千克的苗种 30 尾，同时在 5 月份每亩搭养规格 8 ~ 10 厘米的苗种 12 尾，清明节前每亩还放养螺蛳 50 千克，用于净化水质和作为河蟹的饲料。饲料投喂以自制的配合饲料为主，共投喂饲料 243 750 千克。

收获：克氏原螯虾总产量 55 860 千克，平均亩产 55.86 千克；河蟹总产量 42 650 千克，平均亩产 42.65 千克；鲢、鳙鱼 2.3 万千克，平均亩产 23 千克；鳜鱼亩产量 6 千克；总产值 340 万元，平均每亩产值 3 400 元，亩效益 1 677.5 元，投入产出比为 1∶1.97，效益很好。

3. 稻田养殖克氏原螯虾实例

养殖地点：江苏省泗阳县高渡镇养殖户陈继国养殖场，稻田种养殖面积为 104 亩（共 6 块田块），稻田四周开挖宽 3 米、深 80 厘米的围沟。

苗种放养：放养就地收购规格为 120～180 尾/千克的克氏原螯虾苗种 75 千克/亩，体长 8～10 厘米的鳜鱼 6 尾/亩。主要投喂小麦、玉米、麸皮、小杂鱼及配合饲料，合计饲料成本 8.32 万元。

收获：克氏原螯虾总产量 25 330 千克，平均亩产量 243.5 千克；鳜鱼总产量 238 千克，平均亩产量 2.3 千克；水稻总产量 42 950 千克，平均亩产量 413 千克。总产值 58.484 万元，扣除田租、饲料、种子、苗种、水电、人工和药品等费用开支 20.72 万元，总效益为 37.754 万元，平均亩效益为 3 630 元，投入产出比为 1∶2.82，效益也很好。

（江苏省淡水水产研究所　唐建清）

罗氏沼虾

一、基本情况

罗氏沼虾，又名马来西亚大虾、长臂大虾，是原产于东南亚水域的一种大型淡水经济虾类。罗氏沼虾的幼体阶段，在盐度为 8~22 通海河口半咸水中发育为仔虾，其仔虾和成虾栖息于淡水河流、水渠及湖泊。罗氏沼虾是热带虾类，生长温度为 22~32℃，水温下降到 12~14℃时，行动缓慢并逐渐死亡，水温上限 38℃。罗氏沼虾营底栖生活，杂食性，但偏食动物性饲料，以晚上摄食为主，在养殖条件下可全部投喂配合颗粒饲料。罗氏沼虾养殖 4~5 个月可达性成熟，在 3—7 月份为产卵育苗季节，属 1 年产卵多次的一次性产卵类型，两次产卵间隔 30~40 天，受精卵在雌虾腹足刚毛上经过 19~20 天的胚胎发育期，溞状幼体破膜而出，幼体在半咸水中以摄食卤虫幼体及人工饲料发育生长，营漂浮生活，经过 15~25 天发育变态成仔虾。仔虾体长 0.7~1 厘米，在养殖条件下，经过 3~4 个月的饲养，虾长到 11 厘米以上，体重 10 克以上，成为商品虾上市销售。

我国自 20 世纪 70 年代引进该虾以来，人工养殖开始在全国开展，特别是 20 世纪 90 年代后，攻克了苗种繁育技术和商品虾养殖技术难关后，该品种也逐渐被广大消费者接受，市场需求量大增，池塘养殖产量和经济效益迅速提高，养殖规模迅速扩大，成为我国主要经济虾类养殖品种之一。目前全国罗氏沼虾养殖面积已超过 50 万亩，总产量 144 467 吨。养殖区域主要集中在江苏、浙江、广东等沿海地区，成为这些地区水产养殖的一个主产业，与之相关的苗种、饲料、渔机、加工等行业形成了产业化规模经营。浙江省湖州市是罗氏沼虾苗种生产基地，采用工场化温室育苗方式，生产淡化仔虾供全国养殖商品虾，其苗种年产量在 100 亿尾以上，占全国总育苗产量的 60%。现将浙江省罗氏沼虾几种主要养殖模式介绍如下。

二、池塘单季养殖罗氏沼虾模式

池塘单季养殖罗氏沼虾，亩产达到 200～300 千克，养殖时间为 5—11 月份，适合全国大部分地区推广应用。

1. 养殖池塘条件

池塘以 5～20 亩为宜，池塘水深 1.2～1.5 米。池塘以东西向的长方形为好，池塘底部平坦，淤泥少，底质以沙壤土最好，塘埂坡度为 1∶2～1∶3。塘埂坚实不漏水，进出水口安装防逃设施。养虾池塘用水可来自于湖泊、江河等，要求水源充足，水质清新，排灌方便，水质符合农业部颁布的《无公害食品　淡水养殖用水水质》（NY5051—2001）等标准。在池塘中放养一些水草，供虾栖息，减少相互残杀，可提高成活率。应配备水泵、增氧机等设备，2～5 亩的池塘配备 3 千瓦的增氧机一台，5～10 亩的池塘配备 3 千瓦的增氧机 2 台。

2. 池塘的清整消毒与水质培养

在冬季或早春将池水排干，经过一段时期的冰冻、日晒，然后将池底整平，挖出池底过多的淤泥，修好塘埂。在虾苗放养前一个月，对池塘进行清塘消毒，每亩用生石灰 100～200 千克，在容器内放水溶化，然后均匀泼洒到池塘内。清塘消毒后，在虾苗放养前要进行水质培养，凡进水必须经过 60 目网眼规格的绢网袋过滤，池塘水深保持 0.8～1 米，在放养虾苗前 1 个星期，每亩用已经发酵的有机肥 50～100 千克或复合肥 1～3 千克，培养浮游生物，为虾苗提供天然饵料。

3. 苗种放养

经过清塘及水质培养，在 5 月中、下旬，池塘水温稳定在 22℃以上，即可直接放养经淡化虾苗，或放养已经过中间培育的大规格虾种。在放养前应先试水，确认在强碱性消失后再投放苗种。同一

罗氏沼虾

池塘一次放足虾苗，虾苗规格应一致，有利于提高成活率及商品规格。放养虾苗的密度，应根据池塘条件、养殖技术和管理水平等情况综合考虑。一般每亩放养淡化苗4万~6万尾、规格为0.7厘米以上，或中间培养苗2万~4万尾、规格2厘米以上，在放养时应注意温差，如用尼龙袋充氧运输，先在水中浸泡15分钟，温差在±2℃以内放入池塘。池塘适量搭养鲢、鳙鱼种，每亩放养1龄鲢鱼种50~100尾，1龄鳙鱼种20~50尾，鱼种规格15~25克/尾。

4. 投饲管理

以投喂全价配合颗粒饲料为主，也可适当搭配螺蚬、杂鱼等鲜活动物性饲料。配合颗粒饲料，要求长短和大小均匀一致，粉末少，气味纯正无异味，水中稳定在4小时以上，粗蛋白含量35%以上。在良好的管理条件下，饲料系数一般在1.2~1.5之间。

虾苗下塘后，如直接放养淡化苗，则在20天内投喂粒径0.5毫米的饲料破碎料，20天后投喂粒径2~3毫米的颗粒饲料；如放养中间培育苗，一开始就投喂颗粒饲料。虾体重在1克以内，日投饲量为虾总体重的15%~20%；虾体重1~5克，则为10%~15%；虾体重5~10克，则为8%~10%；虾体重10克以上，则为3%~6%。日投饲为早、晚各一次，08：00左右投全日料总量的30%，17：00左右投总量的70%。

5. 水质管理

在饲养的前期水质应稍肥，后期适当偏淡。水色为黄绿色，透明度控制在30~40厘米，pH值在7~8.5之间，溶氧量不低于3毫克/升。苗种放养时池塘水深0.7~0.8米，以后每隔1个星期提高10厘米，在6月中、下旬达到1.2~1.5米。

在高温季节的晴天中午，开启增氧机2~3小时，减少水层温差，改善水质及减轻缺氧程度。池塘每隔10~20天，使用微生物制剂改善水质。

6. 成虾的起捕出售

放养后经3个多月的饲养，规格达到10克以上，就可以捕捞上市。如放养 4 月份早苗的，在 8 月初开始出售；如在 5 月份直接放养淡化苗的，则在 9 月初开始上市；捕捞中可捕大留小，使虾密度减小，有利于虾的生长，江苏、浙江地区在 11 月底以前应将虾全部捕获上市。

三、池塘罗氏沼虾二茬养殖模式

罗氏沼虾加温中间培育虾苗，提早放养，第一季养殖时间 3—8 月份，亩产量 150 ~ 200 千克；第二季养殖时间 7—11 月份，亩产量 100 ~ 200 千克，适合广东、江苏、浙江地区推广应用。

1. 虾苗的中间培育

（1）**室内水泥池培育** 利用罗氏沼虾育苗池进行高密度培育虾苗，具有加温、增氧及进、排水设施，培育池单个面积 10 ~ 50 平方米，池深 0.8 ~ 1.2 米，池内放置一些网片供虾栖息。放苗时间为 3 月下旬至 5 月上旬，培育时间 15 ~ 45 天，密度为 0.5 万 ~ 1 万尾/米^2，经过 20 ~ 30 天的培育，虾苗规格达到体长 2 ~ 3 厘米，成活率达 70%以上。虾苗放养后在 3 天内，投喂用蛋与鱼糜蒸熟制成的细湿饲料，每日投喂 2 ~ 3 次，每日每万尾约 50 克；3 天后投喂配合饲料破碎料，每日每万尾 25 ~ 50 克，逐渐增加投饲料量，根据吃食情况调整。培育池水深为 0.8 ~ 1.2 米，水温控制在 22 ~ 28℃，保持充气不间断，池水清新，每日池底吸污一次，清除网片污物，定期换水，如水质恶化随时换水。到 5 月中下旬池塘水温稳定在 22℃以上，虾种即可出池放养。在出池前，温室昼夜通风透气，调节水温与池塘基本一致，出苗时先将池水放掉一半，用抄网反复多次抄捕，将幼虾放入充气的网箱中，并及时放养入池塘。

（2）**土池配备锅炉保温培育** 在罗氏沼虾养成池的一角，开挖 80 ~ 200 平方米的土池，水深 0.8 ~ 1 米，池埂不漏水，池底无淤泥，土池盖有保温薄膜大棚，配备充气设备，设置进、排水口，池内吊挂一些网片。放苗时间在 3 月中旬至 5 月上旬，如在 3 月份放养，需要用土锅炉加温，如在 4 月中、后期放养，则一般不需要加温，培育时间 20 ~ 45 天，放苗密度为 0.3 万 ~ 0.5 万尾/米²，培育后虾种规格达到体长 2 ~ 4 厘米，成活率 70% ~ 90%。投饲仔细，防止投喂过多污染水质。培育池水深 0.8 米，水温不低于 20℃，换水在晴天中午进行，水质保持良好。在阴雨天要注意保温，晴天高温时注意通气降温。5 月中、下旬池塘水温稳定后，拆除保温大棚 1 ~ 2 天，待培育池水温与池塘水温一致后，用抄网捕出虾种放养，或直接挖开池埂，使虾游入池塘中。

2. 第一茬养殖管理

第一茬池塘养殖的池塘条件、清整消毒、苗种放养、投饲管理、水质管理等基本同罗氏沼虾的单季养殖模式。从 7 月上旬开始捕捞上市，使用小拉网起捕，捕大留小，到 8 月下旬，全部捕光池塘虾，在操作过程中仔细轻快，注意池塘增氧。

3. 第二茬养殖管理

第二茬养殖的淡化虾苗，在 7 月上旬进苗，在小土池或水泥池中暂养，不需要保温，经过 20 ~ 30 天培育，在 8 月中旬前放入池塘养殖，放养密度每亩 2 万 ~ 3 万尾。第二茬池塘养殖的池塘条件、清整消毒、投饲管理、水质管理等，基本与罗氏沼虾的单季养殖模式相同。

四、池塘罗氏沼虾与青虾轮养模式

池塘第一茬养殖罗氏沼虾，第二茬养殖青虾，充分利用池塘空闲期间，提高养殖经济效益。罗氏沼虾养殖时间 4—9 月份，亩产 200 ~ 250 千克；第二季青虾养殖时间 9 月份至翌年 2 月份，亩产 25 ~ 40 千克，适合江苏、浙江地区推广应用。

1. 罗氏沼虾养殖管理

第一茬池塘养殖罗氏沼虾的池塘条件、清整消毒、苗种放养、投饲管理、水质管理等基本与罗氏沼虾单季养殖模式相同。

2. 青虾养殖管理

8 月底至 9 月上旬，在罗氏沼虾起捕后，进水 1 米，进水需经 60

目网眼规格制成的网袋过滤。亩放养青虾苗种 2 万～3 万尾，虾苗规格 3 厘米以上，或在 6 月份池塘中套养抱卵青虾，亩放养 1～2 千克。投喂青虾专用颗粒饲料，粒径 2 毫米，粗蛋白质含量 32% 以上，投饲量从每亩 0.25 千克开始，逐渐增加投饲量，最高达到 1 千克，到 10 月中旬后，水温降低，投饲量逐步减少；每天投喂 2 次，08：00 投 1/3 量，17：00 投 2/3 量。加强水质管理，水透明度保持 30～40 厘米，在池塘两侧放养水花生，面积占池塘水面积的 20%，供虾栖息，深秋后，水保持一定的肥度，减少黑壳虾的产生及丝状藻大量繁生。虾苗饲养到春节前后，大部分虾可达到商品规格，用地笼、定置网、抄网捕捞上市。

五、池塘罗氏沼虾与南美白对虾轮养模式

池塘第一茬养殖罗氏沼虾，第二茬养殖南美白对虾。罗氏沼虾养殖时间 4—8 月份，亩产 150～200 千克；第二季南美白对虾，养殖时间为 7 月底至 11 月上旬，亩产 150～250 千克，适合江苏、浙江地区推广应用。

1. 罗氏沼虾养殖管理

第一茬池塘养殖罗氏沼虾的池塘条件、清整消毒、苗种放养、投饲管理、水质管理等基本与罗氏沼虾的单季养殖模式相同。

2. 南美白对虾养殖管理

准备面积约 100～300 平方米、水深为 1～1.5 米的南美白对虾苗培育土池，培育时间 15～30 天，放苗密度为 0.5 万～1 万 尾/米^2，盐度为 3～5，在培育后期逐渐加注淡水，培育后的虾种规格达到体长 2～3 厘米，成活率 80%，后放入池塘中养成。

南美白对虾养殖的池塘条件与罗氏沼虾养殖的池塘条件基本相同，投饲、水质管理方法相似。亩放养虾种 2 万～4 万尾，池塘可搭养仔口或当年夏花鲢、鳙鱼种，亩放量为 30～50 尾，以充分利用池塘水体中的天然饵料。在整个饲养过程中，全部投喂颗粒饲料，颗粒饲料粗蛋白含量 38%～45%，饲料系数 1.2 以下，饲养到 10 月上

旬开始出售，到 11 月上旬应全部捕捞上市，否则寒潮来临将造成死亡。南美白对虾养殖对水质要求高，在养殖过程中应用枯草芽孢杆菌、光合细菌、乳酸菌等微生物水质改良剂，每 10 ~ 15 天施用一次；使用聚维酮碘等碘制剂全池泼洒消毒，每 15 天施用一次，与微生物制剂施用间隔 5 天。

六、池塘罗氏沼虾与青虾轮养模式实例

江苏省湖州市南浔区和孚镇养殖户陈建强，2009 年池塘养殖罗氏沼虾 9.5 亩，4 月 22 日进淡化虾苗 60 万尾，在面积为 100 平方米的大棚保温土池中培育，水深 1 米，培育时间 23 天，出池虾种 48 万尾，规格为 2.5 厘米，成活率 80%，其中放养池塘 38 万尾，多余出售。饲养到 7 月中旬开始起捕出售，捕大留小，到 10 月初，共起捕成虾 2 650 千克，亩产量 278.9 千克，规格 10 克/尾以上，共消耗罗氏沼虾配合饲料 3 180 千克，饲料系数 1.2，产值为 68 900 元，平均售价 26 元/千克。

池塘 6 月份放养抱卵青虾，密度为 1.5 千克/亩，在池塘中繁育出虾苗，待 10 月份罗氏沼虾捕完后，青虾继续留塘饲养，投喂青虾配合饲料，到春节时出售，起捕产量 285 千克，亩产量 30 千克，产值为 14 250 元，销售价格为 50 元/千克。

全年养殖两荏，合计产值 83 150 元，各项成本合计 35 000 元，利润 48 150 元，平均亩利润为 5 068.4 元，投入产出比为 1∶1.73。

（浙江省湖州市水产技术推广站　沈乃峰）

河　　蟹

一、基本情况

　　河蟹，学名中华绒螯蟹（*Eriocheir sisensis*），俗称为螃蟹、毛蟹，属节肢动物门、甲壳纲、十足目、方蟹科、绒螯蟹属，是我国传统的名优水产品之一（图14）。河蟹风味独特、营养丰富，可以做成精美的菜肴，素有"河蟹上席百味淡"之说。河蟹是我国特有的名优水产品，主要分布在我国长江、辽河、瓯江，其中以长江水系河蟹生长快、规格大、抗病力强、味道鲜美而闻名。河蟹产业是我国淡水渔业的重要支柱产业之一，2009年全国河蟹养殖面积达1 000万亩以上，养殖产量574 335吨，养殖生产涉及全国30个省、市、自治区，目前已成为淡水渔业单品种产值最大的产业。

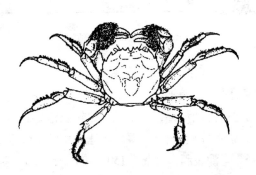

图14　中华绒螯蟹（背面观）

二、河蟹生态养殖模式

1. 蟹池的选择与改造

河蟹养殖池应选择靠近水源，水质清新、无污染，进、排水方便的土池。池塘面积以 10～30 亩为宜，池深为 1.2～1.5 米，坡度为 1:（2～3）（图 15）。池塘底部淤泥层不宜超过 10 厘米，塘埂四周应建防逃设施，防逃设施高 60 厘米，防逃设施的材料可选用钙塑板、铝板、石棉板、玻璃钢、白铁皮、尼龙薄膜等材料，并以木、竹桩等作防逃设施的支撑物。电力、排灌机械等基础设施配套齐全。

池塘形状以东西向长、南北向短的长方形为宜，面积以10～30亩为宜。

水深以1.2～1.5米为宜

池塘埂坡比为1:(2～3)

图15 标准化池塘改造

2. 生态环境的营造

（1）**清塘消毒** 养殖池塘应认真做好清塘消毒工作，具体操作方法为在冬季进行池塘清整，排干池水，铲除池底过多的淤泥（留淤泥 5 厘米），然后冻晒 1 个月左右。至蟹种放养前 2 周，可采用生石灰加水稀释，全池泼洒，用量为 150～200 千克/亩（图 16）。

（2）**种植水草** 在池塘清整结束后，即可进行水草种植。根据各地具体的环境条件，选择合适的种植种类，沉水植物的种类主要有伊乐藻、苦草、轮叶黑藻等，浮水植物的种类主要有水花生等。池塘内种植的沉水植物在萌发前，可用网片分隔拦围，保护水草萌

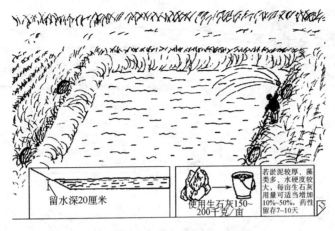

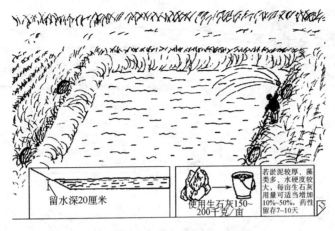
留水深20厘米
使用生石灰150~200千克/亩
若淤泥较厚、藻类多、水硬度较大，每亩生石灰用量可适当增加10%~50%，药性留存7~10天

图16　河蟹养殖池塘清塘消毒

 发（图17）。

（3）**螺蛳移殖**　具体方法为每年清明节前河蟹养殖池塘投放一定量的活螺蛳，投放量可根据各地实际情况酌量增减。螺蛳投放方式可采取一次性投入或分次投入法。一次性投入法为在清明节前，每亩成蟹养殖池塘，一次性投放活螺蛳300~400千克；分次投入法为在清明节前，每亩成蟹养殖池塘，先投放100~200千克，然后在5—8月份每月每亩再投放活螺蛳50千克（图18）。

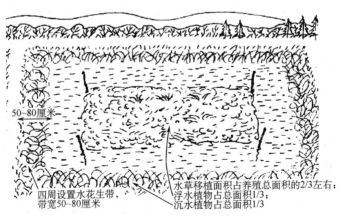
50~80厘米
四周设置水花生带，带宽50~80厘米
水草移植面积占养殖总面积的2/3左右；浮水植物占总面积1/3；沉水植物占总面积1/3

图17　水草种植布局

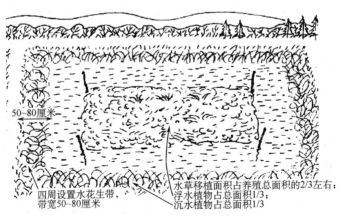

河蟹

111

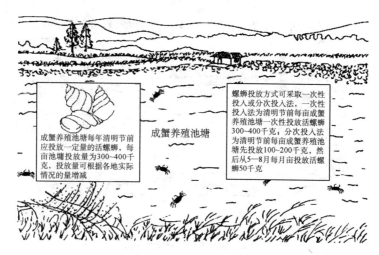

成蟹养殖池塘每年清明节前应投放一定量的活螺蛳，每亩池塘投放量为300~400千克，投放量可根据各地实际情况的量增减

成蟹养殖池塘

螺蛳投放方式可采取一次性投入或分次投入法，一次性投入法为清明节前每亩成蟹养殖池塘一次性投放活螺蛳300~400千克；分次投入法为清明节前每亩成蟹养殖池塘先投放100~200千克，然后从5—8月每月亩投放活螺蛳50千克

图 18　螺蛳的投放

3. 合理放养蟹种

蟹种要求体质好、肢体健全、无病害的本底自育的长江水系优质蟹种。放养蟹种规格为 100~200 只/千克，投放量为 500~600 只/亩，可先放入暂养区强化培育。蟹种放养时间，为 3 月底至 4 月中旬，放种前 1 周加注经过滤的新水至 0.6 米（图 19）。

蟹种放养前应用盐度为3~4的食盐水溶液浸洗3~5分钟

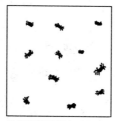

放养密度以每亩500~600只为宜，每千克蟹种为100~200只

放养时间
3月初至
4月中旬

←3月→←4月→

蟹种放养时间以3月初至4月中旬放养为宜

图 19　合理放养蟹种

4. 科学饲养管理

河蟹养殖饲料种类，分为植物性饲料、动物性饲料和配合饲料。各种饲料的种类和要求为：植物性饲料可用豆饼、花生饼、玉米、

小麦、地瓜、土豆、各种水草等；动物性饲料可用小杂鱼、螺蛳、河蚌等；配合饲料应根据河蟹生长生理营养需求，按照《饲料卫生标准》（GB 13078—2001）和《无公害食品　渔用配合饲料安全限量》（NY 5072—2002）的规定制作配合颗粒饲料。

各生长阶段的动、植物性饲料比例为：6 月中旬之前，动、植物性饲料比例为 60∶40；6 月下旬至 8 月中旬为 45∶55；8 月下旬至 10 月中旬为 65∶35。日投喂饲料量的确定，3—4 月份控制在蟹体重的 1% 左右；5—7 月份控制在 5% ~ 8%；8—10 月份控制在 10% 以上。每日的投饲量，早上占总量的 30%，傍晚占 70%。每次投喂时位置应固定，沿池边浅水区定点"一"字形摊放，每间隔 20 厘米设一投饲点。具体投喂可参考图 20 所示的原则进行。

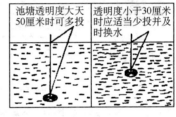
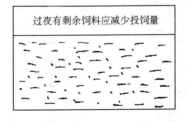

图 20　河蟹养殖期间投喂原则

5. 池塘水质调节与底质调节

池塘水质要求原则为"鲜、活、嫩、爽"。养殖池塘水的透明度应控制在 30 ~ 50 厘米，溶解氧控制在 5 毫克/升以上。养殖池塘水位 3—5 月份水深保持 0.5 ~ 0.6 米，6—8 月份控制在 1.2 ~ 1.5 米（高温季节适当加深水位），9—11 月份稳定在 1 ~ 1.2 米。在整个养殖期间，池塘每 2 周应泼洒一次生石灰。生石灰用量为 10 ~ 15 千克/亩左右（图21）。

河蟹养殖期间，应尽量减少剩余残饵沉底，保持池塘底质干净清洁，如有条件可定期使用底质改良剂（如微生物制剂），使用量可参照使用说明书（图22）。

换水频率:在河蟹生长旺季6—9月,每5~10天换水1次,其余两周1次;
换水量:1次20~30厘米水深;
换水方法:先排后灌

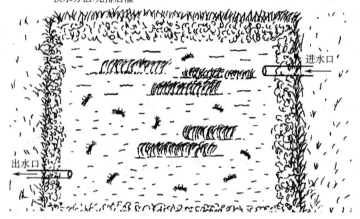

进水口

出水口

图21 河蟹养殖中水深调节

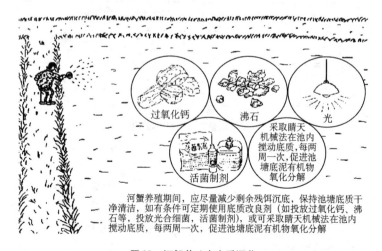

过氧化钙　沸石　光

活菌制剂

采取晴天机械法在池内搅动底质,每两周一次,促进池塘底泥有机物氧化分解

河蟹养殖期间，应尽量减少剩余残饵沉底，保持池塘底质干净清洁，如有条件可定期使用底质改良剂（如投放过氧化钙、沸石等，投放光合细菌、活菌制剂），或可采取晴天机械法在池内搅动底质，每两周一次，促进池塘底泥有机物氧化分解

图22 河蟹养殖中底质调节

全国水产养殖主推品种

6. 病害综合防治

河蟹养殖期间病害的防治，应遵循"预防为主、防治结合"的原则，采取积极主动的预防方法，坚持生态调节与科学用药相结合，采用清塘消毒、种植水草、自育蟹种、科学投饵、调节水质等技术措施，预防和控制疾病发生。

河蟹主要病害的治疗方法，应根据养殖池塘实际发病情况，及时通报各地病害防治中心。防治药物的使用，应严格执行农业部《关于食品动物禁用的兽药及其他化合物》的有关规定，严禁使用有毒性残留药物。

7. 日常管理

日常巡塘，可结合早、晚投饵仔细察看池塘养殖河蟹蜕壳生长、病害、敌害等情况，检查水源是否污染，及时采取有针对性的措施。特别在异常天气情况时，要仔细检查防逃设施，及时修补裂缝，做好塘口日志。

8. 捕捞

捕捞季节，建议在10—11月份，各地可根据本地的具体情况进行调整。捕捞方法，可采取以地笼张捕为主，干塘捕捉为辅。地笼放置时间，应根据天气情况和捕捞量而确定，建议捕捞时间为6~8小时。

9. 商品蟹暂养上市

起捕后的河蟹，可采取池塘、小网围、网箱等方式进行暂养，特别是对软壳蟹更应分开暂养。暂养时，应根据水温变化，调节水质，强化培育。视市场动态，经检测达无公害河蟹标准后，适时分批出售。

三、河蟹养殖实例

1. 亩效益万元河蟹养殖技术

江苏省金坛市儒林镇南社村养殖户胡和忠，河蟹养殖面积11.4

亩。实现年产河蟹 1 482 千克，平均亩产河蟹 130 千克，规格达 175 克/只，产青虾 342 千克，总产值 157 320 元，扣除成本 42 750 元，实现利润 114 570 元，亩效益 100 50 元，投入产出为 1:3.68。其关键技术如下。

（1）清整池塘 12 月中旬，清除池塘过多淤泥，并深挖池中浅滩区，使池中 1.5~2 米的深水区面积比例达到 40% 以上，用 100 千克/亩的生石灰进行消毒杀菌，同时用硫酸铜、硫酸亚铁（5:2）合剂，兑水全池喷洒，再晒塘 20 天后上水种草。

（2）营造环境 一是栽种水草，采用深水区种黄草，浅水区种伊乐藻，配套种植轮叶黑藻、苦草（面条草）的复合型水草种植方法。二是移殖螺蛳，2 月中旬每亩投放优质螺蛳 350 千克，8 月中旬每亩再补放优质螺蛳 350 千克。三是设置暂养区，在深水区网拦 4 亩一块水域，用于蟹种强化培育，以便早期管理和水草生长。

（3）蟹种放养 2 月中旬，亩放优质蟹种 1 140 只，规格为 160 只/千克，蟹种下池之前，先用 300 毫克/升的 EM 原露浸泡 10~15 分钟，再放入暂养区内进行强化培育，待 6 月底水草长成势后，全池洒放。1 月下旬待塘内消毒药性消失后，共放规格为 2 000 尾/千克的优质虾种 100 千克。

（4）精心管理 ① 饲料投喂。全程投喂以动物性饲料为主，早期全部投喂新鲜小鱼，高温期以新鲜小鱼为主，搭配玉米、配合饲料间隔投喂，并做到全池均匀撒施，日投喂量根据气候、温度、摄食情况及时调整。

② 水位水质调节。3—4 月份水位控制在 40~60 厘米；至 8 月份水位逐步上调至 1~1.2 米；9—10 月维持水位在 1~1.2 米。在全年注水的过程中，首先要确保水质无污染，且每次加水量要少。在水质调节方面，注重早期用生物有机肥进行肥水，高温期多用生物制剂 EM 原露，7—9 月份坚持 10~15 天施用一次。5 月上旬全池安装了微孔管增氧设备，并做到勤开增氧机，确保充足的溶氧。

③ 防虫治病。做到三个结合：治病与治虫相结合，外用与内服相结合，中药与西药相结合。5 月中、下旬进行一次治虫、消毒、内服；9 月中旬再补杀纤毛虫，内服一次药饵，尽量做到多用生物菌、少用外用药，多用中草药、少用抗生素，以增强河蟹体质，提高其自身抗病能力。

2. 颗粒饲料养蟹高产高效实例

江苏省金坛市金城镇前庄村养殖户曹永生，根据河蟹生物学特点，全程以投喂颗粒饲料为主，适时添加中草药、复合维生素、免疫活性物质，不仅满足了河蟹不同生长阶段对营养的需求，而且降低了成本，提高了经济效益。养殖面积 34 亩，总产值达 31.12 万元，获净利 24.39 万元，平均亩效益 7 173 元，投入产出比为 1：4.62。其关键技术如下。

（1）**养殖条件**　池塘四周河沟环绕，水源充足、无污染，池中设有进、排水系统，底泥 10 厘米左右，配备微孔增氧机。

（2）**环境营造**　① 清塘消毒。成蟹起捕结束后，将池水排至 30 厘米左右，生石灰 150 千克/亩备用，在池中挖穴浸泡，将其化浆全池泼浇，然后晒塘一周。

② 水草栽培和管理。2 月上旬，当水温达到 3～4℃时，及时移植水草，主要是以伊乐藻与黄草为主，适当搭配苦草，一排栽植黄草，一排栽植伊乐藻，行间距为 3 米×1 米。在水浅处种苦草，使全池水草覆盖率达 60%。在高温季节来临之前，对生长过旺的伊乐藻割去上部 25 厘米，防止伊乐藻覆盖水面引起池水缺氧或腐烂而败坏水质。

③ 螺蛳移殖。在清塘消毒药性消失后，一次性投放无泥浆、无青苔的鲜活螺蛳 15 500 千克，亩投放量为 450 千克。

（3）**加强管理**　① 苗种放养。选择肢体健全、无病无伤、活动敏捷、规格整齐的自育蟹种全池放养，并套放青虾，搭配鳜鱼和花白鲢，具体放养数量见表 8。

表8　蟹种放养及套养品种情况

放养品种	放养时间	放养规格	放养数量	亩放养量
河蟹	2 月底	190 只/千克	40 473 只	1 190 只/亩
青虾	2 月上旬	2 000 尾/千克	375 千克	11 千克/亩
花白鲢	3 月中旬	10 尾/千克	342 尾	10 尾/亩
鳜鱼	5 月下旬	5 厘米/尾	885 尾	26 尾/亩

② 水质水位调节。河蟹适宜的生长水温为 25～30℃，因此，在养殖中就以此来调节水质水位。4 月份之前，水位控制在 40～50厘米；5—6 月份，水位保持在 70～80 厘米；7—8 月份水位提高到1～1.2 米；9 月份以后，水位稳定在 1 米左右。同时，在河蟹养殖的 5—8 月份，用 EM 原露 1 000 毫升/亩全池泼洒，每半月一次。遇到气压低、天气闷热时，及时开启增氧机，防止池水缺氧。

③ 饲料投喂。根据河蟹生长的不同阶段，全程以投喂颗粒饲料为主，适当搭配小麦、玉米等。在河蟹生长季节，添加免疫多糖和复合维生素；在病害易发季节，添加中草药，在河蟹即将成熟时，将黄豆、蚕豆煮熟投喂。

（江苏省淡水水产研究所　周刚）

淡 水 蚌

一、品种简介

淡水河蚌属于软体动物门、瓣鳃纲、真瓣鳃目、蚌科。目前全世界发现的淡水河蚌有 200 多种，我国分布的有 15 属 140 多种。但是，不是所有的河蚌都能用来育珠，我国已经发现的 140 多种河蚌中，大部分由于珍珠层薄，所产珍珠品质低劣，或者因为实行手术困难，而没有利用价值。在众多河蚌中，用于培育珍珠的主要河蚌有：三角帆蚌、褶纹冠蚌、背角无齿蚌、池蝶蚌，其中池蝶蚌是近年来从日本引进的品种。

1. 三角帆蚌（*Hyriopsis cumingii*）

（1）产地与分布　三角帆蚌是我国独有的一种淡水贝类，属蚌科、帆蚌属，俗名三角蚌、翼蚌、劈蚌等。三角帆蚌喜生活在水质清爽、水流急、底质略硬的泥沙或泥底的水域，要求 pH 值为 7 ~ 8。其分布范围较广，主要产于大中型湖泊及河流中，广泛分布于湖南、湖北、安徽、江苏、浙江、江西等省。

（2）形态特征　三角帆蚌壳大而扁平，壳长近 20 厘米，壳质坚厚，壳后背缘向上突起成三角形的帆状，使蚌形成不等边三角状，这是三角帆蚌区别于其他蚌的主要形态特征。双壳对称，壳顶部具有明显的褶纹，后背部有数条斜行粗肋。绞合部有发达的绞合齿，左壳有 2 枚不等大的拟主齿和 2 枚长侧齿，右壳内有 2 枚拟主齿和 1 枚侧齿（图 23）。三角帆蚌壳色，随年龄增加而加深，壳面由黄绿色、红棕色等逐渐变为黄褐色、棕黑色。壳内珍珠层光洁致密，显乳白色、粉红色、紫色等珍珠光泽，可生产出优质的珍珠。

（3）育珠特点　三角帆蚌是我国特有的河蚌资源，在淡水珍珠

图23　三角帆蚌

蚌中产珠质量最优，是我国培育淡水珍珠的首选蚌种。1～2龄的幼蚌，即可进行植珠手术操作，植片成活率高，珍珠囊形成快，所产珍珠珠质光滑细腻，色泽鲜艳，晶莹剔透。用它育成的珍珠质量好，形状较圆，但珍珠生长比较缓慢，除可生产无核珍珠外，还可育成核珍珠、彩色珠、夜明珠等名贵珍珠。

2. 褶纹冠蚌（*Cristaria plicata*）

（1）**产地与分布**　褶纹冠蚌属于蚌科、冠蚌属，又称鸡冠蚌、湖蚌、绵蚌等。该蚌耐污水和低氧能力较强，喜生活于较肥的水域，栖息于河流、湖泊、沟渠及池塘等水流缓慢或静水的水体淤泥中，要求pH值在5～9的范围内。它比三角帆蚌分布广泛，在我国全国各地几乎都有分布。

（2）**形态特征**　褶纹冠蚌属于大个体的淡水贝类。外形与三角帆蚌相似，但同龄个体比三角帆蚌大得多。壳长可达290毫米，最大个体壳长可达400毫米以上。褶纹冠蚌壳大较薄，两壳膨突，背缘向上扩展成巨大的冠，使蚌体外形略呈不等边三角形。壳后背部自壳顶起向后有一系列的逐渐粗大的纵肋。绞合部强大，韧带粗壮，左右两壳各具一后侧齿，前侧齿细小，无拟主齿（图24）。壳面深黄绿色、黄褐色或黑褐色，带有褶纹；里面平滑，有很厚的珍珠层，呈银白色。

（3）**育珠特点**　为我国淡水育珠蚌之一。珍珠质量略次于三角帆蚌产的珍珠，但栖息环境比三角帆蚌要求低，育珠生长速度仅次于三角帆蚌。养殖珍珠产量较高，但珠质粗糙，光泽亦稍差，珠态也比不上三角帆蚌所育珍珠。珍珠为长圆

图24　褶纹冠蚌

形，呈银白色、红色、粉红色。但因个体大，外套膜宽广且珍珠层光亮洁白，便于有核珍珠和象形珍珠的生产。

3. 背角无齿蚌 (*Anodonta Woodiana*)

(1) 产地与分布 背角无齿蚌属于蚌科、无齿蚌属，又名菜蚌、河蚌、湖蚌、无齿蚌等。背角无齿蚌是一种常见的种类，多栖息于淤泥底质、水流略缓或静水水域内，在水质 pH 值为 5 ~ 9 之间均能生活。广泛分布于我国的江河、湖泊、水库、沟渠及池塘中。俄罗斯、日本、朝鲜、泰国、柬埔寨、印度境内也有分布。

(2) 形态特征 背角无齿蚌为大型河蚌。壳长可达 20 厘米，前端圆，后端略呈斜截形。蚌壳较薄，两壳膨胀，外形呈稍有角突的卵圆形。壳长约为壳高的 1.5 倍，贝壳两侧不对称。壳前背缘短于后背缘；后背缘的后端与后缘的背部形成一钝角突起、后背部有自壳顶射出的 3 条粗肋脉 (图 25)。壳面呈绿褐色，平滑易破碎，绞合部无齿；壳内面珍珠层呈黄色或橙红色。

图 25　背角无齿蚌

(3) 育珠特点 背角无齿蚌产量高，有的地区用作淡水育珠蚌，但珍珠育出的质量次于三角帆蚌及褶纹冠蚌所育的珍珠。由于蚌壳较薄，内脏肥大，手术操作困难，所产的珍珠数量少。一般只有在缺乏三角帆蚌和褶纹冠蚌的地区，才将其作为育珠蚌应用。

4. 池蝶蚌 (*Hyriopsis schlegerli*)

(1) 产地与分布 池蝶蚌属于蚌科、帆蚌属。原产于日本滋贺县的琵琶湖，和我国的三角帆蚌为同属不同种，是日本特有的贝类，也是日本优质淡水育珠蚌。1997 年底由江西省抚州市洪门水库开发公司引进我国。池蝶蚌喜欢生活在浅水湖泊的泥沙多的地方，其适应水温为 8 ~ 38℃，最适水温为 20 ~ 35℃。池蝶蚌生命力强，养殖成活率高。性成熟比三角帆蚌慢 1 ~ 2 年，产卵季节也迟 1 ~ 2 个月。

（2）形态特征　池蝶蚌个体大，壳厚且鼓，前端钝圆，后端尖长，背缘向上扩展成三角的翼部，较低，最大个体壳长 235 毫米，高 130 毫米，宽 58 毫米。它在分类学上与我国出产的三角帆蚌同属，

图 26　池蝶蚌

体形也近似于三角帆蚌，池蝶蚌壳顶较三角帆蚌低，大多顶端因剥脱而发白；幼蚌缘背后面有翼状突出，长大后即消失（图 26）。池蝶蚌壳宽是三角帆蚌的1.23 倍，外套膜的厚度是三角帆蚌的1.78 倍。背缘有发达的绞合齿，外套膜结缔组织发达，珍珠层厚且光亮，厚度是三角帆蚌的 2 倍，闪着青白色的光泽。

（3）育珠特点　池蝶蚌，壳间距离大，双壳鼓起，且闭壳肌也很强壮，手术插核难度小，珍珠生长迅速，育珠品质高，珍珠光亮度、珠层厚度以及品质都比其他淡水育珠蚌的珍珠要好。与三角帆蚌育珠对比结果：珍珠生长速度比三角帆蚌快，珍珠产品颗粒大、优质率都比三角帆蚌要高。

二、河蚌的生态习性

1. 摄食

河蚌属被动摄食的动物，借外界进入体内的水流所带来的食物为营养，经鳃过滤后，食物留在鳃表面，再由纤毛的摆动把食物送入口中。食性较广，以水中的小型浮游生物（如硅藻、裸藻、轮虫、鞭毛虫等）为主，也滤食细小的有机碎屑。

2. 栖息

河蚌是水生底栖动物，营埋栖生活，靠伸出斧足来活动。喜生活于沙质或泥质的江河、湖泊、池塘中。冬季水温低时，蚌体大部分潜入泥沙中，前腹缘向下，背缘向上，仅露出壳后缘部分进行呼吸、摄食。夏季天热时则上潜出大半个蚌壳。河蚌对缺氧的耐受力虽然较大，但如果水中溶氧量长期低于 3 毫克/升时，也是不能生存

下去的。

3. 行动

河蚌的运动能力很弱，运动时蚌体浅埋于泥沙中，伸出斧足向前插入泥沙，然后肌肉收缩牵引蚌体向前滑行数厘米。河蚌多在夜间活动，白天少见，但阴天也常活动。

4. 繁殖

不同种类的蚌，繁殖季节不同。三角帆蚌在 4 龄开始性成熟，产卵季节为 5—7 月份，怀卵量 40 万~50 万粒，有多次排卵的习性，在繁殖季节排卵 5~8 次。褶纹冠蚌一般 3 龄开始性成熟，怀卵量为 20 万~30 万粒，以 5~6 龄雌蚌繁殖力最强。一年繁殖两季，分别是 3—4 月份和 10—11 月份，每季可排卵 2~3 次。池蝶蚌 3 龄部分成熟，4 龄后进入繁殖盛期，到 6 龄仍能保持较旺盛的繁殖率。池蝶蚌繁殖季节为 5—7 月份，多次排卵，成熟母蚌在繁殖季节可排卵 4~5 次。

三、主推模式——蚌鱼混养

1. 水域条件

水源充足，无污染，进排水方便，水深为 2~3 米，底质以黏土为佳，淤泥厚度 10~15 厘米，面积在 1 500 平方米以上。水质"肥、活、嫩、爽"，透明度在 30 厘米左右。水质清新，溶氧量高，pH 值以 7~8 为宜。

2. 河蚌放养

将河蚌放在网笼里。网笼用竹片做骨架，用尼龙线编织成圆柱形、圆锥形等，吊挂在用塑料浮子托起的聚乙烯绳子上，每笼一般放养 5 只，河蚌的腹缘朝上，背缘朝下，以每只蚌能接触到笼底为宜。笼间距离为 60 厘米。河蚌的放养密度，一般为每亩 1 000~1 200 只。

3. 混养鱼类

混养鱼类以草鱼、鲫鱼、鳙鱼等为好，鱼种放养量一般控制在

123

30 千克以下，其中草鱼、鳊、鲫等吃食性鱼类占 70%～80%，以鳙鱼为主的滤食性鱼类占 20%～30%。年鱼总产量控制在每亩 150 千克。

4. 日常管理

（1）吊养水层　一般春、秋两季吊挂于 20 厘米左右的水深中，冬、夏两季适当深吊于 40 厘米左右的水深中。

（2）培肥水质　放养蚌、鱼前施基肥，每亩施腐熟发酵的有机肥 300 千克。春季施发酵的有机肥，用量为每亩 75 千克，应在手术蚌放养后 20 天施肥；夏季施无机肥；秋季用无机肥和有机肥交替施用；秋末冬初酌情增施有机肥。有机肥肥料，以发酵腐熟过的鸡粪、鸭粪为主，化肥主要是用尿素和过磷酸钙，也可用泼洒大豆浆的方法来培育水质。

（3）换注新水　早春、晚秋每半月加水一次，每月换水在 30～50 厘米。6—9 月份高温季节，每 20 天换水一次，每次换水 1/3。

（4）施放化学生物制剂　在河蚌生长旺季，每半个月施生石灰一次，用量为每亩 15～20 千克，保证水中钙的含量达到 10 毫克/升。每月施用一次光合细菌，每次 3 毫升/米^3。

（5）定期洗刷　定期洗刷河蚌和网笼，清除附着物，一般每 20 天洗刷一次。

（安徽省水产技术推广总站　董星宇）

中　华　鳖

一、基本情况

1. 品种来源

　　祖代或父代为来源于河北省境内的子牙河、大清河、滦河等流域内的水库或河道内的野生北方中华鳖，经人工仿生态养殖，成熟后自然产卵人工孵化选育而成的中华鳖纯正品系，其子代具有高度的稳定性和一致性。

2. 特征特性

　　河北省生产的中华鳖鳖甲为长椭圆形，背如玉，腹似金，裙边宽厚平直，体型较薄，遗传性状稳定，外表光泽发亮，健壮有野性，反应灵敏（图27）；较日本鳖、越南鳖、泰国鳖营养价值高，较中华鳖另外的两个不同的生态品系江南花鳖和高山鳖生长速度快，抗病能力强。

　　　a.稚鳖　　　　　　　　b.幼鳖　　　　　　　c.成鳖

图27　中华鳖

3. 产量表现

　　不同养殖方式产量不同。以河北省最常见的温室集约化养殖为例：通过全年温室不揭棚，夏季增设遮阳网，分阶段加温养殖，放养稚鳖，周年即可养成商品规格（500 克/只以上），亩产 1 000 ~ 1 800 千克，成活率可达80%以上，商品优质率达 85 % 以上。近几年开始推广的仿生态养殖，经过 16 ~ 24 个月的饲养，即可养成 750 克/只以上的商品，亩产 800 ~ 1 300 千克，成活率85%以上，商品优质率达 95% 以上。

4. 养殖要点

（1）选择健康纯正的苗种　苗种来自国家、省、市原种场或良种场，规格整齐健壮。

（2）稚鳖肥水下塘，防止白点病感染　稚鳖池加水 15 ~ 20 厘米，施生物肥水素以肥水，4 ~ 5 天后水色呈嫩绿色时，将经消毒的鳖苗投放入池，放养量为 30 ~ 50 只/米²。

（3）幼鳖分阶段控温养殖，缩短养殖周期　每年 9—11 月份、翌年 3—5 月份对当年稚鳖进行升温，水温控制在（30 ± 2）℃以内；防止水温、水质的剧烈波动，每天变幅在 1 ~ 2℃，防止缺氧。

（4）水质优化调控　每隔 10 ~ 15 天用光合细菌生态制剂调节水质 1 次，增加气泵充氧，使池底的有机质充分氧化，保持水体中有益的藻相和菌相系统。

（5）科学饲喂管理　① 投喂全价配合饲料，每日 2 次，每次以 40 分钟后吃完为宜；② 定期（每月 2 次，每次连续 3 ~ 5 天）投喂健胃促长、清热解毒、提高免疫力的中草药和一些营养性补充剂。一旦发生病害，选择高效低毒的药物治疗，严禁使用违禁药品，并严格掌握休药期；③ 温室越冬期间，采用双层塑料保温（图28），维持棚内水温 3 ~ 6℃，水深保持 80 厘米以上，尽量避免冻伤池鳖；④ 冬眠后，及时改善水质，增氧升温，投喂适口性强的饲料，以恢复中华鳖的体质。

5. 养殖模式

① 温室集约化养殖；② 仿生态养殖；③ 池塘鱼鳖混养；④ 大水面生态养殖；⑤ 稻田养殖。

图28　双层塑料中间加草帘保温

二、主推模式与关键技术

1. 主推模式

根据北方气候条件和资源状况，综合多年的养鳖经验以及大批的科研成果，形成"河北省中华鳖健康仿生养殖模式"，该养殖模式也适宜在我国华北、西北等地推广。

2. 关键技术

南方的仿生养殖，大多直接将鳖种放入露天水域，粗放管理，周年亩产在 150 千克以下。而北方水资源相对匮乏，自然条件下 4～5 年才能达到 500 克。由此可见，如果用南方模式在我国北方地区推广，则有很大的局限性。因此，该模式在温室集约化养殖的基础上创造良好的仿生环境，1.5～2 年内养成了高产、优质的仿生鳖。其采取的主要技术如下。

（1）**稚鳖、幼鳖两头加温，隆冬季节自然冬眠**　即在越冬前期和越冬后期加温养殖，中期不升温，使鳖自然越冬。这种模式既满足了鳖的越冬习性，又加快了鳖的生长速度。如果商品鳖规格定位在 1 千克以上，则第二个冬天不再加温使其自然越冬。

（2）**改善养殖池的小生境**　① 设置鳖巢：用水泥板等制成"门"字形的躲藏台，置于池壁的四周，按鳖总量的 15%～25% 吊挂尼龙网兜、蒲草包作为鳖巢，鳖巢入水 10～15 厘米。这样可有效防止鳖的相互撕咬，降低伤残率。图 29 示鳖巢，表 9 是有和无鳖巢对幼鳖的质量、增长的比较。

图 29　鳖巢及锅炉烟道、食台

表 9　设置鳖巢后对幼鳖质量、增长的影响（2006 年）

试验场地	试验时间 /天	放养密度 / (只·米⁻²)	鳖巢比例 /%	幼鳖伤残率 /%	个体增重 /克
阜平县 绿源	50	6	0	3.4	70.5 ± 7.4
			15	3	72.1 ± 6.8
	60	10	0	3.9	80.3 ± 9.2
			10	2.7	81.9 ± 6.1
定兴县 闫家营	90		15	1.1 *	88.6 ± 4.7 *
			0	4.5	102 ± 8.4
		12	15	1.7 *	115 ± 5.2 *
			25	1.4 *	119 ± 4 *

注：带 * 者为与对照组比较，差异显著。

　②搭建晒背台。一般每 20～30 平方米设 2 平方米的晒背台 1 个，材料可用水泥板或玻璃钢瓦、木板、竹筏、石棉瓦（图 30）等，晒台设置要向阳，便于鳖的爬上爬下。食台、躲藏台均可兼做晒台。

图30 石棉瓦晒台

③ 无沙养殖。大量实验表明：池底铺沙后，鳖池内的有机物就会与泥沙混在一起，成为厌氧致病菌滋生的温床。无沙养殖，水质易调控，排污清淤方便，可显著降低鳖感染发病的几率，提高生长性能。表10是2006—2007年河北省阜平县东庄养鳖小区无沙养殖和有沙养殖常见病害及主要理化因子的跟踪调查结果。

表10 2006—2007年河北阜平东庄小区常见病害及主要理化因子跟踪调查表

户名	年份/年	方式（有沙、无沙）	换水次数*/次	病害发生次数**/次	成活率***/%	主要理化因子/(毫克·升$^{-1}$)			
						DO	NH_3-N	$NO_2^- - N$	COD
贾更金	2006	有	6	5	76	4.15	0.57	0.10	14.2
贾利平	2006	有	6	6	73	3.97	0.61	0.09	13.7
张洪兴	2006	无	2	2	87	4.97	0.38	0.04	11.5
孟伟	2006	无	3	3	85	4.78	0.44	0.06	10.1
杨新进	2007	有	4	4	78	4.36	0.60	0.10	13.3
王晓旺	2007	有	5	4	80	4.30	0.66	0.10	11.8
贾更金	2007	无	2	2	87	5.62	0.39	0.03	9.2
贾银栓	2007	无	1	2	89	5.19	0.41	0.04	9.9

注：主要理化因子为两年内7—9月份每半月测定1次的平均值；*为养殖期内的总换水次数；**为养殖期内总病害发生次数；***为养殖期内的总成活率。没有考虑放养密度、饲料种类、养殖管理等因素的影响。

④ 移栽水生植物。利用水草吸收水体中的氮、磷，降低氨氮、亚硝酸盐是目前最环保、最经济的方法之一。按10%～20%的面积将水草在鳖种放养7天前固定好，根据其长势、水体情况，适时补

充。通过对水质理化因子、水草寿命及繁殖力等综合因素比较,种植空心菜(图31)、水花生、水葫芦效果较好。

图31 养鳖棚内栽种的空心菜

(3)利用微生态制剂肥水、调水,维持合理的菌相和藻相平衡 微生态制剂,绿色环保,无任何刺激,利用其肥水、调水,可迅速增加硝化细菌、反硝化细菌、硫化细菌等有益菌群的数量并使之成为优势种群。经过每月2~3次的连续使用,水体长期保持肥、活、嫩、爽;节水率达到30%~50%,发病率降低50%以上。

(4)销售前期,降低密度,充气增氧,搭配天然饵料 销售前4个月左右,养殖密度降低至2~3只/米²;每3平方米布置1个散气石,连续充气6小时以上;按配合饲料70%、新鲜杂鱼或动物肝脏20%(消毒后煮熟、搅碎成糜)、新鲜蔬菜10%(搅碎)混合投喂,1小时后清除残饵。

3. 仿生养殖效果

采用以上措施饲养的鳖,野性十足,与野生鳖外观、风味、营养几乎无异(图32),售价超出同规格集约化养殖鳖30元/千克,折合周年亩产800~1 300千克,亩效益3万元以上。特别是养殖期为20~24个月、规格在1 000克左右的模式,售价可达120元/千克以上。

该模式也可以与露天池塘养殖结合起来,采用二级仿生养殖,

图 32　仿生养殖鳖（养殖 22 个月）

即在棚内将中华鳖集约化养至 250 克以上，转入外塘自然养殖 12 ~ 18 个月，放养密度为每亩 1 200 ~ 1 500 只，同时按 2∶1 的比例套养大规格鲢、鳙鱼种 300 尾/亩，移栽浮萍、轮叶黑藻、水葫芦，面积为水面的 1/10；搭配投喂新鲜杂鱼（按饲料干重 1/4）和适量蔬菜，这样获得的商品鳖质量更胜一筹。

三、养殖实例

1. 基本情况

放养时间：2008 年 9 月；养殖户名称：河北省阜平县旺达水产品饲养有限公司；地址：河北省阜平县北果元乡半沟村；养殖面积：105 平方米。

2. 放养情况

放养品种为中华鳖，放养密度为 2 800 只/亩，平均规格为 45 克/只，单养。出池时间为 2009 年 11 月，平均规格为 770 克/只。

3. 关键技术措施

（1）**肥水和稚鳖放养**　挑选大小整齐，不低于 5 克以上、腹部呈深橘红色的健康稚鳖进行放养。放养前 5 ~ 7 天，加水 10 ~ 20 厘米，施生物肥水素肥水，待浮游生物量达到 40 毫克/升以上时下塘。放养密度为 50 ~ 80 只/米^2，一次放足。

（2）**适时调水，及时分级**　逐步增加水深至 30 ~ 35 厘米，透明度高于 30 厘米时，用微生态肥水剂肥水调至 20 厘米；每养殖 45 天左右，按个体大小分级一次，降低养殖密度，将个体较小的挑出，避免撕咬。

（3）加温设施　采用内置式锅炉加热，双层塑料薄膜保温，降低加温成本。

（4）优化生长环境　每月使用微生态制剂 2 ~ 3 次；根据水色，随时排出一定的底层有机废物和水面的浮游生物；每天充氧 6 ~ 8 小时；保证溶氧量在 5 ~ 6 毫克/升；pH 值为 7.5 ~ 8；氨氮含量低于 0.02 毫克/升；硬度在 3 ~ 3.2 毫克/升；亚硝酸盐含量低于 0.1 毫克/升。

（5）科学投饲，定期防病　选择信誉好的全价配合饲料，采用"四定"投喂原则，水上投喂，40 分钟内吃完；每月投喂保肝利胆促消化的药饵或增进免疫力的药饵 5 ~ 7 天。

（6）严格管理，健全记录　按无公害产地、产品认证要求制定严格的规章管理制度，认真填写无公害记录表，实行可追溯管理。

4. 产量和效益

亩产量为 1 650 千克。亩成本为 52 800 元，其中饲料成本占 76%。亩效益为 33 000 元，亩产值为 85 800 元，投入产出比为 1∶1.625。

5. 养殖效果分析

通过采用上述关键技术，鳖的品质得到显著提高，病害发生率显著降低，换水次数由原来的一个周期 4 次降为 2 次。售价高于传统养殖方式 6 ~ 10 元/千克，节水、节能效果尤为突出。

（河北省保定市水产技术推广站　张耀红）

下　篇

海水养殖品种

大菱鲆	东风螺
大黄鱼	牡蛎
半滑舌鳎	泥蚶
黄盖鲽	扇贝
对虾	贻贝
中国对虾"黄海 1 号"	海带
青蟹	龙须菜
三疣梭子蟹	条斑紫菜
鲍	羊栖菜

大 菱 鲆

大菱鲆（*Scophthatmus maximus*）属鲽形目、鲆科、菱鲆属，是产于欧洲的一种冷水性海产鲆鲽类，虽属肉食性鱼类，但性情温和，很少有互相残咬现象，而且易驯化，生长迅速，是当前欧洲的重要海水养殖鱼类之一。大菱鲆适应低温，越冬费用低，适合高密度养殖，且价格昂贵，具有显著的经济效益，是适于我国北方开展大面积养殖的优良品种。中国水产科学研究院黄海水产研究所于 1992 年首先引进了这一品种，并于 1999 年大批量繁育成功。

一、生物学特征

大菱鲆自然分布于大西洋东侧欧洲沿岸，从北欧南部直至北非北部，黑海和地中海沿岸也有分布。它在自然界营底栖生活，平时一般游动较少，性格温和，以小鱼、小虾、贝类、甲壳类为食。大菱鲆外形扁平，略呈菱形，双眼位于左侧，背面呈青褐色，腹面光滑呈白色。背鳍与臀鳍各自相连成片而无硬棘。头部与尾鳍均较小，全身除中轴骨外无小刺，体中部肉厚，内脏小。大菱鲆的最适生长温度为 14～17℃，耐受的极限温度是 0～30℃，对盐度的耐受力最高为 40，最低为 12。

二、苗种的人工繁育

野生大菱鲆雌鱼 3 龄性成熟，雄鱼 2 龄性成熟，自然性成熟期在 5—8 月份。在养殖条件下，雄性大菱鲆 1 龄、雌性大菱鲆 2 龄即可达到性成熟。大菱鲆的性腺发育，对光照特别敏感，人工培育的亲鱼，在控制光照的情况下，1—10 月份均可获得成熟的卵子。

1. 亲鱼选择及受精卵的孵化

亲鱼可以通过进口或者人工养殖获得。选择亲鱼应挑选生长速度快、体质健壮、无附着生物、无鳃病、无"白化"现象的鱼。在亲鱼培育过程中，要求水温为 12～17℃，并要求相对稳定；保证水质清新，饲料营养丰富；亲鱼在室内培育的密度要比养殖商品鱼的密度低，一般为 2～3 尾/米^2。大批量的亲鱼通过培育，可以自然产卵并获得受精卵。但多数仍采取人工授精的办法。受精卵可以在开放式或封闭式水体中孵化，保持水温稳定在 12～17℃ 的范围内。孵化最好采用流水培育，保持水质清新。

2. 幼体培育

初孵仔鱼的培养密度，应为 5～20 尾/升；水源应为过滤海水或者地下水，最好经过紫外线消毒；光源为人工光源，每天连续光照 16 小时，表面光照度为 200～2 000 勒克斯；培育期间微充气，水温逐渐提高到 20℃；仔鱼孵化后的 2～3 天开始投饵，每天投喂两次。饵料生物的大小为：孵化后 2 日龄的开口摄食仔鱼的最适饵料生物宽度为 144 微米，到 10 日龄时增大到 225 微米。最初可投喂轮虫，密度保持在 5～10 个/毫升。仔鱼孵出后 6～10 天，投喂初孵的卤虫无节幼体，密度保持在 0.5～1 个/毫升，持续 20～25 天。投喂的轮虫、卤虫应经过单胞藻及乳化鱼油营养强化并进行消毒处理。有资料表明，用富含磷脂的配合饲料和卤虫联合投喂，可以降低活饵的数量和成本，且可以给仔鱼提供在活饵中含量并不丰富的重要的营养元素。此外，天然桡足类的营养成分要大于强化过的轮虫、卤虫，也是大菱鲆幼苗的理想饵料。仔鱼体长接近 20 毫米时，可投喂人工饲料以逐渐改换其食性。据报道，大菱鲆幼鱼人工配合饲料中蛋白质含量应大于 40%，适宜含量为 45%～47%，脂肪含量应大于 8%，适宜含量为 13%～15%。饲料适宜含水量为 10%～11%，灰分含量应小于 12%。

三、优质健康苗种的选择和运输

1. 苗种的选择

购入大菱鲆苗种规格应该在 5 厘米以上，尽量选择育苗场的头苗进行养成。鱼苗质量要求大小规格整齐、体型完整无畸形，体色正常，健康无病害，鱼苗体表要鲜亮无损伤，无发暗发红症状，活动能力强，镜检观察，鳃上无寄生虫。此外，除根据鱼体本身的状况选择外，还可通过观察鱼苗在养殖池的分布及水体表面的整洁度等方面来判断鱼种好坏。正常的鱼苗在水池中分布较集中，且静止栖息于水底，养殖池水体表面有少量油膜，无气泡。

2. 苗种的运输

一般用塑料袋充氧运输，运输时水温控制在 13℃ 左右，运输时间可在 10～20 小时，塑料袋装水 5 升，然后放入鱼苗充氧、密封，装入泡沫箱、纸箱中运输。5～10 厘米的鱼苗，每袋装 100～300 尾。苗种运输前，要停食降温，入池温差应在 2℃ 以内，盐度差应在 5 以内。

四、养殖管理的关键环节

（一）放养密度

放养密度与饲养条件、水质、水交换量、管理水平、人员素质等有密切关系。以单位养殖面积放养鱼体重来表示，一般体重 10 克以下的鱼苗，放养密度在 2 千克/米^2 以下；10～50 克的鱼苗放养密度为 2 千克/米^2；50～100 克的鱼苗放养密度为 5～7 千克/米^2；400～600 克的鱼苗放养密度为 10～20 千克/米^2。另外，也可以根据鱼体占据面积和水池中放养覆盖面积来计算放养尾数。一般水池中放养面积覆盖率，分池时以 80% 为宜，但高水温期最好在 50%～60% 的范围。10 克以下幼鱼，因单位体重的耗氧量和氨排泄量比大鱼要高得多，所以放养密度应相对减少，详见表 11。

表11　大菱鲆养殖池苗种密度

平均全长/厘米	平均体重/克	放养密度/（尾·米$^{-2}$）
5	3	200 ~ 300
10	10	100 ~ 150
20	85	50 ~ 60
25	140	40 ~ 50
30	320	20 ~ 25
35	460	15 ~ 20
40	800	10 ~ 15

（二）苗种入池后的处理

在苗种入池之前，应将苗袋入水，使袋内水温与池内水温相近，水深 30 ~ 40 厘米，温差不超过 2℃。入池 6 ~ 12 小时后，鱼体活力正常后进行药浴 3 天。

（三）日常管理

1. 水温

养成水温应控制在其最适生长水温以内，可直接用井水养成，也可用井水兑海水或井水兑淡水养成。大菱鲆最低致死水温为 1 ~ 2℃，最高致死水温为 28 ~ 30℃，最低生长温度为 7 ~ 8℃，最高生长温度为 21 ~ 22℃，最适生长温度为 14 ~ 17℃。

2. 营养与饲料

大菱鲆对蛋白质的需求量比大多数硬骨鱼类要求高，为加强鱼体营养，防止饲料配方不当发生营养性疾病，目前普遍的做法是采用相关科研单位研制的大菱鲆专用粉末饲料与冷冻或新鲜杂鱼混合制成软颗粒饲料投喂。饲料颗粒的大小，要根据鱼苗的规格及时调整。加工软颗粒饲料使用的杂鱼，主要是沙丁鱼、玉筋鱼、鲐鱼及其他杂鱼等，鲜度差或冷藏时间长的不能用。自己加工的饲料，可根据季节及发病情况，适时加入预防或治疗药物，有利于预防疾病发生。新鲜的海水鱼，不可以直接投喂，因为其不但容易污染水质，且不易添加营养和抗菌药物；不能长时间投喂单一品种新鲜的海水鱼。现在我国已有一些养殖场和养殖户在整个养成过程中，开始试用全价干颗粒配合饲料，这是今后应该提倡的发展方向。

在鱼体重 100 克之前，每日投喂次数为 6 ~ 4 次；体重 150 克之后，每日投喂次数为 2 ~ 3 次。在水温低于 12℃或高于 22℃，鱼摄食不良时，可适当减少投喂次数及投喂量，在进行药浴、分池时，也要减少投喂次数或停止投喂，尤其注意在药浴前不能投喂。

幼鱼期日投饵量为体重的 5% ~ 8%；鱼体重达 100 克时为体重的 3% ~ 5%；鱼体重达 300 克时为体重的 2% ~ 3%。具体的投饵量要根据鱼的规格、水温、鱼摄食状态来确定，原则上是不能有残饵。让鱼保持一定的饥饿感，避免因连续饱食而影响食欲。在投饵时应注意观察鱼摄食情况及摄食量的变化。若发现摄食不良，应及时找出原因，注意分析水质的问题或查找鱼病来源。

3. 水质管理

（1）水质主要通过调节换水量来控制　换水量要根据养殖密度、供水情况、摄食状况、季节等进行综合考虑，一般每天保持在 5 ~ 10 个循环，当水温超过 20℃时，需要加大换水量；当水温长期处于 22℃以上时，要注意采取降温措施，以防大菱鲆发生高温反应导致充血死亡。

（2）换水及清扫池底　每天换水 2 次，投饵半小时后，要拔掉排污管，迅速降低水位，并使池水快速旋转，以此彻底改良池内水质，带走池底大量的污物和残饵。同时要清洗池壁及充气管、气石上黏着的污物，捞出死鱼集中埋掉或用火焚掉，水桶、捞网用漂白粉（液）消毒。操作应认真仔细，避免鱼体黏液脱落，诱发病鱼。残饵和排泄物的堆积会造成水质的恶化，也是发生病害、影响鱼体生长的主要原因，因此，必须经常清扫池底。工具最好专池专用，以防互相感染。

（3）倒池　倒池视污染程度而定，一般结合苗种分选每月进行 1 次，倒池时用的捞鱼网要用细筛绢制成，从鱼头部捞起，严防机械损伤，以免影响鱼的生长。倒池后的原池，以消毒药物消毒。

大菱鲆

4. 苗种分选

由于饵料适口性不一样，造成小个体鱼难以摄食而生长缓慢，所以养殖期间当鱼的大小差别显著时，及时进行大小分选，以便于管理，促进幼鱼苗生长，提高成活率。

分选作业，应在水温达到 20℃ 以前进行，水温过高，耗氧多，且易受伤感染。因此，绝不能在高水温期进行分选和倒池等。分选作业应特别注意作业期间不能缺氧，可以在水位降低后，边流水边作业，同时加大充气量。一个水池最好一次分选完，不能连日分选，若一次实在分选不完，可隔 3 天后再进行分选。分选完毕要进行药浴。

其他管理：每天要多次仔细观察鱼群的状态，状态良好时鱼群常集中于池底一处或几处，若鱼在水池全面散开或四处游动，则一般状态不好；注意观察水池中的鱼有没有体色黑化、外伤或者游泳、摄食异常等的情况发生。若发现不正常情况，应及时进一步检查是否有鱼病，以便采取防治措施。发现有病鱼、死鱼时，要马上捞出，这是防止鱼病蔓延的一个重要措施。

5. 其他日常操作和注意事项

① 每个养成池最好配备专用工具，使用前要进行严格消毒。

② 工作人员出入车间和入池前，要对所有的工具和水靴进行消毒。每天工作结束后，车间的外壁池和走道也要消毒。

③ 白天要经常巡视车间，检查充气、流水、温度和鱼苗有无异常等情况，并及时排除隐患。晚上要有专人值班。

④ 及时捞出体色发黑、活动异常、有出血、溃疡症状的病鱼，放入小池中观察和单独施药，待伤病痊愈后再放回大池。经常镜检不正常鱼，及时发现病情，并采取预防和治疗措施。

⑤ 定期施药预防。每隔半个月可用 3～5 毫克/升的土霉素等抗菌药物进行浸泡药浴，一般连续用药 3～5 天，每天 1 次。也可连续投喂 5～7 天药饵。

⑥ 每月测量体长和体重 1 次，统计投喂饲料量和成活率，换算

饲料转换率，综合分析评价养成效果。

⑦ 总结当天工作情况，并列出次日工作内容。

五、疾病防治技术

（一）疾病预防

（1）每天暂停水流和充气，仔细观察鱼的情况 检查有无病鱼、死鱼或不正常个体、异常游动、摄食不良等情况，采取防治措施，发现有病鱼、死鱼时，要马上捞出，防止鱼病蔓延。

（2）做好养殖池、工具及饲料的消毒 对养殖池，定期杀菌消毒。养殖生产用的各种工具常常是病原体传播的载体，在已发病鱼池使用过的工具，必须及时消毒。保证不投喂发霉变质饲料，在鱼病流行季节，饲料也要定期消毒。

（3）鱼苗消毒 在整个养殖过程，苗种的消毒免疫是养殖成功与否的关键。苗种经过长途运输难免损伤体表，有的甚至带有病原体，所以必须对苗种进行消毒。

（二）几种养殖大菱鲆疾病的防治措施

1. 病毒性疾病

病毒性疾病在鲆鲽类中并不常见，但由于病毒性疾病一般具有暴发突然、流行速度快、死亡率高、治疗困难等特点，因此，养殖鱼类一旦感染病毒性疾病，所造成的经济损失是非常大的。

淋巴囊肿病，是由虹彩病毒引起的，各国均有流行，全世界有100多种海水、淡水鱼会感染此病。在我国目前养殖的海水鲆鲽类中，牙鲆最容易感染该病，大菱鲆只发现个别病例。患病鱼体表出现多个大小不等的囊肿，肉眼可见囊肿内有许多小颗粒。严重时囊肿遍及全身，体色变暗，摄食差，生长慢，导致部分死亡。同时，由于病鱼外表难看，失去商品价值。

防治措施：① 引进亲本、苗种应严格检疫，发现携带病原者，彻底销毁。② 养殖用水经紫外线或臭氧消毒。③ 控制养殖密度，优化水质环境。④ 养殖操作谨慎，防止鱼体受伤。⑤ 发现病鱼，及时进行隔离。⑥ 将病鱼囊肿割除，用聚维酮碘固定并消毒伤口组织，涂抹抗生素药膏。⑦ 把水温提高到 23℃ 以上饲养，并投喂抗菌素药饵，防止继发性细菌感染。⑧ 转入池塘养殖自愈速度较快。

2. 细菌性疾病

致病细菌是海水鱼类养殖中的首要病原。海水养殖鱼类的常见细菌性病原主要有弧菌、假单胞菌、气单胞菌、爱德华氏菌、屈桡杆菌、链球菌以及巴斯德氏菌等。目前，在我国鲆鲽类人工养殖生产中已发现数十种细菌性疾病，按病症描述其主要的疾病种类有以下几种。

（1）**烂鳍病** 鲆鲽类及其他养殖鱼类品种几乎都会发生烂鳍病，属常见病害。发病时，病鱼的鳍组织先变浊白，1～2 天后逐渐充血发红直至溃烂。严重时，鳍部组织甚至与鳍部相连的肌肉组织可完全烂掉而出现缺损，躯干部表皮和肌肉组织也由于大量充血呈红色。个别患病鱼也会出现全身发红的现象。该病多发生于苗期和养成初期，传播极快，死亡率可高达 80%～90%。经研究证实，鳗弧菌经常导致烂鳍、烂尾病症。

烂鳍烂尾病是鲆鲽类养殖苗期易发的疾病，一般在单池密度过高时最易发生。幼苗对该病的抵抗力极弱，一旦感染该病，可发生大批死亡的现象，因此，在养殖生产中要多注意观察和进行预防工作。

防治方法：① 降低养殖密度，以提高抗病力，减少发病机会；② 加强吸污，加大换水量，以保持池底清洁和良好的水质；③ 适时分池，细心操作和搬运，防止擦伤；④ 烂鳍病容易水平传染，发现病鱼应尽快隔离、掩埋或焚烧处理；⑤ 当分池和疾病发生时，使用尼富酸钠 20～30 毫克/升药浴 3 天，同时每天投喂土霉素药饵 50 毫克/千克。也可以采取聚维酮碘 2 毫克/升浸泡。

（2）**皮肤溃烂病** 该病也是鱼类养殖过程中比较常见的疾病之一。该病的临床症状比较明显，患病鱼背部或腹部皮肤大面积溃烂，露出充血发红的肌肉层，同时往往并发烂鳍烂尾、纤毛虫感染等其他病症。病鱼活力明显减弱，游泳无力，摄食差，最后导致死亡。

从已有的研究结果和文献报道看，弧菌、链球菌、气单胞菌、假单胞菌、肠球菌等多种细菌都可导致鲆鲽类的皮肤溃烂病。

皮肤溃烂病传播迅速，死亡率高。该病具有非常典型的外观发病症状，在养殖生产实践中极易辨别。从我们的研究结果和养殖经验来看，皮肤溃烂病，多发生于养殖密度高、倒池出现机械损伤、池水不洁、池底有机物过多、卫生管理差的情况下。因此，规范的管理和操作，是预防该病的有效措施。

加强常规管理的措施有换水、吸污和卫生操作等，防止出现残饵，保障良好水质；适时分池，调整养殖密度；当发现病鱼时，及时隔离伤口明显的病鱼；使用专用抗菌素进行口服和药浴处理。

（3）腹水病 病鱼腹部隆起，严重者整个胸腔可鼓成球状。打开腹腔后发现胃中或腹腔内有大量无色或淡黄色液体；腹水病发展至后期时病鱼出现全身弥散性充血，呈暗红色，肛门红肿、凸出。发病时内脏团各个器官常常发生病变，如肝脏萎缩，呈土黄色或白色，有时还大量出血；心脏和脾脏变成暗红色。

此病在鲆鲽类的苗期和养成期均可发生，属常见疾病，其死亡率可高达80%以上，常常引起大规模死亡。腹水病，多由细菌感染而致，目前，大菱鲆腹水病，已初步确认是由鲨鱼弧菌和大菱鲆弧菌感染而致。病毒性引发的腹水病现象较少发生。

为防止腹水病的发生，养殖过程中应加强卫生管理和避免投喂不新鲜的杂鱼；若发现腹部隆起的病鱼，首先应进行隔离，以防止相互传染；在病鱼尚能摄食时，用四环素6克/千克或强力霉素4克/千克拌入饵料，投喂药饵7～10天。

（4）肠炎病 病鱼体色变暗，腹部下凹；不摄食或吞食后吐出；濒死病鱼瘦弱，散群、漂浮游动，挤压腹部可见白便从肛门流出，有时肛门处拖带黏稠的白色粪便。因此，发病时池底经常会发现黄白色条状物。解剖病鱼后，可见肠壁发炎，内部有大量黄色脓液或黏稠状黄白色物质；胆液稀薄呈浅绿色，肝脏明显充血，整个内脏团萎缩。该病常见于鲆鲽类的育苗期和养成期，其感染率及死亡率较高，能引起长期性慢性死亡。

经过调查研究和总结养殖经验发现，鲆鲽类鱼在摄食不新鲜的小杂鱼后，肠炎病的发病明显升高。养殖生产中也发现该病多与腹水病症状并发，先有腹水病，然后发生肠炎病（白便现象）。经研究发现白便病的病原，主要是大菱鲆弧菌和溶藻胶弧菌两种细菌。病原菌能在肠道中大量繁殖，引起消化道发炎而导致上述明显病变。

防治具体措施：① 加强吸污和换水，清除白便和有机污物；② 避免投喂不新鲜杂鱼，防止"病从口入"和污染养殖系统；③ 池底较脏时，进行移池或使用适量氧化剂（例如 H_2O_2）使池中有机物氧化，使该养殖环境得到净化；④ 投喂大蒜素 30 毫克/（千克·天）和磺胺二甲基嘧啶 50 毫克，连续 7 ~ 10 天，或拌大蒜 2% ~ 4%。

3. 寄生虫病

寄生虫病为鱼类养殖中常见病和多发病，一般会造成感染鱼消瘦、躁动不安、食欲下降、生长减缓；严重感染时，可造成养殖鱼的大量死亡。在我国养殖鲆鲽类中，已发现多种寄生虫病的发生，包括盾纤毛虫、鞭毛虫、车轮虫和小瓜虫等，其中以盾纤毛虫导致的疾病危害最大。

（1）盾纤毛虫病 鳃丝、鳃盖膜、眼周和鳍部组织，为盾纤毛虫的易感区域。感染初期，病鱼体表出现白斑、黏液增多；随着病情的发展，病灶处组织出现红肿，有柔软浮肿感，严重时鱼的躯干部皮肤也会出现病灶，直至溃烂、出血。患病鱼一般体色变暗，活力减弱，摄食量降低，生长减慢；在养殖池中散群，偶有出现打转游动现象。纤毛虫，可感染大部分包括脑组织在内的内脏器官。该病在苗期、养成期和亲鱼培育期均可发生。此病传染快，累计发病率高，可引起大规模死亡。

盾纤毛虫病的综合防治措施：① 提温抑制法。经研究和临床实践证明，通过提温（24℃以上）可以抑制和消除纤毛虫病害。② 降低养殖密度，提高鱼体的抗病能力和应激能力，防止鱼体受伤。③ 及时清除污物以减少纤毛虫孳生条件。④ 切断盾纤毛虫通过养殖用水、鲜杂鱼饲料（冰冻或淡水浸泡）、工具和鱼苗等途径的感染源。⑤ 分级倒池时容易造成鱼体受伤，应配合使用消毒剂消毒伤口，以减少纤毛虫感染。⑥ 做到定期检查和及时隔离。⑦ 浸浴和口服用药同时治疗。发病初期，盾纤毛虫主要集中在体表，因此，低盐度或高盐度养殖一段时间或淡水浴 20~30 分钟可减轻症状。使用适宜的消毒剂进行体表药浴，也可杀除盾纤毛虫。每天施用一次，连续 3 天。另外，口服中草药"盾纤虫清"，拌饵投喂剂量为 5~6 克/千克，每天投 2 次药饵，连续 10~14 天为一个疗程。

（2）**鞭毛虫病**　在感染初期，体表出现多处呈不规则状的小面积白色斑块，1~2 天内可遍及全身。鳃丝及白斑处，有大量黏液和寄生虫体。病鱼食欲差，消瘦，游泳迟钝。该病多见于养成期，在高温期发作。传播极快，1~2 天内可导致整池鱼大部分致死，属急性死亡。该病的病原是一种鞭毛虫——漂游鱼波豆虫。

另外，室外养殖牙鲆，也会发生淀粉卵涡鞭虫病（卵甲藻）。患病鱼瘦弱，体表长满小白点，游泳缓慢无力，呼吸困难。发病鱼群，在 2~3 天内死亡率较高。

一旦发现病鱼，应尽快加冰或采取其他措施降低池水水温，降低鞭毛虫繁殖速度和疾病蔓延。同时将病鱼用淡水浸泡 10 分钟（重复进行）灭杀鱼体表面鞭毛虫；药浴可使用短时间硫酸铜浸泡浸浴，重复 3~4 次。

（3）**车轮虫病**　病鱼体色发暗，体表黏液增多，游动缓慢或失去平衡，鳃黏液增多，鳃丝颜色变淡、不完整，镜检鳃丝可发现小型车轮虫。该病在工场化养殖的鲆鲽类中一般不常见，其危害不大。

（山东省蓬莱市水产研究所　张榭令）

大菱鲆

大 黄 鱼

　　大黄鱼（Pseudosciaena erocea），俗称黄鱼、黄花鱼和黄瓜鱼，隶属硬骨鱼纲、鲈形目、石首鱼科、黄鱼属，是我国重要的海洋经济鱼类。大黄鱼呈金黄色，有光泽，鳃丝清洗呈鲜红或紫红色，眼球饱满，肌肉结实，富有弹性。大黄鱼营养丰富，肉质细嫩，含蛋白质、钙、磷、碘和维生素 B_1、维生素 B_2、尼克酸等，对人体有很好的补益作用，对体质虚弱者和中老年人来说，食用黄鱼会收到很好的食疗效果；大黄鱼还含有丰富的微量元素硒，能清除人体代谢产生的自由基，能延缓衰老，并对各种癌症有防治功效。但由于长期以来的滥捕，导致资源急剧减退，并已接近枯竭，为满足人们对大黄鱼消费的需求，浙江省 1997 年开始大黄鱼人工育苗和养殖，1998 年迅速进入产业化，目前，大黄鱼已成为福建、浙江等省海水养殖的主要鱼类。

一、生物学特性

1. 形态特征

　　大黄鱼，体呈长椭圆形，体长为体高的 3.5～4 倍，尾柄细长，头大、侧扁，吻钝尖，眼位于头的前半部，上侧位。鼻孔每侧有 2 个，前鼻孔小，圆形，后鼻孔大，长圆形。口大，前位斜裂。下颌稍突出，缝合处有一瘤状突起。牙细小尖锐。鳃孔大，前鳃盖边缘细锯齿状。侧线完全，前部稍弯曲，后部平直，伸达尾鳍末端。身体背侧黄褐色，侧线下方各鳞多具发达的发光腺体，呈金黄色。背鳍和尾鳍灰黄色，胸鳍、腹鳍和臀鳍为黄色，唇橘红色。背鳍连续，分鳍棘部与鳍条部，两者之间有一深凹。鳍棘数 9～10，第三鳍棘最长；鳍条数 31～34。尾鳍尖长，稍呈楔形。头部及体前部被覆小圆鳞。体后部被栉鳞。背鳍鳍条部及臀鳍、鳍膜的 2/3 以上均被小圆鳞。尾鳍被鳞。侧线鳞数 56～57。椎骨一般 26 个；鳔大，前端圆形，两侧不突出，后端细尖。鳔侧具 31～33 对侧肢。

2. 生态习性

大黄鱼为暖温性集群洄游性鱼类，我国主要分布于南海、东海、黄海南部。大黄鱼为浅海近底层鱼类，通常栖息在水深 60 米以内的近海中、下层。厌强光、喜浊流。黎明、黄昏或大潮时多上浮；白昼或小潮时下沉。鱼群密集时发出的声音如水沸或松涛声。大黄鱼为肉食性鱼类，食性广，动、植物性饲料均可食用，但偏食动物性饲料，经驯养可用动物蛋白含量较高的人工饲料饲喂，食饵种类多达百种。成鱼主要摄食各种小型鱼、虾类、蟹类，幼鱼主要摄食桡足类、糠虾、磷虾等浮游动物。

3. 生长和繁殖习性

鱼种阶段，大黄鱼的生长以指数方式增长，生长速度随养殖时间的推移而加快。大黄鱼在鱼种阶段，相对生长速度显著快于成鱼阶段；成鱼生长阶段，以 5—6 月份、9—10 月份增重率最高。因此，在这两段时间内，尤其在 9—10 月份，要加大投饵量，为成鱼的生长提供充足而全面的营养，以充分发挥大黄鱼的最佳生长优势。7—8月份的水温较高，常会超过生长适温范围而影响其正常增长。虽然9—10 月份与 5—7 月份这两段时间的水温情况相似，但其日增重率存在差异，前者明显大于后者，造成日增重差异的原因，可能是由于前期以体长增长为主，后期以体重增长为主。

大黄鱼的性成熟年龄，雌鱼为 2～4 龄，雄鱼为 2～3 龄，南方比北方成熟早，人工养殖条件下，1～2 龄达到性成熟。一生能产卵多次，怀卵量 6.1 万～38.3 万粒；产卵场多在河口附近的岛屿、内湾的近岸浅水区，水深一般不超过 20 米，底质为软泥、泥沙的地区，产卵多在傍晚至午夜进行，发情时亲鱼会发出"咯咯"的声音。卵浮性，球形，直径为 1.2～1.5 毫米，有无色油球一个。受精卵在水温 18℃ 左右，约经 50 小时孵出仔鱼。

全国水产养殖主推品种

二、产量表现

根据近年来我省大黄鱼养殖情况，每只标准网箱（6 米×6 米）可放养鱼种 4 500 尾，成活率 80%，如平均规格按 400 克/尾计，则总产量为 1 440 千克，按照市场平均价格（2009—2010 年上半年）36 元/千克计算，总产值 51 800 元，单只网箱效益在 15 000 元左右。目前大黄鱼鱼种放养一般为 4 500~5 500 尾/箱，成活率一般在 80%以上。

（一）主要养殖模式

大黄鱼养殖主要有网箱养殖和土池养殖两种模式，均取得明显效益。目前浙江省大黄鱼养殖主要采用网箱养殖模式，网箱养殖主要有抗风浪网箱养殖和传统网箱养殖，近年来，浙江省针对传统网箱养殖水体小，鱼类活动空间小的问题，进行了标准化网箱设计，即将 3 米×3 米规格的传统网箱，改成 6 米×6 米的标准网箱。

（二）养殖要点

1. 养殖海区的选择

网箱养殖，与水域的底质、风浪、潮流、盐度、温度、溶解氧和水深等关系密切，因此，在选择海区时，要注意以下几点。

① 选择避风、向阳、浪小、不受台风或西北风正面袭击的内湾。

② 底质要求平坦、倾斜度小、硬沙泥、沙质或泥沙质，以便打桩或抛锚。

③ 水质清澈新鲜、无污染、潮流畅通、透明度高、水流交换好、流速适宜（一般不超过 1 米/秒）、水深应在最低潮位时网箱底部与海底有 2 米以上的距离。

④ 养殖海区要有一定的适温期，使大黄鱼在养殖阶段达到商品规格，若需越冬和度夏，则要求注意最低和最高水温。

⑤ 要求溶解氧一般在 4 毫克/升以上。

2. 网箱的结构和设置

① 浮架：由框架和浮子组成。框架通常采用木材制成，也用镀

148

锌管，由 6 ~ 18 个网箱组合，每个网箱规格为 6 米 × 6 米，浮子采用直径为 50 厘米、长为 80 厘米的圆柱形泡沫塑料，均匀地绑在框架上。

② 箱体：主要为聚乙烯线或尼龙线编织而成，网目依养殖对象大小而定，一般为 0.5 ~ 4 厘米，箱体规格一般为 6 米 × 6 米 × 5 米（长 × 宽 × 高）。

③ 沉子：可采用 $\frac{20}{3}$ ~ $\frac{40}{3}$ 厘米镀锌管焊接成"口"字形的方框，也可用石头或沙袋。

网箱可采用打桩或抛锚进行固定。宜养海区和养殖面积不宜超过总面积的 10%，一般应在 5% 左右。同时，为了便于操作，设置的渔排应分出主、副通道。

3. 鱼种选择与放养

应选择体形匀称、体质健壮、鳞片完整、无病、无伤的作为合格鱼种。放养鱼种时，尽量选择在小潮汛潮流平缓时。鱼苗种的放养密度，应根据水温高低来确定。在同一网箱内的鱼苗种，力求整齐。在鱼苗种入箱前，要做好防病消毒工作，第一天用每立方米 1 ~ 1.5 克高锰酸钾泼洒，第二天用淡水配制每立方米 20 克晶体敌百虫与 4 克硫酸亚铁合剂浸泡 10 分钟，第三天再用每立方米 1 ~ 1.5 克高锰酸钾泼洒，第四天用每立方米 1 克晶体敌百虫与 0.2 克硫酸亚铁合剂泼洒，第五天重复第三天的处理，第六天重复第四天的处理。不同规格鱼苗种的网箱放养密度详见表 12。

表 12　鱼苗种放养密度

苗种规格/毫米	放养密度/(尾·米⁻³)	苗种规格/毫米	放养密度/(尾·米⁻³)	苗种规格/毫米	放养密度/(尾·米⁻³)
15	1 000 ~ 1 500	50	300 ~ 450	100	50 ~ 72
20	750 ~ 1 250	60	230 ~ 350	110	30 ~ 50
25	600 ~ 900	70	170 ~ 250	120	25 ~ 40
30	480 ~ 720	80	120 ~ 180	140	20 ~ 40
40	380 ~ 560	90	80 ~ 120	160	15 ~ 25

大黄鱼

4. 饲养管理

（1）**投饵管理**　在大黄鱼鱼种入箱2~3天后，即开始摄食。投喂的饲料，主要有新鲜的张网鱼虾、冷冻鱼及下脚料和人工配合饲料。特别是人工配合饲料，近年来越来越受到人们的关注，它可以改善鱼体的体质、提高抗病能力，以及在鱼类发病时可结合防治药物，进行疾病的防治，以提高药物的效果。投喂的饲料，应根据鱼种的大小进行适当加工。投喂饲料应在天亮和天黑前进行，鱼种阶段，一般日投喂量为体重的15%~25%，中档鱼种为5%~15%，大规格鱼种或成鱼为4%~8%。根据清水、水温、饲料等情况，在高温期采取少投喂或停食等措施，具有一定的防病效果。

（2）**分箱**　大黄鱼鱼种放养一段时间后，由于鱼体达到一定规格及个体出现差异时，即应分箱。分出的鱼类，按规格和放养密度，重新确定网箱组合。一般情况下，大黄鱼从鱼种养至成鱼时，要分箱3~4次。分箱时，须小心操作，以免擦伤鱼体而发病，甚至死亡。

（3）**清洗和更换**　网箱养殖一段时间后，易附着一些附着生物，增加网箱的重量和影响水体的交换，因此，伴随鱼体的增大，应进行网箱的更换和清洗。一般更换下来的网箱，用高压水泵冲洗干净，在阳光下暴晒，然后用竹片及木杆进行拍打，可清除附着物，同时应检查网衣破损情况，发现破损应及时修补。

（4）**安全检查及日常观察**　结合每天投喂饲料，检查网衣有无破损，框、浮子、缆绳有无松动等，同时每天对温度、天气、风浪、鱼类活动情况等进行观测，做好记录。

（5）**饲料**　① 饲料种类。大黄鱼为肉食性鱼类，经人工驯化可以摄食多种人工饲料。刚入箱的鱼苗，可投喂适口的鱼糜、粉末饲料、糠虾等；25克/尾以上的鱼种，可直接投喂经切碎的鱼肉和人工配合饲料。

② 投饵率。个体达3厘米以上的鱼种，在水温20℃以上，日投饵率为鱼体重的100%，一天分3~5次投喂；随着苗种的长大，逐渐降低投饵率，至16厘米的成鱼养殖阶段，日投饵率为4%左右。在养殖大黄鱼过程中，养殖户根据清水、水温、饲料等情况，在高

温期采取少投喂或停食等措施，有一定的防病效果。

5. 日常管理

① 在网箱养殖一段时间后，易附着一些附着生物，增加网箱的重量和影响水体的交换，因此伴随鱼体的增大，应及时换洗网箱，清除网箱附着物。

② 结合每天投饵，检查网衣有无破损，框、浮子、缆绳有无松动等。

③ 注意观察鱼体游动情况，检查是否有病害发生，及时防治。

④ 观察鱼的摄食情况，并根据天气和潮水等情况，酌情增减投饲量。

⑤ 应做好水温、投饵量、生长情况、病害情况等要素的养殖记录。

三、典型案例

浙江象山宁港水产养殖有限公司，2009 年用 25 个标准网箱养殖大黄鱼。5 月中旬放养经过弧菌疫苗免疫的平均规格为 130 克/尾的大黄鱼鱼种 12.5 万尾，平均每只网箱放养大黄鱼鱼种 5 000 尾，到 2010 年 1 月份开始出售，养殖周期为 8 个月，起捕时成活率为 85.1%，平均规格为 412 克/尾，销售价格为 35 元/千克，总产值为 153.4 万元，平均单只网箱产值为 6.1 万元。

（浙江省象山县水产技术推广站　陈琳）

半滑舌鳎

半滑舌鳎为我国北方传统的名贵鱼类,是黄海、渤海海区常见的大型舌鳎,雌鱼的体长可达80厘米、体重2.5~3千克,是海产鱼类中的珍贵品种,近年来日益受到国内外市场的青睐,深受消费者喜爱。由于该鱼产量少,价格昂贵,国内市场鲜鱼的售价达每千克140~160元左右。该鱼栖息于近海底层海域中,有食物层次低、食性广等特点,其适应性强,生长速度快,开展人工养殖具有广阔的前景。

一、生物学特性

(一)分类与分布

半滑舌鳎又称半滑三线舌鳎,属于鲽形目、鳎亚目、舌鳎科、舌鳎亚科、舌鳎属。俗称龙力、鳎米鱼、舌头、牛舌、板鳎、鳎目、鞋底鱼等,为我国近海常见的暖温性底栖大型鱼类。主要分布于我国的黄海、渤海海域,半滑舌鳎在我国现有的舌鳎属的25个种类中属个体最大,生长速度快,肉味鲜美,经济价值很高的种类。

(二)形态特征

半滑舌鳎,身体背腹扁平,呈舌状;背臀鳍和尾鳍相连;体表呈黄褐色或灰褐色;有眼侧,被强栉鳞,有色素体。无眼侧,被圆鳞或弱栉鳞,光滑呈乳白色;头部和尾鳍较小,身体中部肉厚,内脏团小;雌、雄个体差异较大。

(三)半滑舌鳎的生态习性

半滑舌鳎,属广温、广盐性种类,平常喜欢生活在浅水区,栖息水深5~15米。半滑舌鳎,性情孤僻、集群性不强,平时分布分散;行动缓慢、活动量较小,除觅食游动外,潜伏在海底泥沙中,只露出头部或两只眼睛。半滑舌鳎地域分布性强,可终年生活在沿岸海区，不做长距离洄游。半滑舌鳎，为秋季产卵型繁殖，自然海域生殖期在 8 月下旬至 10 月上旬，8 月下旬开始产卵，9 月中旬达到产卵盛期，10 月上旬产卵结束。半滑舌鳎产卵结束后，恢复在附近的海域摄食，秋冬季随着水温下降，逐渐游向深水区生活。

1. 水温

半滑舌鳎对水温环境有较强的适应能力。能在 3 ~ 32℃ 的水温中生存；当水温为 14 ~ 28℃ 时，生长良好；当水温高于 30℃ 时，才出现明显的不适应；3 ~ 8 厘米的幼鱼，当水温在 18℃ 以下时，生长缓慢；当水温在 12℃ 以下时，摄食消化缓慢，基本不生长；在北方海区可以自然越冬。

2. 盐度

半滑舌鳎是一种广盐性的鱼类，对盐度的耐受范围为 15 ~ 36，生长适宜盐度为 16 ~ 33，最适生长盐度为 25 ~ 33。

3. pH 值、溶解氧和氨氮

半滑舌鳎适宜生长的 pH 值范围为 7.6 ~ 8.6，池塘养殖水中溶解氧要求在 4 毫克/升以上，工场化养殖水中溶解氧要求在 5 毫克/升以上。水中氨氮要求低于 0.02 毫克/升。

4. 光照、透明度

半滑舌鳎喜欢清新的水质，水体透明度应在 50 厘米以上。光照太强时，鱼体紧张伏底聚群不活泼，喜欢在较暗的环境下生活，当光照暗时，鱼体四处活动，寻觅食物。工厂化养殖，要求光照在 600 勒克斯以下，池塘养殖可以通过提高水位来降低池底光照强度。

5. 底质

半滑舌鳎的池塘养殖，要求池底底质最好是沙底，利于其潜沙生活；其次为沙泥底和岩礁底质，但要求沙泥底不是淤泥腐烂的底质，否则池底产生硫化氢、氨氮等有害物质浓度过大，会对鱼体造成伤害。

6. 食性

半滑舌鳎为底栖生物食性鱼类，食性较广，在自然海区中主要摄食底栖虾蟹类、小型贝类及沙蚕类等。半滑舌鳎性情温驯，游动少，无互相残食现象，觅食时不跃起，匍匐于底部摄食。

半滑舌鳎的摄食强度随水温的变化而变化，自然海域摄食强度的高峰期出现在5—8月份，水温在15~21℃，其中5月份为越冬后的恢复期，8月份为产卵前期，9月份摄食饱满度指数低，与其处于产卵期有着密切的关系。

7. 繁育特征

半滑舌鳎属秋季产卵型鱼类，性腺成熟后受季节风影响在水温或大潮急剧变化下产卵。半滑舌鳎雌雄差异较大，雄性个体较小，雌鱼最大体长达735毫米；雄鱼最大体长达420毫米，一般体长为210~310毫米。性成熟年龄为3龄，在人工培育条件下，部分亲鱼2龄可达性成熟。

二、人工繁殖技术

（一）繁育场的选择与建设

1. 较好的陆地养殖场场址应具备以下条件

① 选择沙质滩涂，有丰富的地下海水，其海水各项理化因子适宜鱼类生长，尤其是海水中亚铁离子的含量不宜太高，否则曝气时水中的亚铁离子会氧化成三价铁，三价铁不易溶于水，在水中成红色絮状沉淀，从而影响鱼类呼吸。以山东半岛为例，地下海水水温常年保持在14~17℃之间，非常适合鲆鲽鱼类冬夏室内养殖。

② 交通条件便利，电力、淡水供应充足。

③ 海区水质常年较为清新，有机物较少，不易发生赤潮，水温适宜，盐度相对稳定，无河流流入，不易受台风影响，夏季海区超过28℃的最高水温期不得超过1个月。

④ 离海水水源较近，场区海拔较低，提水扬程最好小于10米。此外，附近如果有可利用的电厂余热水，可大大节省能源，降低成本，如果热水量较大，适合于建设大型的鱼类苗种繁殖、培育场或越冬场，从而可获得更好的经济效益和社会效益。

2. 车间建筑要求保温、透气、采光、美观、造价低

车间墙体一般高度在 2 ~ 3 米之间，采用厚 24 厘米的红砖或空心砖，屋顶多采用拱形梁，过去屋顶常采用保温性较强的地膜或玻璃钢瓦覆盖，透光率在 5% ~ 20%，近几年采用蓝色、白色相间的红泥浪瓦，经济美观，造价低。车间内池形结构，完全可以参考大菱鲆的育苗池结构进行建设。

（二）亲鱼培育

通常选择从每年 8 月下旬在海区捕捞来的，性腺发育到 IV 期的鱼，经人工驯化作为亲鱼。捕获的亲鱼运回试验场，蓄养在 50 平方米的水泥池内，蓄养密度为 1.5 ~ 2 尾 / 米^2，雌、雄性比为 1:3，雌鱼体长为 550 ~ 670 毫米，体重为 1 450 ~ 2 350 克，雄鱼体长为 270 ~ 290 毫米，体重为 120 ~ 230 克。亲鱼培育池，使用黑色帘子遮光。培育期间，池水采用循环流动方式，每天的换水率达 100% 以上，间断充气，定时测定培育水温。每日投喂饲料 2 次，投喂量约为亲鱼体重的 3% ~ 5%。饲料的种类，以沙蚕、虾蛄和杂色蛤为主。

（三）亲鱼的成熟与采卵

经过大约 1 个月的培育，亲鱼性腺发育成熟，采用人工授精的方法获得受精卵。人工授精可采取干法或湿法授精。授精时，避免在阳光直射下进行。在采卵、采精之前，先将亲鱼体上过多的水分轻轻擦干，将卵和精液分别挤入干净器皿内，然后先加精液于盛卵容器内搅匀后再加海水搅匀（干法）或先加海水再加卵、精液搅匀（湿法），海水应加至卵子能均匀漂浮分散为止。静置 10 分钟后，将卵倒入筛绢网内，用清洁海水将多余精液及卵子带来的黏液冲洗干净，即可称重后进行运输和孵化。

（四）人工孵化和胚胎发育

1. 人工孵化

将受精卵置于 120 升的玻璃水族箱内进行孵化。在孵化期间，采用微量循环水的方式，连续不断地补充新鲜海水。在孵化水温为 20.5 ~ 22.8℃ 的条件下，经过 37 小时后，仔鱼开始孵出。孵出后的

半滑舌鳎

仔鱼，仍置于 120 升的玻璃水族箱内进行培育。在培育期间，仍采用微量循环水的方式，流水量控制在总培育水体的 1/4 ~ 1/2 之间。间断性充气，每隔 1 小时充气 5 ~ 10 分钟。培育水温为 20 ~ 25℃，pH 值为 7.3 ~ 8.4，溶氧量为 3.9 ~ 4.37 毫克/升。

仔鱼孵出后第二天，开始投喂轮虫，每天投喂 2 次，投喂量为 5 ~ 10 个/毫升，培养水体中单胞藻（牟氏角毛藻、金藻、扁藻）密度保持在 10 × 10 个单细胞/毫升；第七天，轮虫投喂量增至 10 ~ 15 个/毫升；第十二天，轮虫投喂量不变，增加投喂桡足类幼体（Copepod larvae）2 ~ 3 个/毫升，单胞藻密度为 5 × 10 个单细胞/毫升以上。

从第十九天起，将鱼苗从水族箱移至室内 8 立方米水体的水泥池内进行培育。采用预热水自流循环，每天换水量为 1/2 ~ 2/3，不定时进行池底清污。每天充气 4 次，每次 30 分钟。每天投饵 3 次。饵料种类为轮虫 + 桡足类幼体、轮虫 + 桡足类幼体 + 卤虫幼体、轮虫 + 桡足类幼体 + 卤虫幼体 + 鱼肉糜（粒径为 0.2 ~ 0.5 毫米）。投喂量为轮虫 5 个/毫升，桡足类幼体 3 ~ 6 个/毫升，卤虫幼体 3 ~ 5 个/毫升，鱼肉糜用量视鱼苗摄食具体情况而增减。培育水温 21 ~ 28℃，pH 值为 7.9 ~ 8.4，溶氧量为 3.03 ~ 5.9 毫克/升，光照维持在 500 勒克斯左右。

2. 胚胎发育

半滑舌鳎卵子为分离的球形浮性卵，卵径为 1.18 ~ 1.31 毫米 [(1.24 ± 0.03) 毫米，$n = 20$]。卵膜薄、光滑、透明，具弹性。卵黄颗粒细匀，呈乳白色。多油球，一般为 97 ~ 125 个 [(103 ± 7) 个，$n = 20$]，多数在 100 个左右，随着胚胎发育，油球的数量和分布位置也发生变化，油球直径为 0.04 ~ 0.11 毫米 [(0.07 ± 0.03) 毫米，$n = 20$]。在培育水温为 20.5 ~ 22.8℃的条件下，卵子受精后 15 分钟原生质开始向动物极一端集中，30 分钟胚盘形成，1.5 小时细胞开始分裂，3.5 小时进入多细胞期，4.5 小时形成高囊胚，5.5 小时为低囊胚，15 小时胚体雏形形成，17 小时神经管形成，20.5 小时原口关闭，克氏泡出现，37 小时仔鱼开始孵化，30 分钟后仔鱼全部孵出。

3. 育苗管理

孵出的仔鱼继续留在玻璃水族箱内培育，以微量循环水的方式保持水质稳定，日换水量控制在总培育水体的 1/4～1/2；孵出后第二天开始投喂轮虫，每天投喂 2 次，投喂量为 5～10 个/毫升，水体中单胞藻的密度维持在 100 万个细胞，此后逐渐提高轮虫的投喂量，减少单胞藻的密度；第十二天开始，增加投喂小型桡足类，投喂量为 2～5 个/毫升。仔鱼经过大约 20 天的培育，即变态为稚鱼。此时，应转移至室内水泥池中培育，维持水温 20～23℃，pH 值为 7.9～8.4；日换水量为总水体的 1/2～2/3，日充气 4 次，保持溶解氧充足；日投饵 3 次，投喂轮虫、桡足类和卤虫无节幼体，后期增加投喂适量的鱼糜。大约至 60 日龄，稚鱼进入幼鱼阶段；到 300 日龄左右，幼鱼全长达 50 毫米以上，可进入养成阶段。

三、成鱼养成

（一）养殖方式

半滑舌鳎可采用室内大棚、工场化养殖，也可利用虾池、池塘进行室外养殖。半滑舌鳎工场化养殖，对池子形状结构没有特殊的要求，一般现有养殖牙鲆、大菱鲆的池子，完全可适合于半滑舌鳎的养成。室外养殖水位要求为 1.5～2 米，如果放养密度较大，可人工进行投饵。虾池在池底四周设计挖掘 0.5～1 米的环行沟，更有利于半滑舌鳎的度夏和抵御寒流。

1. 池塘养殖

池塘养殖由于水体大，养殖密度低，具有一定的自然生态环境，生物饵料丰富，鱼体生长速度较快，产出投入比高，管理操作简单，容易被普通养殖户掌握，易于普及推广。近年来，由于对虾养殖业的滑坡，许多虾池闲置废弃，通过对其进行改造处理，进行半滑舌鳎养殖，正逐渐受到广大养殖户的重视。

半滑舌鳎

2. 半滑舌鳎的工场化养殖

半滑舌鳎的工场化养殖，就是通过室内养殖设施，人工调控养殖环境条件，进行水泥池流水高密度养殖，实现高产、高效的目的。工场化养殖设施，主要包括养殖车间、供水系统和配套的辅助设施等。养殖设施要求达到有利于改善养殖环境、控制病害流行、实现健康养殖的目的。

(二) 鱼种放养

1. 苗种质量和规格

半滑舌鳎野生的苗种极少，基本上为人工繁殖、培育的苗种，由于半滑舌鳎体形细长，游动少，容易受到其他生物的侵害，因此池塘养殖放苗规格，要求全长在15厘米或体重在20克以上为宜。苗种要求：体色正常，健康无损伤、无病害、无畸形，摄食良好，伏底、附壁能力强。苗种全长或体重合格率应在90%以上，伤残率应在5%以下。

2. 苗种运输

半滑舌鳎在苗种运输之前，应停食1天以上，苗种运输主要采用泡沫箱内装塑料袋充氧运输，袋内水温根据运输的远近和气温的情况而定，每袋可装15厘米的苗种40~50尾，气温高时，泡沫箱内可放一些冰块，防止运输途中苗袋内水温升高。运输途中，注意保持平稳，防止剧烈颠簸，造成苗种受伤。

(三) 饲养管理

池塘养成过程中，管理的主要内容有水质调节、饲料投喂和病害防治等。

1. 水质管理

半滑舌鳎的池塘养殖水质管理应随季节变化，进行调整。夏季以前，要求水深可保持在0.5~1米，在条件允许的情况下，尽量增大换水量，保持池塘水质清新、稳定；在夏季高温期应提高水位，保持1.5米以上水深，有利于调节池塘水温。注意测定水温，通过调节换水量维持饲育水的良好水质，每天的换水量根据鱼的放养密度，养成池水质情况而定，一般高温期6~8个循环/天，平时4个循环/天，根据投饵情况加大换水量，有利于保持水质。

2. 饲料投喂

半滑舌鳎觅食行动缓慢、摄食时间长，由于湿颗粒配合饲料在水中稳定时间短，不适宜半滑舌鳎的养殖。养成过程中，以投喂硬颗粒饲料为主，辅助投喂饲料鱼。鱼种入池后，稳定2~3天，即可投喂；开始投喂饲料时，以投喂新鲜饲料鱼为主，将其切成碎块投喂；1周之后，可驯化投喂配合饲料。可从市场上购买半滑舌鳎专用饲料。还要掌握好投饲量；在幼鱼阶段，投饲次数较多，随着鱼体的增大，日投饲次数逐渐减为2~3次，喂料可以是颗粒饲料，也可以是动物性饲料，动物性饲料主要品种有沙蚕、贝类、杂鱼等，按体重3%~5%投喂。投饲量应根据吃食情况、天气及水质环境情况进行调整。应经常注意观察鱼体摄食情况，观察鱼饱胃程度、残饵情况，灵活控制投喂量。

3. 日常管理

半滑舌鳎属暖温性鱼类，水温高，代谢生长旺盛、快；水质条件好，水中溶解氧含量高，有助于食物消化，提高摄食率。在水温适宜时，应掌握尽量多换水的原则，不仅改善水质，同时可以增加生物饲料，提高养殖效率。

日常要进行巡塘观察，发现水色异常时，要及时进行大换水调节。要定时检查鱼体摄食情况，以便调节投饲量。发现鱼有不正常行为表现时，分析原因或向有关技术人员请教，寻找对策。发现有病鱼时，及时将其捞出诊断，进行相应的治疗。每天要测量水温和气温，做好记录，以便及时了解气候环境的变化，以采取相应的管理措施。

4. 放养密度

在养殖池中，半滑舌鳎的放养密度要根据水质、养殖设施条件和技术管理水平等因素而定，放养密度不宜过高，低于牙鲆放养密度。一般工厂化养殖，每平方米3~15千克或每平方米放养体长8厘米以上的鱼种100～200尾。虾池养殖为40～60千克/亩。

5. 成鱼的收获和运输

一般达到商品鱼的规格，雌性鱼为0.5～1千克。运输主要采用泡沫箱内装塑料袋充氧运输，袋内水温根据运输的远近和气温的情况调节，每袋可装40～50尾。当气温高时，泡沫箱内可放一些冰块，防止运输途中塑料袋内水温升高。在运输途中，要注意保持平稳，防止剧烈颠簸，造成成鱼受伤。

四、病害防治和药物使用

（一）概述

半滑舌鳎在池塘中经常伏底潜沙，不易观察，甚至发病死亡时也难以看到；有时发病的鱼，游到池边才被发现。所以对池塘鱼的健康状况难以及时掌握。池塘水面大，用药操作困难，用药后不能及时换水。池塘养鱼，对鱼病的管理，着重在于预防方面，通过增加换水量，改善水质，定期对水体进行消毒处理，如泼洒生石灰水（100～150毫克/升）、漂白粉（1毫克/升）、硫酸铜（0.5毫克/升）等。发现鱼摄食状况下降时，应及时投喂药饵进行预防，药饵土霉素量为0.2%～0.3%，5～7天为一个疗程。

（二）常见病害

由于推广半滑舌鳎养殖的时间较短，发现病害的情况不多，常见的有如下几种。

1. 腹水病

发病时间：在整个养殖过程中均有发生，在高温季节发病较多。

主要症状：病鱼游动不安，腹腔中有大量积水，腹部膨胀隆起，肠道充血、肛门红肿，严重时身体呈弥散性出血，导致死亡。

防治措施：投喂药饵，药饵土霉素添加量为0.1%～0.2%，5～7天为一个疗程。对患病鱼进行土霉素药浴，浓度为5～10毫克/升，药浴时间为3～4小时，3天为一个疗程。

2. 烂鳍病

发病时间：在整个养殖过程中，均有发生。

主要症状：病鱼鳍条散开、破损，鳍膜增厚、充血，鳍基发红、出血，鱼体消瘦，严重时可见鳞下皮肤充血发红，病鱼食欲消退，摄食量减少，严重时可导致死亡。

防治措施：此病多发生在养殖初期，运输、分池、规格筛选时，可能与鱼体受伤有关，发病情况严重。捕鱼时操作应小心、柔和，避免鱼体受伤。发现病情时，应及时进行药浴消炎，土霉素药浴浓度为 5～10 毫克/升，药浴时间 3～4 小时，3 天为一个疗程。

3. 烂尾病

发病时间：在整个养殖过程中，均有发生。

主要症状：病鱼尾鳍腐烂、末端发白，伤口处皮肤、肌肉有血丝或炎症，然后逐渐向鱼体前部蔓延，甚至可以达到体长的 1/5～1/4。鱼体死亡不严重，摄食没有明显变化。当环境条件改善、饲料营养丰富时，腐烂部位可以自动痊愈。腐烂病因和病原不明，推测可能与营养不良有关。

防治措施：经常更换新水，改善水质条件，提高饲料质量，丰富饲料营养成分。10～15 天进行土霉素药浴 1～2 次，药浴浓度为 5～10 毫克/升，药浴时间为 3～4 小时，预防伤口处细菌感染。

五、存在问题及发展前景

（一）幼鱼营养需求及配合饲料的研究

半滑舌鳎具有特殊的摄食习性，探明其生理营养需求及摄食诱导机理，是解决人工配合饲料的研制和苗种饵料转换的关键所在，这方面的研究尚需加大力度，全方位展开。

（二）半滑舌鳎养殖模式及养殖配套技术研究

半滑舌鳎工场化养殖技术已进行了初步试验，但就不同养殖方式及养殖技术要点和病害防治配套技术方面，尚无系统研究。加快对这方面的深入研究，对于促进半滑舌鳎养殖业的发展，具有重要意义。

（三）半滑舌鳎全雌育苗技术研究

由于半滑舌鳎雌、雄个体生长速度差异大，因此，从生产上来看，加快全雌苗种培育技术的研究，将有力地推动半滑舌鳎养殖业的可持续发展。近年来，半滑舌鳎自然资源日趋减少，海捕量极为有限，市场需求量大，加快养殖业的发展已成为当务之急。目前半滑舌鳎市场售价高达 300 元/千克以上，利润可观，养殖前景乐观。从养殖角度看，半滑舌鳎具有生长快、广温广盐、适应性强的特点，适合于多种养殖方式，我们坚信，继牙鲆、大菱鲆之后，将兴起半滑舌鳎养殖的新浪潮。

（山东省渔业技术推广站　景福涛）

黄 盖 鲽

一、分类及形态特征

1. 分类地位

黄盖鲽（*P. yokohamae* Gunther），地方名又称黄盖、沙板、小嘴、沙盖，隶属于硬骨鱼纲（Osteichthyes），鲽形目（Pleuronectiformes），鲽亚目（Pleuronectoidei），鲽科（Pleuronectidae），黄盖鲽属（Pseudopleuronectes）。

2. 分布

黄盖鲽主要分布于太平洋西部近海，朝鲜、韩国、日本及我国沿海均产。我国产于黄海、渤海沿岸，山东蓬莱沿海是黄盖鲽的主产地之一。

二、生态习性

黄盖鲽是近岸水域的鱼类，洄游范围小，是一种广温性鱼类，其适温范围在2~28℃，最适宜生长水温为16~26℃，在黄海、渤海沿岸水域可以自然越冬。黄盖鲽为近海底层鱼类，喜栖息于泥沙质海区。

三、形态构造

1. 形态特征

两眼位于头部右侧，体扁平呈长卵圆形，头小，口小，两侧口裂不等长。鳞小，有眼侧呈褐色栉鳞，无眼侧呈白色圆鳞，吻与腭无鳞，眼间有鳞。鳃耙短宽而扁。左右侧线发达（图33）。

163

图33 黄盖鲽

2. 内部构造

（1）**呼吸系统** 黄盖鲽的鳃位于咽部的两侧、鳃盖骨的下面。鳃由鳃弓、鳃耙、鳃片组成。鳃耙短宽而扁。依靠口和鳃盖的运动，使水进入鳃部进行呼吸作用。

（2）**消化系统** 消化器官由口腔、咽、食道、胃、肠、肛门等组成。口小，上下颌有齿。食道粗短。胃位于食道后方，其后为肠，分前肠、中肠、后肠和直肠。消化吸收作用主要在前肠、中肠、后肠进行，直肠只起贮便和排便作用。肝脏体积较大，是最重要的消化腺，主要机能是制造胆汁。胆汁由胆小管汇集到胆管，并贮存在胆囊内。胆汁由输胆管通到肠的前部。胰脏为一弥散的腺体，分泌胰蛋白酶、胰脂肪酶和胰淀粉酶。

（3）**循环系统** 由中枢神经、外围神经和植物神经三部分组成。中枢神经由脑和脊髓组成。脑又分为端脑、间脑、中脑、小脑和延脑五个部分。延脑后部为脊髓，是一条直通尾椎的扁圆柱状的管状物。外围神经由脑和脊髓发出的神经或神经节组成，中枢神经通过它们与皮肤、肌肉、内脏器官连接并指挥它们的活动。植物神经是通过神经节的神经元，再到达各器官。

（4）**生殖系统** 黄盖鲽为雌雄异体鱼类。雌鱼有1对卵巢，分两叶，对称，成熟时呈橙黄色。卵巢各有1条输卵管，在近生殖孔处汇合成1条管道并开口于生殖孔。卵巢与输卵管相连。雄性鱼有1对精巢，呈长扁圆形，成熟时呈乳白色。精巢各有1条输精管，一端与精巢相连，另一端同另一输精管末端汇合成一管，通入泄殖孔。

四、黄盖鲽的生物学特性

1. 自然种群结构

根据我国和日本鱼类学家的研究，将黄盖鲽分为多个地方种群，其中将我国近海分布的称之为黄海、渤海种群，这个种群的捕捞群体的组成为：雌鱼体长 125～500 毫米，体重 44～1 600 克；雄鱼体长 125～410 毫米，体重 44～1 050 克。年龄范围为 2～11 龄，以 3～6 龄为主。

2. 繁殖习性

黄盖鲽的成熟年龄，雌鱼 3 龄开始成熟，最小生物学成熟体长为 144 毫米，体重为 81 克；雄鱼 2 龄开始成熟，最小生物学成熟体长为 130 毫米，体重为 60 克。雌鱼产卵期性腺成熟系数为 28.1%～40.44%；绝对怀卵量为 20 万～480.6 万粒。3—5 月份开始繁殖，4 月份为盛期。黄盖鲽产黏性卵，成熟卵呈半透明球形，直径为 0.84～0.92 毫米，大型亲鱼所产的卵略大。卵膜厚，卵黄多，间隙小，无油球。无黏性的大型浮性透明卵是失去受精能力的过熟卵。

在繁殖季节捕获的亲鱼，经过人工暂养或注射绒毛膜促性腺激素（HGG）后，可促其成熟、产卵受精。性腺发育良好的亲鱼，在人工暂养条件下，经过一定时间的流水刺激，也可以促其自然产卵。黄盖鲽自然产卵，在傍晚或早晨进行。雌鱼产卵前频频游离水底，似乎有很大的冲动和不安。亲鱼产卵时呼吸加快，急速游至水面，借身体上下急速弯曲的压力，将卵子产出，散布于水中，然后慢慢下沉，黏着于池底、池壁或者水中的其他附着物上。黄盖鲽属一次性成熟，一次性产卵，亲鱼将卵产完后，重新回到池底，静卧不动，2～3 天后开始大量摄食。与雌鱼相反，雄鱼排精则平静很多，排精时间没有规律，随时都可以观察到雄鱼静卧或漫游在水底排精。白色精液呈喷气烟雾状在水中扩散。1 尾体重 500 克的雄鱼排出的精液，可使 1.5 立方米的水呈明显乳白色。雄鱼可多次性排精，在人工繁殖中，同一条雄鱼可以反复使用多次。

3. 胚胎发育与仔鱼生长

根据毕庶万等的研究，黄盖鲽受精卵的发育与仔鱼的发育生长都与环境条件有关。在人工培育条件下，将黏附受精卵的鱼巢置于水温为 7.6 ~ 13.6℃，盐度为 31.87 ~ 32.26，pH 值为 8 ~ 8.3，溶氧量为 4.67 毫克/升的静水中孵化，约 200 小时孵出仔鱼。在 pH 值为 7.96 ~ 8.37，溶氧量为 4.4 毫克/升，水温为 10.6 ~ 16.6℃，盐度为 31.1 ~ 32.53 的条件下，依次投喂贻贝幼体、褶皱臂尾轮虫、卤虫幼体和鱼、贝肉糜或微型颗粒饲料，经过 19 ~ 23 天的培育，沉入池底，进入变态期。在水温为 14 ~ 17℃ 的条件下，再经过 8 ~ 10 天培育，完成变态达稚鱼期。

在室内人工育苗过程中，在水温为 7.2 ~ 10.6℃ 的条件下，黄盖鲽受精卵的发育进程如表 13 所示。

表 13　黄盖鲽胚胎发育进程表

发育阶段	受精后时间	主要特征
受精卵	—	—
2 细胞	5 小时 15 分	—
4 细胞	6 小时 58 分	—
8 细胞	7 小时 5 分	—
16 细胞	8 小时 15 分	—
32 细胞	9 小时 35 分	—
多细胞	12 小时 15 分	—
桑葚期	13 小时 45 分	—
囊胚期	31 小时 45 分	—
原肠胚期	36 小时 15 分	原肠下包二分之一，胚环始现，胚体开始形成
神经板期	56 小时	原肠下包五分之四，神经板出现
视囊期	65 小时	视囊、克氏囊出现，肌节二
心动期	79 小时	胚体三尾过头，上有两列色素，脑神经可见

初孵仔鱼全长 3.6～4.2 毫米，平均为 3.8 毫米，尚有卵黄，属于内源性营养阶段；2 天后的仔鱼，眼睛的黑色素增浓，卵黄缩小，个别的个体已经开口；3 天的仔鱼，卵黄消失殆尽，大部分个体口开肛通，随着卵黄囊的缩小，仔鱼的头部与水面的角度越来越小，完全转入外源性营养阶段；5 天后的仔鱼，鳍褶缩小，胸鳍明显，尾鳍端及下腹缘可见鳍条；8 天的仔鱼，除背部的四块色素外，腹面有四块，后两块与背部色素相对，前两块则在背缘色素的斜后方，胸鳍可见 8 根鳍条，尾鳍有 8～10 根鳍条；13 天的仔鱼，前部变宽，胸鳍呈丝状，尾鳍由圆变尖，背鳍和臀鳍开始出现，尾柄处的鳍褶收缩显著，肛后呈现 5 块色素；20 天的仔鱼，鱼体明显变宽，长为高的 4 倍，鳃盖完整，眼睛向后上方转，背鳍 14 根鳍条，分枝明显，胸鳍 9～10 根鳍条，部分个体开始下沉池底后附着池壁；23 天后的仔鱼，部分个体完成变态，两眼偏向一侧，鳍褶完全消失，背鳍 18 根鳍条，尾鳍 19 根鳍条，臀鳍36 根鳍条，色素斑块明显散开，呈不规则点状分布在有眼侧，大部分个体下沉底层；25 天后的仔鱼，全部完成变态，尾柄形成，所有鱼均栖息在池底和池壁上。

五、黄盖鲽的人工育苗技术

1. 育苗设施

黄盖鲽人工育苗的设施可以完全借用牙鲆、大菱鲆的育苗设施，即包括供水、供气、供热系统，亲鱼培育、产卵、孵化和仔鱼培育车间，生物饵料培养车间及饲料储存、加工车间，同时要配置水质分析室等。

2. 亲鱼

人工育苗的亲鱼可在繁殖季节由拖网船从海上捕捞，并进行选择。亲鱼的选择标准如下。

① 雌鱼年龄在 3 龄以上，体长在 160 毫米以上；雄鱼年龄在 2 龄以上，体长在 140 毫米以上。

② 鱼体肥壮、饱满，体表无伤残，无病害。

也可从捕捞幼鱼或人工养鱼的群体中，筛选出优良的个体经过人工培育，将其培育成亲鱼。

3. 亲鱼的培育

培育亲鱼的水池，要求水体较大，在 25 立方米以上，水深在 1.2 米以上，并配有充足的供、排水系统和充气设备。

亲鱼强化培育的条件如下：抽取自然海水，经过沉淀等净化处理后，进行开放式循环流水培育亲鱼，循环量要在每天 4～5 个全量以上，培育的水温要保持在 4℃ 以上，水温要稳定，避免大幅度变化。强化培育的密度以 3～5 尾/米² 为宜。

在亲鱼培育中，其饲料应以新鲜鱼为主，要求以脂肪含量低，蛋白质含量高的鱼为佳，如小黄花鱼。也可投喂配合饲料，其配方如表 14 所示。

表 14 培育黄盖鲽亲鱼饲料配方　　　　　单位:%

黄花鱼	杂鱼	粉末饲料	牡蛎肉	沙蚕	杂虾	鱿鱼	维生素 C	维生素 E	虾青素
50	20	10	5	5	5	5	0.3	0.2	0.3

在亲鱼培育中，要加强日常管理，每天 24 小时适时测量水温、盐度、溶解氧、pH 等水质因子，保证水质的稳定。每 5～7 天彻底清刷池底一次，每半月倒池一次。

4. 产卵、受精与孵化

获取大量成熟的受精卵是人工孵化、育苗的关键，主要方法有三种。

① 自然产卵、受精。当亲鱼培育成熟后，可以采用冲水刺激的方式，促使亲鱼自然产卵、受精。

② 选择性腺自然成熟的亲鱼，采取人工挤压采集精子和卵子，再进行人工授精的方法。这种方法是目前海水鱼类人工育苗普遍采用的方式。将挤出的精子和卵子放入同一容器，用羽毛或玻璃棒轻轻搅拌，然后加入一定量的洁净海水，洗卵 2 次，洗去多余的精子，然后将受精卵移入孵化缸或倒入孵化池中，用静水或流水充气孵化。

③对亲鱼注射绒毛膜促性腺激素（HGG），每千克鱼体重使用1 000单位催产，也可和促黄体释放素LHRH－3A（每千克鱼使用5微克）配合使用。一般催产后24～48小时即能产卵。

受精卵孵化的控制条件如下：孵化密度为5万～10万粒/米^{3}水体，水温为10～13℃，盐度为30左右，pH值为7.8～8，溶氧量为5～8毫克/升，微量充气以使卵均匀分布，光照为500勒克斯。由于黄盖鲽要经过80小时左右才能孵化出仔鱼，因此，在孵化中，一定要加强管理，要保持水环境的相对稳定。正常发育的受精卵，在孵化24小时后即可上浮，此时停止流水、充气，让好的胚胎上浮，并将其捞出，移到新的孵化缸或孵化池中进行后期培育，而将沉到底部的畸形的胚胎、不成熟或未受精的卵去掉，对提高孵化率大有好处。

孵出的仔鱼，采用室内水泥池，按3万～5万尾/米^{3}水体的密度，进行静水培育。日换水2次，每次换水1/3～3/4，吸污一次。从第三天开始投喂轮虫，使轮虫在水中维持5～10个/毫升，同时添加小球藻；15天后，投喂卤虫无节幼体，投喂密度为0.2～1个/毫升；25天后，开始投喂人工配合饲料。投喂饲料要掌握少投、勤投的原则，以投喂后2小时完全摄食完为准。如投喂饲料过多，容易造成仔鱼消化不良，引发肠道炎。

培育水温为11.6～13℃，盐度为30左右，pH值为7.8～8.4，溶氧量为5～8毫克/升。

在仔鱼培育中，要加强管理，要适时测量水温，不要让水温较大幅度地变化；要密切注意水质的变化，可通过测定pH值进行监察。当仔鱼主动游动后，便有群聚现象，并有趋光性，光照太强则出现下降，因此，要控制光照，光照要均匀。

六、黄盖鲽的养殖与放流增殖

1. 黄盖鲽的养殖

黄盖鲽的养殖方式，有室内水池养殖和室外池塘养殖两种。

（1）**室内水池养殖**　室内养殖水池的规格为 4 米×3.5 米×1.5 米，池子两边设有进、排水口。养殖用水取自然海水，经沉淀、砂滤处理。7 月 20 日至 7 月 21 日分两次投放活力强、无外伤、每尾体重为 20 克左右的鱼种 1 800 尾。下池之前，将鱼种在直径为 80 厘米、高为 120 厘米的水槽中，用 10 毫克/升～20 毫克/升甲醛溶液药浴。养殖期间的盐度为 2.8%～3.2%，pH 值为 7.5～8.1，水温为 3～27℃，饲料以小鲜杂鱼为主。投喂时，挑选新鲜的小杂鱼，冲洗干净后切成丁块状进行投喂。经过一段时间养殖，逐渐添加配合饲料进行投喂，经过驯化后可全部采用配合饲料。配合饲料的蛋白质含量要在 45%以上。每天投喂 2～3 次。投喂量应根据鱼的摄食、生长、水温等情况而定。

根据水质变化及鱼体的生长情况，每天换水 1～2 次，换水量为 50%～100%。黄盖鲽虽属广温性鱼类，但在 7—8 月份高温期，水温太高，影响其生长，因此，应加大换水量和换水次数，控制水温不要升得太高。在饲养中要适当充气。

经过 7 个月的养殖，个体重可达到 200～300 克，20 立方米的水池，可产商品鱼 280 千克，当年的产值为 10 500 元，纯收益 5 600 元，投入产出比为 1∶2.14。由此可见，采用室内水池养殖黄盖鲽，效益较高。

（2）**室外池塘养殖**　2003 年，在山东蓬莱刘家旺海区一刺参养殖池内进行了套养试验。刺参养殖池面积为 3 996 平方米，放养前进行了清淤、消毒，并留出约 0.5 米的池底不敷设参礁。投放个体重 25～50 克的幼参 4.8 万头和体长 8～10 厘米的鱼苗 400 尾。

黄盖鲽是广温性鱼类，在池塘里可以自然越冬，但在冬季要严密注意水温的变化，避免水温过低，引起黄盖鲽的死亡。有条件的养殖池，在水温过低时，可抽取深井水加入池中，以提升水温。黄盖鲽的适盐范围比刺参要广，在夏季雨水倒灌，引起池水盐度大幅度下降时，要及时排除表层的淡水，并加大换水量，保持盐度在 20 以上。同时，要用捞网等工具及时捞出池内的海菜、海草，以防止因其腐烂变质而影响水质。在夏季及秋季刺参快速生长期，应加强对底质的改善，可使用光合细菌及有益的 EM 及 EB 等，以改善底质。为了促进黄盖鲽的生长，在预留的无参礁处投喂饲料，要投喂优质高效，营养全面的配合饲料，并加入免疫多糖等活性物质。

经过一年的套养，捕出个体重 400～500 克的商品鱼 280 尾，其成活率为 70%，其产值为 17 008 元，平均亩产值 1 000 元。其中套养的刺参，生长良好。

2. 黄盖鲽的放流增殖

黄盖鲽是近岸性鱼类，其洄游途径很短，非常适合于近海放流增殖，尤其是特别适合于作为近海渔业资源修复的鱼种。

（山东省蓬莱市水产研究所　张榭令）

对　虾

一、品种介绍

（一）中国对虾"黄海1号"

1. 品种来源

中国对虾"黄海1号"为中国水产科学研究院黄海水产研究所选育的中国对虾新品种（图34）。1997年，黄海水产研究所从海捕亲虾中筛选经检疫证明无特定病原（对虾白斑综合征，WSSV）的个体，进行育苗、养成，每代冬、春两次选择，每代用于育苗的亲虾500～1 000尾，每代总选择强度1%～3%，逐代选择大且健壮的个体，经过连续选育，得到具有较明显的抗逆优势、较快生长速度的中国对虾新品种，至2003年获得第七代。

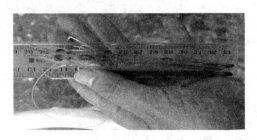

图34　中国对虾"黄海1号"

2. 选育单位

中国水产科学研究院黄海水产研究所，山东省日照市水产研究所。

3. 审定情况

2003年，通过全国水产原种和良种审定委员会审定。审定编号：

GS – 01 – 001 – 2003。

4. 特征特性

① 生长速度快：中国对虾"黄海1号"，喜食鲜活饵料，生长快，比对照群体的体长平均增长快8.4%，体重平均增重快26.9%；② 抗病力强：养殖过程中实际发病率低于10%，而未经选育的对照组发病率在40%以上；③ 个体规格大：一般养成个体体长达到13~14厘米，其中大的个体可达到15厘米以上；④ 遗传多样性明显降低：同野生群体相比，中国对虾"黄海1号"的遗传多样性明显降低，即有较大程度的纯化。近年来在河北等地示范推广，获得了成功，尤其是发病率明显低于其他对虾品种，经济效益显著，深受广大虾农青睐。

5. 适宜区域

根据当地具体气候条件和混养对象，一般全国沿海池塘均可养殖。

6. 单位产量

当年养成商品虾，平均亩产30~100千克，个体平均规格达33~50克/尾。

7. 部分苗种提供单位

河北省唐海县紫天水产有限责任公司。

（二）南美白对虾

1. 品种来源

为国外引进品种，1998年引进我国，2000年规模化育苗成功。国内苗种主要来自海南、福建、广东等地（图35）。

2. 特征特性

该品种在河北省有多年养殖历史，为广盐性品种，盐度适应范围为1~40；适温范围为18~30℃；较耐低氧；对饲料蛋白要求低（25%~30%）。适宜于沿海及内陆地区养殖，海水、低盐水均可，发病率较低，适合高密度养殖，产量较高。

图35 南美白对虾

3. 产量表现

当年养成商品虾，粗养、半精养平均亩产在 50 ~ 200 千克，小池塘精养亩产为 200 ~ 1 000 千克，平均规格为 17 ~ 25 克/尾。

4. 全国产量及分布

2009 年全国海水和淡水南美白对虾养殖总产量为 1 118 142 吨，其中：海水产量 580 843 吨，占 52%；淡水产量 537 299 吨，占 48%。按产地来分，广东为 428 078 吨，占全国总产量的 38.3%，居全国首位；广西 138 136 吨，占 12.4%，为第二位；江苏 112 712 吨，占 10%，为第三位。广东、广西、江苏三省产量合计 831 691 吨，占全国南美白对虾当年总产量的 74.4%。

（三）日本对虾

1. 品种来源

日本对虾，又称为车虾，是我国东海和南海养殖的主要经济虾类之一（图36）。2009 年我国产量为 5 万余吨，其中：山东 2.7 万余吨，占 54%；其他产量较多的省份为福建、广东、河北和浙江等地。沿海各省均可自繁苗种，北方地区用苗主要是购买亲虾人工繁殖或购买无节幼体然后培育虾苗。目前，养殖使用的虾苗，多为野生亲虾繁育的苗种，我国日本对虾人工选育工作刚刚开始，尚未有审定品种。

图 36 日本对虾

2. 特征特性

该品种具有潜沙习性，要求池底要有一定厚度（10～20 厘米）的细沙。最适生长温度为 20～30℃，盐度范围较窄，适宜盐度是 20～35，不耐低氧，对饲料蛋白要求高，不适合高密度养殖。作为养殖种类，其特性是甲壳厚，耐干运，可以活体销售，市价高，对商品个体规格大小要求不严，可以采用分批投苗与间捕的方法进行多茬养殖。

3. 产量表现

粗养、半精养池塘，每茬平均亩产在 30～100 千克，小池塘精养亩产可以达到 200 千克左右。规格为 12.5～33 克/尾。

（四）斑节对虾

1. 品种来源

斑节对虾，又称为草虾、花虾、虎虾，分布在浙江以南沿海，是我国南方省市及东南亚地区主要养殖种类。目前养殖使用的虾苗，多是野生亲虾繁育的苗种，国内人工选育工作刚刚开始，尚未有审定品种。

2. 特征特性

该虾生长快，个体大，生长周期短，一般 3 个月即可出池上市。适宜养殖水温为 21～35℃，适宜盐度为 11～33。

3. 单位产量

单位产量较高。高位池养殖，每茬亩产为 500 千克左右，精养土池亩产为 100～400 千克，半精养池塘亩产在 100 千克左右。

二、主推模式及养殖要点

（一）主推模式

中国对虾"黄海 1 号"：适合低密度、大规格养殖，可采取单养和混养两种养殖模式，混养模式一般与海蜇、河豚、梭子蟹及贝类等进行混养。

南美白对虾：适宜多种养殖模式，精养、粗养、单养、混养均可。海水池塘常与梭子蟹、金鲳鱼等混养，盐碱水池塘常与草鱼、罗非鱼、鲤鱼等普通耐盐碱淡水鱼混养。

日本对虾：适宜沙质土池或水泥池养殖。因其产量相对较低，一般采用混养模式的较多，水泥池养殖多采用单养。

斑节对虾：适宜高位池、土池、水泥池等各种池塘养殖，以单养为主，面积较大的土质池塘也可采用与鱼、蟹、贝类混养。

（二）技术要点

对虾养殖主要技术要点如下。

1. 彻底清塘与消毒

清塘，是指清除池壁和池底不利于对虾生长的因子。目的有两个：一是清除携带病原体的生物及病原菌；二是减轻池底有机质负荷。老塘在前一年收虾后，应排净池水，清除底泥和对虾的敌害生物，翻耕（20 厘米）暴晒 2～3 个月，进水前使用生石灰或漂白粉进行清池除害。

2. 良好的水源质量及水处理

水源的水必须清洁、无污染，与外海交换快，盐度适宜并且相对稳定。精养池塘，一定要对养殖用水进行处理：一是过滤（经砂滤或经60~80目滤网）；二是使用漂白精等化学制剂进行消毒；三是肥水。施用浮游微藻营养素，繁殖单细胞藻类。施用微生态制剂，维持水色稳定性。土池还可接种饵料生物进行培养。

3. 良好的苗种质量

选购规格整齐、活力强、不携带特异病原的虾苗。选择各品种苗种，要符合相应的苗种标准，如有条件，可亲自到苗种厂家现场观察，投喂鲜活饵料较多的苗种内在质量较好。

4. 适宜放养密度

对虾养殖是一个风险较大的行业，应根据池塘的大小、设施条件、水源条件及管理水平等确定合理的放养密度。不能单纯为了追求产量而盲目加大投苗密度，以防养殖失败造成较大的经济损失。

粗养：放养苗种规格1厘米左右，一般亩放苗2 000~5 000尾；

半精养：一般亩放苗5 000~20 000尾；

土池精养：一般亩放苗20 000~80 000尾；

高位池养殖：亩放苗100 000尾左右。

5. 配套增氧设备

精养高产池塘或预计亩产量在200千克以上的虾池，均应配备增氧设施。

6. 投喂方法科学合理

首先，确定存塘虾数量。放苗早期采用同步放置网箱的办法，在网箱中放养与池塘相同密度的虾苗，每10天估算一次成活数量。中、后期采用旋网取样办法进行测定，按以下公式计算存活量：存活数＝平均每网虾数（尾）÷撒网面积（平方米）×虾池面积（平方米）×经验系数（水深1米时，对虾6~7厘米，经验系数为1.4；水深1.2米时，对虾6~7厘米，经验系数为1.5；水深1米时，对虾8~9厘米，经验系数为1.2；水深1.2米时，对虾8~9厘米，经验系数为1.3）。

其次，按照对虾存塘重量，推算出日投饵量（为对虾总体重的

3%～5%)。

第三，科学投喂。亩放虾苗1万尾以内的池塘，在放苗后一个月内，不用投饵；一个月之后，可适当少投；亩放虾苗1万～2万尾的池塘，前半个月不用投饵，15天后少投或不投；亩放虾苗2万尾以上的池塘，入池第二天即可投饵。投饵次数原则上一天不少于3次，放苗密度越大，投喂次数越多，一天投喂4～6次最好。每周可停餐1～2次。

7. 在养殖过程中保持适宜稳定的水环境

对虾病毒病的发生与池水的恶化和剧烈变化有很大关系。因此，在养殖过程中，一定要保持水质各理化指标的相对稳定，避免产生较大的变化幅度。主要内容如下。

(1) 要限量水交换　在养殖前期（放苗后60天内），一般不换水或少换水；在养殖中、后期，逐渐加水至满池；之后，看水质变化和水源质量开始适当换水。每次换水量为池塘总水量的5%～15%，尽量保持养殖水环境的稳定。由于近年来海水污染较重，有条件的养殖场应设置蓄水池，水源好时进行储水。

(2) 适量追施微藻营养素　稳定水色和浮游植物种群。

(3) 微生态制剂　定期施用芽孢杆菌等微生态制剂，降解养虾代谢产物。

(4) 有效使用活性钙　南方养殖池塘，暴雨过后池水硬度降低，钙含量不足，虾脱壳困难，应增加"吃滴净"、"虾蟹硬壳宝"、"特力钙"等，有效增加水体硬度和钙含量。

(5) 有效使用增氧剂　暴雨过后，池塘容易缺氧，应及时施用"大粒氧"、"高效增氧剂"等产品，可用于底部增氧。

8. 处理好"应激"反应

(1) 台风、暴雨前后　除了注意安全防范之外，主要是注意水质突变。一是缺氧，二是水体分层，三是水色变化。期间，应立即开启增氧机，全池泼洒微生态制剂、增氧剂等。雨后还要进行排淡，同时泼洒生石灰（每亩加0.5千克葡萄糖和0.3千克维生素C）、应激灵等，以稳定水质，缓解"应激"反应。

（2）高温期　当池水水温升至30℃以上时，对虾摄食少、生长慢、易发生虾病。要加强增氧，减少投喂量（提高饲料质量和适口性，最好投喂鲜活饵料），保持水质清新。

（河北省水产技术推广站　王凤敏，李中科）

对虾

全国水产养殖主推品种

中国对虾"黄海1号"

一、生产操作

1. 池塘条件

对虾养殖普通池塘，一般为长方形，面积为 5～30 亩，池塘水深 1.5 米以上，两端设进、排水闸门及过滤、防逃网。水质符合《无公害食品　海水养殖用水水质》（NY 5052—2001）的各项要求，盐度以 32 以下为宜。设计亩产较高的池塘应安装增氧机或采用纳米管微孔增氧技术。

2. 池塘处理

虾池在前一年收虾后，应排净虾池、蓄水池及进、排水渠的积水，清除池底、渠底的丝状藻和敌害生物、致病生物及携带病原的中间宿主，沉积物较厚的地方应翻耕暴晒，或者反复冲洗促使有机物分解排出池外。一般于 4 月上、中旬使用生石灰或漂白粉进行清池除害工作，使用生石灰时，水深 30～40 厘米，全池泼洒生石灰 1 000 千克/公顷；使用漂白粉时，水深 10～20 厘米，每立方米水体加入含有效氯 25%～32% 的漂白粉 100 克，注意药物溶入水中后全池均匀泼洒。

3. 培育基础生物饵料

清池 1～2 天后开始进水至 1 米，并施发酵有机肥 20～30 千克/亩；3～5 天水质转肥后移殖基础生物饵料，蜾蠃蜚、钩虾 2～3 千克/亩，青苔 20～30 千克/亩。

4. 苗种放养

（1）**放苗条件**　根据基础生物饵料生长及水温等情况确定，一般虾池移殖基础生物饵料后,水温 20℃以下时需 20 天,水温 20℃以上时需要 10 天左右,当基础生物饵料量达到 100 克/米² 时,即可放苗。水色黄绿色或黄褐色,以绿藻、硅藻、金藻类为主,透明度在40 厘米左右,水温为 14℃以上,pH 值为 7.8 ~ 8.6,盐度在 32 以下,池水与育苗池盐度差不超过 5。

（2）**放苗数量**　应根据养殖模式、管理水平与虾池、环境、饵料等条件确定。中国对虾出塘价格有别于其他虾类,一般规格越大价格越高,因此,不一定要追求高产,但应争取较大规格。一般每亩放苗 3 000 ~ 6 000 尾,设计亩产量 60 ~ 100 千克。

（3）**虾苗质量要求**　从中国水产科学研究院黄海水产研究所授权的育苗场购买。授权育苗场直接使用黄海水产研究所选育的亲虾,采取低密度、低水温孵化,投喂优质饲料培育的虾苗能够真正体现中国对虾"黄海 1 号"抗病力强、成活率高等特性。虾苗全长要达到 1 厘米,规格整齐,体形强壮,形态完整,体色正常,体表干净,游动活泼。有条件的地方,放苗前可进行对虾白斑综合征、桃拉病毒综合征的检测,避免放入带毒虾苗。

（4）**养殖模式**　鉴于目前对虾疫病隐患依然存在,对虾养殖模式应以混养为宜,利用混养的鱼类吃掉病虾、弱虾,阻断病原传播途径,或者利用混养的贝类等改善虾池水质,降低虾病危害。目前较为成功的混养模式有对虾—河豚、对虾—海蜇、对虾—贝类等。

（5）**其他事项**　放苗时应避免大风、暴雨天气,应在池水较深的上风处放苗。

5. 饵料投喂

前期以池塘中培养的基础生物饵料为主。要经常观察对虾的摄食与基础生物饵料生长情况,在基础生物饵料不能完全满足对虾摄食要求时,及时开始投喂饲料。一般每日投喂 4 次,常规饲料日投喂率为 3% ~ 5%,鲜杂饲料为 7% ~ 10%,上午占全天投喂量的

40%，下午占60%。随着对虾个体增长，投喂量加大，并适当调整投喂次数与投喂量。有条件的地方，以投喂丰年虫成虫为宜，日投喂2次。对虾体长达6厘米左右时，投喂活体蓝蛤，每天1次即可，视对虾生长情况、密度及天气情况等及时调整。养殖前期应全池均匀投喂，中、后期可选择对虾经常聚集的区域投喂。

6. 水质调控

养殖前期以添加经过沉淀净化的清洁海水为主，每日或间隔一两天添加5~10厘米，达到1.5米以上预定水位后保持水位。有条件的地方可适量使用淡水水源补充虾池蒸发水的损耗。每日监测各项水质指标，溶氧量不低于5毫克/升，pH值为7.8~8.6，透明度为30~40厘米，盐度在32以下，氨氮小于0.6毫克/升。当溶解氧接近在5毫克/升时，应及时开启增氧机，也可每天开机两次，在黎明前与中午各开机1~2个小时，随着对虾个体长大，根据需要延长开机时间，在阴天、雨天应增加开机次数与时间。每隔半个月全池泼洒生石灰1次，每亩10~20千克。在养殖过程中，每隔半个月可施用一次光合细菌及其他有益微生物制剂。

7. 病害防治

(1) 对虾白斑综合征　病原：对虾白斑病毒（WSSV）。

症状：病虾首先停止吃食、空胃，反应迟钝，游泳不规则，时而漫游于水面或伏于水底；体表甲壳内表面出现白斑，发病后期腹部变白，有的体色微红，甲壳容易剥离，血淋巴不凝固、混浊。

流行情况：每年6—7月份为高发期，当水温在18℃以下时为隐性感染；当水温上升至20~26℃时，发病猖獗，为急性暴发期。

防治方法：在虾池放苗前，应彻底清池，并使用生石灰、漂白粉等消毒；放苗密度应控制在适宜范围内；适当混养其他养殖品种，采取生态养殖模式；养殖过程中使用微生物制剂和水质改良剂；饲料中添加免疫增强剂；施用有机碘制剂。

（2）**对虾桃拉综合征**　病原：对虾 Taura 病毒。

症状：发病早期对虾摄食减少，常出现群体环游现象，虾体无明显改变，仅尾扇出现蓝色斑点或少量微小的白色斑点；肉眼分不出肝脏和心脏，能看出肝胰肿大或变淡红色；感染该病后 2～3 天食欲猛增，大触须变红，肌肉容易变浑浊。后期症状为红须、红尾、壳软，体色变成茶红色，病虾不吃食或少量吃食，在水面缓慢游动。

流行情况：常在气温骤升或骤降时出现，发病期约为 30～60 天，规格 5～9 厘米。

防治方法：同白斑综合征。

（3）**红腿病**　病原：副溶血弧菌。

症状：病虾附肢红色，特别是游泳足呈血红色，头胸甲鳃区呈黄色。厌食，在池边缓慢游动，时而在水面打旋，时而在池边缓游或爬行，重者时而倒伏，时而游动。

流行情况：发病时期为 7—10 月份，大批发病与死亡主要发生在养殖后期。

防治方法：加强水质调控，定期施用水质改良剂。发病初期全池泼洒二氧化氯，同时在饲料中添加抗生素。

（4）**烂眼病**　病原：非 01 霍乱弧菌。

症状：病虾眼球肿胀、溃烂、脱落，仅留眼柄。全身肌肉发白，行动呆滞，常潜伏不动。一般在一周内死亡。

流行情况：一般在 8 月份高温季节发病。

防治方法：同红腿病。

（5）**烂鳃病**　病原：弧菌或其他杆菌。

症状：鳃丝呈灰色，肿胀，从尖端向基部溃烂。溃烂坏死的部分发生皱缩或脱落。镜检溃烂处有大量细菌游动，重者血液中淋巴内也有细菌。病虾浮于水面，游动迟缓，反应迟钝，厌食，然后死亡。

流行情况：一般发生在 7—8 月份高温季节。

防治方法：同红腿病。

8. 成虾出池

一般在 9 月下旬至 10 月中旬，根据对虾的生长情况、水温变化、市场需求等因素，及时组织收获，方式为闸门挂网，放水收虾。

二、养殖实例

本实例由河北省唐山市水产技术推广站提供。

1. 基本情况

养殖年度：2009 年；养殖户名称：唐海县紫天水产有限责任公司；地址：河北省唐海县十里海养殖场；养殖面积：2 100 亩。

2. 放养情况

（1）主养品种　中国对虾"黄海 1 号"，放养密度为 3 000 ~ 3 500 尾/亩，放养时间为 4 月底。

（2）混养品种　红鳍东方鲀，放养密度为 70 ~ 80 尾/亩，放养时间为 4 月下旬。二者混养比例为 2.3%。

3. 关键技术措施

① 移植蜾蠃蜚、倒钩虾培养基础饵料生物；② 投喂卤虫、蓝蛤等鲜活饵料生物；③ 定期施用 EM、复合芽孢杆菌等微生态制剂调控水质；④ 套养红鳍东方鲀，切断病原的传染途经。

4. 产量和效益

对虾亩产量为 65 ~ 75 千克，河豚亩产量为 50 ~ 60 千克。亩成本为 5 100 ~ 5 600 元，其中饲料成本占 42% ~ 43%。亩效益为 1 950 ~ 2 500 元，亩产值为 7 050 ~ 8 100 元，投入产出比为 1:（1.38 ~ 1.45）。

5. 养殖效果分析

该养殖模式，采用培养基础饵料生物、投喂鲜活饵料，为养殖的对虾提供了优良的动物性饵料，加快了对虾生长，从而获得大规格、高效益；利用微生态制剂调控水质，减少了药物的使用，保障了食品安全；与红鳍东方鲀套养，利用其摄食体质弱或患病对虾，切断了病原的传染途经。

（河北省水产技术推广站　申红旗）

中国对虾「黄海 1 号」

青　蟹

一、基本情况

青蟹主要分布于长江口以南沿海，尤以广东、福建、浙江南部沿海居多。目前养殖所用的苗种，主要采捕自然海区的野生苗，少部分为全人工繁育的苗种。

青蟹营养丰富，肉味鲜美，属暖温性种类，自然生长在河口潮间带的泥滩或泥沙底的海滩及红树林区，对环境的适应能力强。比较适宜的盐度范围为 5～33，最适盐度为 12.8～26.2，但只有在较高盐度的海水中才能正常繁殖；适宜温度为 14～30℃，最适温度为 20～28℃，冬季水温下降至 12℃进入越冬，低于 5℃会引起死亡。生长速度快，9—10 月份放养的秋苗，翌年 5—6 月份就能达到 150 克以上的商品规格；4—5 月份放养的夏苗，则当年 9—10 月份就达到 150 克以上的商品规格。青蟹离水后不易死亡，便于活体长途运输。青蟹为肉食性，幼体需经 6 次、稚蟹需经 13 次蜕壳才能完成生长发育。特殊情况下，会发生异常蜕壳或生长再蜕壳一次。

青蟹养殖产量与效益，根据不同养殖方式各有不同。池塘单养青蟹，双茬亩产可达 120 千克以上，青蟹与白虾、缢蛏、泥蚶等混养，青蟹亩产在 60～80 千克左右，池塘综合亩产值 8 000～10 000元，亩效益 3 000～4 000 元。

二、养殖要点

（一）合理选择养殖模式

各地根据不同的生产条件，采取不同的养殖方式。主要有青蟹与脊尾白虾混养，青蟹与对虾、梭鱼混养，青蟹与缢蛏、泥蚶混养。前两种模式，一般亩放养青蟹夏苗 1 000～1 200 只，青蟹秋苗 1 200～1 500 只，后一种模式通常亩放养夏苗、秋苗各 500～600 只左右。

（二）青蟹、脊尾白虾双茬养殖模式

各地对青蟹的养殖技术已做过较多的研究，并积累了一些可借鉴的理论数据和实践经验，但生产中以青蟹、脊尾白虾双茬养殖模式为主。现介绍如下。

1. 池塘条件

采取一年双茬养殖青蟹、脊尾白虾自然纳苗或放养白虾亲虾繁苗养殖模式，单口塘面积宜 5～10 亩，具中央沟和环沟，沟深 0.5 米以上，沟宽 3～6 米，要求沟滩面积比为（1～2）：3，滩面能蓄水 1 米。设置进排水闸门、拦网设施，进水闸处安装过滤网，60 目以上，排水闸处安装防逃网。潮位较高的池塘配备水泵供小潮水期间提水。池塘堤坝四周内侧设置水泥板或聚乙烯网片等防逃设施，高度高于池水面约 50 厘米。池塘中滩最好建有蟹岛，池塘边滩或中滩种植芦苇、互花米草，约占滩面 1/5，可供青蟹隐蔽、栖息和净化池塘水质。有条件的池塘建议亩配置功率 0.2 千瓦以上的底充氧设施。

2. 放养准备与苗种放养

青蟹、脊尾白虾双茬养殖，往往采取轮放青蟹苗，无法在年底清塘，通常连续养两年后隔一年停放夏苗，于 7、8 月间腾出时间清塘。具体是上年度越冬青蟹、脊尾白虾收捕后，即清除淤泥，排干池水，封闸晒池至干裂，然后用 50 毫克/升漂白粉全池泼洒清塘，杀灭有害生物。待药性过后进水至滩面水位约 20 厘米，放养前 2～3 天逐步加水至滩面水位 30～40 厘米。其间根据水质情况适当肥水，掌握透明度 35～40 厘米。定期或不定期用光合细菌、EM 菌液调节水质，使用量为 5～10 毫克/升。

放养的青蟹苗种为人工苗或自然苗均可，要求壳硬、规格整齐、附肢齐全、反应敏捷，稚蟹 I 期以上。根据池塘条件，放养密度一般控制在夏苗每亩放养 1 000 ~ 1 200 只, 秋苗每亩放养 1 200 ~ 1 500 只。选择晴朗天气, 上风头、多点分散放养。放养时, 注意池水与苗种产地的盐度差要小于 3。脊尾白虾苗种, 可通过自然纳苗或放养抱卵亲虾自繁获得, 亩放养脊尾白虾亲虾 0. 5 ~ 1 千克。

对于轮养的青蟹苗种, 在放养时须用网片围拦暂养, 待长至稚蟹 III 期以后散养, 防止蟹苗被脊尾白虾残食。

3. 养成管理

(1) 饲料投喂 养成过程, 以投喂红肉蓝蛤、小杂鱼虾为主。在养殖前期, 可投喂专用配合饲料; 后期宜投喂低值贝类。投喂量, 根据季节、天气、水温等环境因子与青蟹摄食状况随时调节, 投饲方法, 按照常规进行。脊尾白虾食性杂而广, 一般在青蟹饲料充足时, 不必另外投喂。投饲量宜少不宜多, 饲料分散投在滩面和池塘四周, 防止青蟹争食而相互残杀。

(2) 水质管理 养成期间水质控制 pH 值为 7. 8 ~ 8. 9, 盐度为 8 ~ 26, 溶氧量在 4 毫克/升以上, 池水透明度为 30 ~ 40 厘米。滩面水位保持 0. 8 ~ 1 米, 根据季节变化作适当调节。在大潮汛期争取多换水, 小潮汛期最好以添加水为主。高温季节要提高水位, 并经常启动增氧机, 特别是中午及午夜至早晨应连续开机, 以增加水中的溶解氧。定期使用微生物制剂和底质改良剂。养成前期每隔 15 ~ 20 天泼洒光合细菌、EM 复合菌 5 毫克/升, 后期采用枯草杆菌、蛭弧菌调节水质。高温期视底质有机物沉积情况, 每隔 30 天泼洒底改, 如 "双效底净" 1 千克/亩或 "分解底改" 250 克/亩等。

(3) 越冬管理 放养青蟹秋苗后, 进入 12 月份后水温下降到 10℃时开始进入越冬。越冬前 1 个月要投喂优质饲料, 促进青蟹肥壮; 过冬穴居前尽量降低水位, 促进青蟹在塘底和塘沟两侧挖洞穴居; 冬眠期尽量加高水位, 防止冻伤。

(4) 巡池与记录 养成期间, 坚持早晚巡池, 检查闸门、堤坝、防逃设施是否完好, 观察水色、水位、青蟹活动、摄食情况, 定期测量水温、盐度、pH 值以及青蟹的壳宽、体重等生长指标。按照无公害养殖要求，做好养殖日志。

4. 防病措施

青蟹苗种放养前，用 150 毫克/升福尔马林溶液浸泡 20 分钟，防止病原带入。养成期间注重青蟹疾病的防治工作，坚持"以防为主，防治结合，防重于治"的原则。

5 月上旬至 6 月上旬，9 月下旬至 10 月下旬，以预防黄水病为重点，10～15 天用 0.3 毫克/升二溴海因或双季铵盐络合碘 0.2 毫克/升全池泼洒，同时结合内服中药蟹病康，以控制发病。对已发病的池塘，用 0.3 毫克/升二溴海因或 0.2 毫克/升双季铵盐络合碘消毒水体 3 天，并结合内服蟹菌克 5～7 天。

6—7 月份以预防黄斑病为重点，加强水质管理，定期使用生石灰 25 毫克/升消毒处理。已发病的池塘用 0.3 毫克/升二溴海因消毒水体 3 天。

7—9 月份高温季节，以预防寄生虫病为主，每 15 天用纤虫净杀虫一次。加强换水，保持水质清新。对虫害严重的池塘用药杀虫后隔 2 天再用 1 次。

5. 收捕

青蟹夏苗放养后经 3～5 个月养成，秋苗放养后经越冬后至翌年 4—6 月份体重达到 150～200 克以上的商品蟹，即可收捕。采取捕大留小，捕肥留瘦和陆续上市的方法，可获得较好的经济效益。

脊尾白虾平均体长达 5 厘米左右时，即可收捕出售。对于晚季脊尾白虾，尽量推迟到春节前后上市，此时可获得较高的价格。

三、主要特点与存在问题

① 青蟹养殖，各地可根据养殖塘的条件采取不同的养殖模式。就浙江温岭而言，大多数采取双茬养殖模式。因生产条件及管理者技术水平不甚一致，放养密度、产出的产量与效益也相差甚远。根据对当地青蟹养殖生产现状调查分析，双茬养殖青蟹—脊尾白虾模式的池塘，约 65% 的池塘年青蟹亩产量只有 110 千克左右，脊尾白

虾亩产量 15 千克左右，亩产值为 8 000 ~ 9 000 元，扣除生产成本后，净利润 3 000 ~ 3 500 元。事实上池塘的生产潜能还较大，亩产商品蟹 150 千克不成问题，对于有底充氧的池塘，产量应更高，目标亩产可达到 200 千克。因此，提高青蟹的单产，增加效益，是当前急需解决的问题。

②以养殖青蟹为主的池塘结构不同于一般的虾类养殖池塘，不但要求面积大小适中，挖有中央沟和环沟，并依面积大小应留有一定比例的空间作"蟹岛"，种植芦苇、互花米草等，供青蟹栖息与隐藏之用，可减少相互残杀，提高养成成活率。在一年双茬轮养过程中，特别是塘内脊尾白虾较多的池塘若放养的苗以Ⅰ期、Ⅱ期稚蟹为多，放苗时须用围网集中暂养，待长至Ⅲ期稚蟹以后分散放养，可提高青蟹放养的成活率。往往在这一节点上许多养殖户没在意，导致蟹苗放养成活率低。

③由于青蟹大面积养殖是近 10 多年才发展起来，加上青蟹养殖以低密度养殖或混养为主，大面积暴发疾病的情况不多，故对其疾病防治的研究工作远远滞后于养殖生产，基础应用研究薄弱。随着青蟹养殖业的迅速兴起，养殖方式逐渐由粗放养殖向集约化养殖转变，应激源不断增加，导致疾病时有发生。为此，在当前缺乏针对性的药物和有效的防治措施的情况下，积极探索青蟹—脊尾白虾生态养殖技术，建立健康的稳产高效养殖模式，为青蟹的产业发展提供有效的技术支撑，深受广大养殖者的欢迎。

四、养殖实例

浙江省温岭市金鑫水产养殖场 2008、2009 年双茬养殖青蟹—脊尾白虾面积 425 亩，2008 年 8 月 18 日至 2008 年 9 月 12 日亩放养Ⅰ~Ⅲ期稚蟹秋苗 1 320 只，2009 年 4 月 25 日至 2009 年 7 月 8 日收捕商品蟹 33 642.6 千克、脊尾白虾 5 163 千克；2009 年 4 月 22 日至 2009 年 5 月 16 日，亩放养Ⅰ~Ⅲ期稚蟹夏苗 1 080 只，2009 年 9 月 3 日至 2009 年 11 月 6 日收捕商品蟹 24 921.3 千克，脊尾白虾 2 476 千克。全年共收捕商品蟹 58 563.9 千克，脊尾白虾 7 639 千克，年平均亩收捕青蟹 137.8 千克，亩起捕脊尾白虾 18 千克，平均亩产值 10 533 元，亩利润 3 862 元，投入产出比为 1∶1.58。

此养殖模式适宜区域为我国长江口以南沿海地区。

（浙江省温岭市水产技术推广站　丁理法）

青
蟹

三疣梭子蟹

一、基本情况

1. 品种来源

北起辽东半岛，南至福建南部沿海。

2. 苗种来源

主要来源于河北省沧州市各大苗种场。

3. 品种介绍

梭子蟹是我国重要的海产名贵经济蟹类，其中尤以三疣梭子蟹个体最大、分布最广，产量和经济价值、食用价值最高。三疣梭子蟹生长快、适应性强，是适宜池塘养殖的优良品种。三疣梭子蟹的养殖研究，在我国始于 20 世纪 80 年代，最初开展了人工育苗、土池育肥和蓄养实验，并获得了成功，但梭子蟹的工厂化育苗和大面积养殖在 2000 年以后才异军突起，快速成为沿海地区的重要养殖对象。

三疣梭子蟹属节肢动物门、甲壳纲、十足目、梭子蟹属，头胸甲呈梭形，稍隆起。表面有 3 个显著的疣状隆起，1 个在胃区，2 个在心区。两前侧缘各具 9 个锯齿，第九锯齿特别长大，向左右伸延。额缘具 4 枚小齿。额部两侧有 1 对能转动的带柄复眼。有胸足 5 对。螯足发达，长节呈棱柱形，内缘具钝齿。第四对步足指节扁平宽薄如桨，适于游泳。腹部扁平（俗称蟹脐），雄蟹腹部呈三角形，雌蟹呈圆形。雄蟹背面茶绿色，雌蟹紫色，腹面均为灰白色。

三疣梭子蟹生态习性如下。

（1）**水温**　适应水温为 8～31℃，最适生长水温为 15～26℃。在不同的水温环境下，三疣梭子蟹的活动情况不一样。水温在 −1.5℃ 时，不摄食，部分个体在浅水区冻死；水温在 0～6℃ 时，不摄食，昼夜潜沙，呈休眠状态；在 8～10℃ 时开始停止摄食，活动力弱，潜伏在深水处；在 14℃ 时，摄食量下降，活动正常；在 15～26℃ 时，摄食量大，活动正常，生长快。

（2）**盐度**　适应盐度为 18～40，最适生长盐度为 20～35。越冬适应盐度为 28～35。

（3）**其他因子**　pH 值适应范围为 7.8～8.7；溶解氧不能低于 5 毫克/升。

三疣梭子蟹属于杂食性，喜欢摄食贝肉、鲜杂鱼、小杂虾等，也摄食水藻嫩芽、海生动物尸体以及腐烂的水生植物，而且不同生长阶段，食性有所差异，在幼蟹阶段偏于杂食性，个体愈大愈趋向肉食性。通常白天摄食量少，傍晚和夜间大量摄食。但水温在 8℃ 以下和 31℃ 以上时，三疣梭子蟹停止摄食。

产量表现：5 月中、上旬放苗，当年养成商品蟹。平均亩产在 40～100 千克，平均规格 250～330 克/只。

适宜区域：全国各地沿海池塘。

二、主推模式与关键技术

（一）主推模式

可采用单养和混养两种模式。混养一般和日本对虾、南美白对虾、河豚及贝类混养；混养均以三疣梭子蟹为主。

三疣梭子蟹与日本对虾、南美白对虾混养，是河北省沿海广泛采用的一种高产高效的健康养殖模式。根据池塘基础条件、区域优势和养殖池塘承载容量，建立以三疣梭子蟹为主、多品种有机结合的养殖技术模式，促进池塘物质能量合理流动，优化池塘水系和地质条件，改善微生态环境，减少病害和用药量，提高三疣梭子蟹产品质量，降低养殖废水排放量，减少生态污染。

（二）关键技术

1. 苗种培育

采用当年春天海区采捕的自然蟹或前一年人工养殖的越冬蟹作为亲体，按照三疣梭子蟹苗种繁育规程繁育出健康苗种。

2. 池塘选择

对虾养殖的普通池塘即可，一般为长方形，面积在 10 ~ 50 亩，底质以泥沙质为宜，池塘水深在 1.5 ~ 2.5 米，水源充沛，无污染，进、排水方便。

3. 苗种放养

放养密度要根据池塘条件、养殖模式和管理水平而定，一般放养 1 日龄或 2 日龄的 Ⅱ 期或 Ⅲ 期幼蟹，苗种规格在 2.4 万 ~ 1.6 万只/千克，放养密度在 2 000 只/亩左右，河北省放养的时间在 5 月中、上旬，最晚不宜晚于 6 月 20 日。日本对虾苗种放养规格为 0.7 厘米，一般分三茬放养，初次放养时间为 5 月 1 日前后，放苗密度在 3 000 尾/亩左右；6 月初投放第二茬苗，放苗密度在 3 000 尾/亩左右；6 月下旬投放第三茬苗，放苗密度在 4 000 ~ 5 000 尾/亩，最后一茬苗投放不宜晚于七月中旬。南美白对虾，一般为一次性投苗，也可根据实际情况补苗，放养密度一般为 1 万尾/亩左右。

4. 水质管理

海水透明度与三疣梭子蟹养殖成活率密切相关。水质清新，有利于三疣梭子蟹的生长，但也助长了它们的相互蚕食，使成活率下降；水色太浓，藻类和浮游生物的大量繁殖，会造成夜间耗氧过大。养蟹池的水色以浅绿色或淡褐色、透明度为 30 厘米左右为好。从节能减排保护环境的角度考虑及鉴于近年来海水水质变化无常，一般不采用大排大灌的换水方式。每月分别在农历初三和十八的大潮期进水两次，以每次进水 15 ~ 30 厘米为宜，视蟹的生理周期和池水情况增减换水量。同时为保证水质的良好和稳定可适量使用水质改良剂、底质改良剂等微生态制剂调整水质，使养殖期间 pH 值指标保持在 7.8 ~ 8.7 范围；盐度控制在 20 ~ 40 之间；亚硝酸盐含量低于 0.02 毫克/升；氨态氮含量低于 0.3 毫克/升。

5. 饲料投喂管理

虾蟹混养饲料投喂以三疣梭子蟹为主。三疣梭子蟹为杂食性，凡是新鲜的低值鱼、虾、贝、蟹等，均可作为饵料。投饵量依蟹大小和饵料的种类不同而异，每日早晨和傍晚各投饵 1 次，傍晚多投，早晨少投。投饵还要根据水温的变化和残饵情况及时调整。当水温超过 31℃ 或低于 14℃，应减少投饵或停止投饵。三疣梭子蟹也摄食配合饲料，三疣梭子蟹同类相残多发生在蜕壳和饲料严重不足时，因此，当天然饵料供应不上时，应及时投喂配合饲料。

6. 收获

9—10 月份，三疣梭子蟹甲宽已达 7～8 厘米，体重 100 克左右，在夜间或凌晨用手抄网或耙子逐个捕捉三疣梭子蟹，从中挑选出肉满体实的黄膏蟹上市销售，将个体小、不够肥满的梭子蟹放入池中继续放养。11—12 月份，三疣梭子蟹都已丰满，甲宽大都达到 11～13 厘米，个体重达 150～200 克，放水先采捕雄蟹，然后再收捕卵巢已发育的有膏的三疣梭子蟹。收成的办法，可用手捉或铁耙收捕（图 37）。日本对虾采用轮捕轮放的方式，收获的原则是捕大留小，根据市场情况，规格达到 120～80 尾/千克即可出池销售。南美白对虾出池规格在 50～80 尾/千克，出池时间在 9 月中、下旬。

图 37 捕获三疣梭子蟹

三、养殖实例

本实例由河北省沧州市水产技术推广站提供。

1. 基本情况

放养时间：2009 年；养殖户名称：夏金树；地址：沧州临港海辰水产养殖有限公司；养殖面积：70 亩。

2. 放养情况

三疣梭子蟹和日本对虾混养，放养量分别为 2 400 只和 1 万尾。

3. 关键技术措施

① 选择优良苗种；② 合适的苗种放养时间和放养密度；③ 注意饵料选择、饵料转化及不同时期饵料量的控制；④ 根据养殖品种的不同生理周期调节换水量大小；⑤ 做好病害防治。

4. 产量和效益

亩产量为 87.36 千克。亩成本为 3 278 元，其中饲料成本占 57.9%。亩效益为 5 437 元，亩产值为 8 715 元，投入产出比为 1∶2.66。

5. 养殖效果分析

三疣梭子蟹和日本对虾混养的亩效益在 5 000 元以上，远高于其他养殖品种。

（河北省沧州市水产技术推广站　杨淑娥）

鲍

鲍是名贵的海洋食用贝类，被称为"海产八珍"之首，肉质细嫩、营养丰富。鲍的鲜品可食部分含蛋白质24%、脂肪0.44%；干品含蛋白质40%、糖原33.7%、脂肪0.9%，还含有多种维生素和微量元素，是一种对人体非常有利的高蛋白、低脂肪食物。

鲍壳又称石决明，其药理作用是，利肝清热、滋阴壮阳，是名贵的中药材。鲍肉具有降低血压的功效。国外已把鲍软体部分的提取物"鲍灵素"用于制药，鲍肉中所含的鲍灵素 I 和鲍灵素 II，有较强的抑制癌细胞生长的作用。

目前在国际市场上，鲍的售价昂贵。我国生产的壳长 7 厘米以上的活体皱纹盘鲍，近几年来售价一直不低于 350 元/千克。发展鲍的增养殖事业，具有明显的经济效益。近年来，鲍的增养殖技术不断提高，发展鲍的增养殖事业，具有广阔的前景。

一、鲍的生活习性

鲍喜欢栖息在海藻茂盛、水质清新、水流畅通的岩礁裂缝、石棚穴洞等处，鲍常群居在不易被阳光直射和背风、背流的阴暗处，经常以腹足面向上吸附。岩礁洞穴的地形地势越复杂，栖息的鲍就越多。在鲍的生活海区，虾蟹类、底栖鱼类、藻类、海参类、海星和海胆类、螺类等较多。

鲍具有昼伏夜出的特点，以夜间活动为主。鲍是舐食性贝类，摄食时利用齿舌舐食藻类，边匍匐爬行边咀嚼食物，食物贮藏在食道囊和嗉囊中。稚鲍除了摄食底栖硅藻外，还摄食小型底栖生物、有机碎屑以及藻类的配子体和孢子体。成鲍为杂食性动物，食物种类以褐藻中的海带、裙带菜、鹅掌菜、羊栖菜、马尾藻等为主，还可摄食石莼、浒苔、礁膜等绿藻类以及石花菜、紫菜、江蓠、海萝卜等红藻类；成鲍还能摄食硅藻、高等植物的大叶藻以及一些小型的动物，如桡足类、有孔虫类、水螅虫类等。

二、鲍的养殖技术

鲍的养殖方法，大体有筏式养殖、岩礁潮下带沉箱养殖、潮间带围池养殖、潮下带垒石蒙网养殖、陆上工厂化养殖、底播放流增殖等。下面主要介绍鲍的筏式养殖技术。

筏式养殖特点是利用类似于海带、扇贝等的浅海养殖筏架和鲍养殖网笼，装入鲍苗进行人工投饵养殖。其优点是养殖设施器材投资小，生产成本低，管理较为简便，扩大养殖规模受限较少等。其缺点在于，养殖海区水环境难以控制，受温度、盐度变化，海水污染及病害感染侵袭等的影响较大；遇上大的风浪，筏架和笼子易受损失。筏式养鲍可采取鲍藻间养的方法，即隔行或隔区实行贝藻间隔养殖的方法。此方法既可以达到贝、藻养殖的生态互补的目的，又便于就近取饵投饵，日本多采用此方法。

（一）鲍养殖采用的饲料

养殖鲍采用的饲料，有天然饵料和人工配合饲料两种。

1. 天然饵料

鲍在自然海区生活，所摄取的食物（消化道内含物）较杂。种间和区域性种群间所摄取的食物虽然有差别，但总的食物构成有共同点。人工养鲍时投喂的天然饵料，应考虑在易得性和批量性的基础上，选择鲍嗜食的饵料种类，如海带、裙带菜、江蓠、石莼等。鲍摄食同一种海藻时，首选嫩的，不喜欢摄食老的，尤其是对裙带菜、海带、巨藻等褐藻类表现极为明显，摄食嫩藻的饵料系数较老藻高。新鲜藻类缺乏时，也可投喂淡干海带等的海藻干品。

2. 人工配合饲料

在天然饵料缺乏时，应投喂人工配合饲料。目前，国内许多单位研制生产的鲍人工配合饲料，在营养配方、加工工艺及饲料效果方面，达到了优质高效的水平。配合饲料的主要成分是蛋白质、脂肪、碳水化合物、矿物质和维生素，还有保形剂、防腐剂、抗氧化剂及诱食剂等组成部分。各饲料厂家都有自己的原料及配方，一个好的饲料配方，最好是通过比较试验后具体确定。目前使用的配合饲料，多为片状，要求稳定时间在 5 天以上，若稳定时间短，饲料容易溃散流失及污染水质。若稳定时间太长，饲料片难免太硬，鲍鱼舐食费力。

（二）养殖海区的选择

选择筏式养鲍的海区，应从水深、水质、水温、潮流、风浪、底质、透明度、附着生物等多方面综合考虑。水深要求低潮时在 10 米以上，水越深，水环境相对越稳定，养殖水层的调节越灵活。但太深的筏架设置投资较大，一般要求以 15 ~ 20 米为宜。

水质要求稳定和无污染，养殖区远离工业排污和城市排污口，水质应达到农业部标准《无公害食品　海水养殖用水水质》（NY 5052—2001）的要求。盐度周年变化幅度不应超过 3，皱纹盘鲍养殖盐度应保持在 28 ~ 33；温度周年变化要求不超过所养种类的耐受范围，养殖水层最高水温，皱纹盘鲍不宜超过 26℃，最低水温，皱纹盘鲍不能低于 1.5℃。潮流以标准的往复流为宜，流速以 20 ~ 30 米/分钟为宜；底质应以泥沙底为首选，泥沙底容易设置固定锚橛并且牢固。而稀泥底和岩礁底不宜打橛，下锚或石砣也不稳定，难以设置筏架，因此不宜选择。

总之，筏式养鲍应选择水深 15 ~ 20 米，水质达到《无公害食品　海水养殖用水水质》（NY 5052—2001）标准的要求，无大量淡水和污染物注入，盐度稳定，水温平缓，有标准往复水流且流速在 20 ~ 30 米/分钟，风浪少且水清，附着生物少且远离牡蛎、贻贝养殖区的泥沙底海区为养殖区。

（三）多层养鲍网笼的选择

用于筏式养鲍的养殖器具很多，有圆形养殖筒、灯笼式养殖笼、多层网笼等。目前我国使用较为普遍的是多层养鲍网笼。多层养鲍网笼形式繁多，目前以"大连式"和"荣成式"网笼为主，养殖效果较好。

鲍

（四）养殖规格及放养密度

以"大连式"多层养鲍笼养殖皱纹盘鲍为例，投放壳长 2 厘米左右的小型鲍苗，每层投放 400 ~ 500 只；壳长 3 厘米的大苗，每层投放 200 ~ 300 只；壳长 4 ~ 5 厘米的鲍种，每层投放 100 ~ 150 只；壳长 5 厘米以上的大鲍种，则每层投放 20 ~ 60 只。同规格的其他品种的鲍，其放养密度基本与上述介绍的放养密度相同。

（五）剥离与运输

鲍在养殖过程中，随着个体的增大需要不断地疏稀放养密度。因鲍的吸附力度极大，很难从吸附物体上剥离下来，因此，必须用特殊的剥离方法。通常有酒精麻醉和电击等剥离方法。

（1）酒精麻醉剥离法 用 90% 以上的食用酒精配成 2% ~ 4% 的酒精海水溶液，盛放在可以放置养鲍笼的水槽中，将需剥离的鲍连带笼子先用海水冲干净后，放入酒精海水槽中。经过 2 ~ 5 分钟，鲍即被麻醉，大部分个体可自动脱落下来，个别没有脱落的可用手轻轻地剥下来。剥离下来后的个体，立即将其投放入流动的海水中使其苏醒。一般在半小时内可以恢复活力。

（2）电剥离法 将要剥离的鲍及养殖笼冲刷干净后，放入两端设有电极板的、装有海水的剥离水槽内，根据鲍的个体规格大小，设置电击的时间。一般壳长 2 ~ 7 厘米的鲍，设置电击时间为 0.5 ~ 2 分钟。电剥离的鲍比酒精剥离的苏醒时间短得多。但断电后，应立即将鲍笼移出水槽，并将鲍片快速取出。

在养殖生产中，活鲍的运输距离和时间一般都很短，不需较多的防护。但在强烈阳光照射，风、雨天时，需要遮盖，而且不能重度挤压。如果运输时间超过 2 小时，应保持湿润，一般用浸透海水的干净大叶藻等隔层包装并保持通气，环境温度最好不低于 5℃，不高于 25℃。运输若超过 10 小时，最好带水运输并充气，有换水条件时中途换几次水更好。环境温度最好不低于 5℃，不高于 25℃。少量的鲍长时间或长距离运输，可用专用泡沫运鲍箱，隔室中放入冰袋（包装的冰块），封闭运输。冰溶化后，箱内温度高于 10℃ 左右时，应开箱换冰袋。空运可节省运输时间（采用专用运鲍箱）。船运大量的商品鲍时，以使用活水舱为宜。

（六）管理

（1）**投喂**　我国养鲍使用的天然饵料，南方以海带和江蓠为主，北方以海带和裙带菜等为主，饲料系数在 25 左右。一般每 6～7 天投喂一次。投喂量，依据笼内鲍的个体大小（数量和重量）和水温高低等因素来掌握。养殖皱纹盘鲍，当水温为 20℃时，若 7 天投喂一次，投喂量应掌握在鲍个体重量的 2 倍左右；当水温在 10℃或 25℃时，投喂量为鲍个体重量的 1 倍左右。影响鲍摄食率的因素很多，生产中应根据实际情况，酌情掌握投喂量。一般残饵量以控制在 15%～20% 为宜。投喂新鲜藻类时，投喂前将藻体冲刷干净，若使用海带作为饵料，还需要将其撕成小块。在缺乏新鲜藻类时，也可用干海带等作为饵料，但需要事先泡透。投喂干海带，应在 4 天左右时间内投喂一次。选择质量好的淡干海带，切不可使用雨淋、发霉、变质、腐烂的海带及其他藻类。缺乏新鲜藻类时，还可投喂人工配合饲料，一般 5 天左右投喂一次，掌握残饵量在 10% 左右。

（2）**安全检查与洗刷笼子**　筏式养鲍的筏架负荷较大，加上风浪的影响，常出现使设施器材不安全的因素。因此，必须经常进行安全检查，检查橛根是否松脱，缆绳有无明显磨损，浮漂有无破损松脱或丢失，吊笼绳索有无磨损或缠绕，笼子有无变形，笼网和拉链有无破碎和开缝等。一旦发现有不安全因素，应及时加固、修复或更换。

在养殖过程中，笼子内外的附着物和附泥会不断增多，应及时洗刷清理。应用高压水泵清除附泥和附着不太牢固的生物。对于附着牢固的生物，应采取人工铲除的方法加以清除，使养殖笼及筏架保持清洁干净、性能良好的状态。

（3）**换网**　养殖笼的外围网衣，有不同程度的阻水作用，网目越小，阻水力越明显。为使笼内外水体交换好，应随鲍的个体增大而及时更换与之个体大小相适应的网目较大的网衣。在鲍逃逸不到网笼外面的前提下，网目越大越好。一般都准备 2～3 套不同规格的、裁缝好了的网衣，换网工作可随洗刷网笼同步进行，一般在海

鲍

201

上就地操作比较方便。

（4）**调节水层**　养鲍的水层，一般调节在 3～7 米。在养殖过程中，需根据季节和海况变化情况，酌情灵活调节水层。附着生物附着高峰期，水层要调深，低谷期调浅，低温期和高温期调深，生长适温期调浅；雨季、有赤潮、有污染时调深，环境正常时调浅；大规格鲍养殖比小规格鲍养殖水层宜深。调节水层，以延长或缩短网笼吊绳来实现。水层的调节，还应根据养殖海区的水深和透明度的实际情况掌握，海区水深和透明度较大时，可适当调深；反之，适当调浅。

（5）**清除敌害与残饵**　筏式养鲍的敌害生物，大体分为两种。一种是前面所述的附着生物，影响鲍的摄食、生活空间和笼内外水质及水体交换，一般随着洗刷笼子同时清除；另一种是残食性的敌害生物，通常有海盘车、较大的蟹类、肉食性螺类和凶猛鱼类，主要有红螺、黑鲷等。鲍的这些残食性敌害生物，可在每次投喂饲料进行清除。

投喂新鲜（活体）藻类时，由于其在笼内还能进行光合作用，虽然腐烂较轻，但是还是要及时清除残饵。在投喂干藻类和人工配合饲料时，不仅要把握好投喂间隔时间，还必须在投喂之前，对残饵进行彻底的清除，以免残饵腐败变质后被鲍误食中毒，引起死亡。

（6）**养殖周期与收获季节**　不同品种的鲍的生长速度和养成个体大小（成品规格）有明显的差异，所以养殖周期长短不一。一般投放壳长 2 厘米的皱纹盘鲍的鲍苗，养殖 1 年可长到 5 厘米左右，养殖 2 年可长到 7 厘米左右，养殖 3 年可长到 8 厘米左右。市场对鲍的商品规格要求，有的以壳长为指标，有的以个体重为指标。养殖周期，应因地制宜，根据市场需求，灵活掌握。养殖规格达到市场要求时即可收获。目前，同一品种，规格大的市场价格高，规格小的价格偏低。收获时，采用鲍的常用剥离方法剥离后，按市场要求和企业条件，确定运输方法。若考虑到鲍的科学收获季节，应在高温期和低温期来临之前收获，这样能充分利用鲍的适温生长期。

三、鲍的病害防治技术

1. 改善养殖环境

好的养殖环境具有促进生态平衡，预防传染性疾病暴发的作用。特别是工厂化育苗和养成，应当定期清洗养殖池，清除堆积的有机物，必要时使用消毒剂进行消毒。池水要保持充足的氧气，病害发生时应尽量不进水，必要时投放微生态制剂以改善水质，养殖用水最好经过砂滤处理。在养殖环境使用紫外线等杀菌设备或者通进臭氧杀灭细菌以控制养殖环境中的细菌量，也可起到阻断病原传播的作用。

2. 做好亲鲍选育和鲍苗培育工作

亲鲍选育时，应选择体形完整、贝体健壮的，并要减少放养密度，强化营养培育，促进性腺发育。对亲鲍要进行严格检疫和消毒，减少垂直传染的危险，保证育苗用的亲鲍不带病，是杜绝鲍病传染的重要手段。鲍育苗最好选在 3—5 月份或者 8—9 月份进行，使鲍苗附板阶段尽可能避开当地养虾污水排放的高峰期和冬季低温期，并采用砂滤海水或循环水育苗。鲍苗附着后 30 ~ 40 天、壳长达 3 ~ 4 毫米时进行剥离，剥离后采用配合饲料与江篱混合投喂或全部使用配合饲料饲喂。

3. 减少应激反应，降低鲍的能量消耗

凡是刺激鲍产生非特异性全身反应的内外环境因素，统称为应激原。鲍在比较缓和的应激原作用下，可通过调节机体的代谢而逐步适应，但是如果应激原过分强烈或持续的时间过长、过频，鲍就会因能量消耗过大，使机体抗病能力下降，给水中某些病原微生物对宿主的侵袭创造条件，引起疾病的感染甚至暴发。因此，在冬季低温期和夏季高温期如何减少应激，是维护和提高鲍机体抗病力的关键之一。

4. 采用生物防治方法

生物防治原理是根据同一生态系统中的不同微生物之间的相互

作用和微生物间的寄生作用，减少或消灭病原微生物，起到防治疾病的功效。目前针对弧菌病防治的微生物主要包括：噬菌体、噬菌蛭弧菌、拮抗菌和海洋微藻等。鲍病采用生物防治，是取代化学药物和抗生素的最好选择，可大量地降低治病过程中抗生素、杀虫剂等药物的用量，保护了生态环境，同时降低防治的费用，减少病原微生物抗药性的产生，增强治病的效果。

（山东省荣成市渔业技术推广站　王大建）

东 风 螺

东风螺隶属于软体动物门（Mollusca）、腹足纲（Gastropoda）、狭舌目（Stenogiossa）、蛾螺科（Buccinidae），广泛分布于热带、亚热带的泥质至泥沙质的浅海海域，营底栖生活，肉食性。目前开展规模化人工养殖的有 4 个经济品种，其中我国就占有 3 个品种：即方斑东风螺、台湾东风螺、泥东风螺。日本东风螺是日本的主要养殖经济品种。我国东风螺主要分布于浙东以南，包括台湾省、福建省、广东省、海南省、广西壮族自治区多地沿岸浅海海域。广东省湛江市主要开展方斑东风螺和泥东风螺的养殖，福建以台湾东风螺为主。东风螺的特点是生长速度快、肉味鲜美、清脆滑口、风味独特，深受消费者的喜爱，具有很高的食用价值，在国内外市场上购销两旺，是非常有发展前途的海洋经济贝类。

一、名称和分布情况

方斑东风螺俗称花螺、香螺，一般螺层约有 8 层。身体呈长卵圆形，螺旋部呈圆锥状，体罗层膨大，壳质厚而坚实，壳面光滑，色白具褐黄色方形斑块。在泰国沿海区域、台湾海峡、日本和我国东南部沿海均有分布，湛江的沿海海域是该螺的主要盛产区。常年的捕获量达 100 吨以上。

泥东风螺俗称黄螺、华南东风螺，体色淡黄色，外形与方斑东风螺无显著差别，但无斑块特征。主要分布在泥沙底质的海域，在我国华南沿海特别是广东分布最多。深圳、阳江、湛江硇洲岛和琼州海峡均有分布。

台湾东风螺是中国东南沿岸重要的经济腹足类，主要分布在我国的浙江、福建和广东东部，在湛江市分布数量较少，波部东风螺其实就是台湾东风螺的亚种,其主要产地在我国福建沿岸,是主要的增殖对象。

二、研究及发展背景

1915 年日本人最早开始对东风螺的卵囊及产卵办法进行了初步的研究工作,20 世纪 50 年代完成了增养殖的技术工艺,70 年代取得了人工育苗的成功。我国在 20 世纪 80 年代以前,对东风螺的人工养殖技术研究仍几近空白,仅限于天然捕捞与资源调查,近几年由于市场供应不足,价格飞涨而引起了养殖者的高度重视,1995 年福建省开始了东风螺的繁殖,2000 年广东省汕尾市利用现有的鲍育苗池,开始了东风螺人工育苗试验。同年,中国水产科学研究院南海水产研究所在广东省南澳县成功突破了东风螺大规模育苗百万大关,2001 年建立了相应的育苗工艺。这标志着我国东风螺的大面积育苗技术已经成熟。

湛江市最早是 2001 年在硇洲岛开始了养殖东风螺的小规模试验,2002 年获得全面的突破,形成批量生产技术流程,2003 年在群众性生产中得到推广。2002 年底至 2003 年中旬,在苗种生产得到满足的前提下,东风螺养殖开始掀起热潮,主要集中在硇洲岛、南三岛、遂溪、吴川等地。养殖模式多种多样,主要是放流增殖、潮间带围网养殖、水泥池平面养殖与土池(虾池)养殖。筏式吊养和立体笼养数量较少。但由于商品螺生产阶段仍有很多技术问题没有得到很好的解决,特别是优良养殖环境的控制、饵料转换以及病害防治等方面的基础研究仍存在着很大问题,养成的成功率较低,失收面积 70% 以上,这一瓶颈已严重地阻碍了东风螺大面积生产稳产高产的进程。

东风螺是近几年来逐步发展起来的具有良好发展前景的新兴产业,群众养殖热情较高,2003 年仅遂溪县一年所需的苗种即达 4 000 万 ~5 000 万只,湛江市现有的养殖面积超过 1 000 亩,发展模式以虾池养殖、近岸围网养殖和工厂化养殖为主,已形成了普及发展产业体系,至 2004 年中期,全市所需苗种约 1 亿,价值达 2 000

万元，可养成商品螺达 600 吨，产值达 9 000 万元。湛江市东风螺养殖业的兴起，不仅丰富了湛江市新的养殖经济品种，有力推动了湛江市海洋经济高速发展的热潮，也强有力地推动了邻近省市对该品种的发展。目前，广西、海南及广东的潮汕、阳江等地也把东风螺的养殖作为近几年重要的经济开发品种。由于养殖的全面兴起，苗种生产和养殖技术的突破势在必行。

三、养殖现状及存在问题

近几年，由于巨大市场的需求的拉动，加剧了酷渔滥捕的步伐，导致东风螺资源急剧衰退，天然产量远远满足不了市场的需求，东风螺的价格已从 1998 年的 60 元/千克上扬到目前的 150 元/千克，2004 年底至 2005 年初，东风螺的价格突破了 180 元/千克，丰厚的利润空间大大地刺激东风螺人工养殖业的兴起。目前，南方沿海东风螺的养殖方兴未艾，但总产量仍未见更大突破。制约东风螺养殖高效高质稳定发展的原因有两个：一是苗种生产不稳定，总量满足不了生产飞速发展的需求；二是养成技术及模式仍有重大缺陷，失收现象比较普遍。

因此，开展东风螺规模化育苗和养殖技术的推广，及时采纳运用国内外最新科研成果，通过亲螺的选育促熟、饵料培养及供应、水环境处理及利用、最佳饵料选择及投喂、高效技术模式的确定、病害防治技术的实施等方面，进行系统的开发，建立健康、持续、高效的生产工艺，促进东风螺养殖业的稳步发展，推动产业化的进程。这不仅满足了市场的需求，更是立足于海洋品种结构调整、海洋资源的合理利用，创出一条新的增效之路，应具有良好的发展前景。

四、项目产业化开发前景的预测

① 广东省近岸海域 10 米等深线以内的面积达 1.3 万平方千米，可供发展海水养殖的浅海、滩涂和港湾面积有 84 万公顷，现在已利

用的面积还不到20%，湛江市沿海近岸大多数都是泥沙底质，可供开发的增养殖资源丰富，非常合适发展东风螺的增养殖。

② 东风螺的底栖性较强，从事区域性放流增殖，并不影响水面的综合利用，可极大拓展自然资源的合理开发利用，发挥最大的经济效益。

③ 我国广为分布的东风螺，基本上是属于暖水性种类，在水温20℃以上生长很快，一年内完全可以达到上市规格，非常适合华南沿海从事增养殖开发。

④ 尤其其底栖生活习性，使其浅海增养殖比其他贝类（固着生活型、附着生活型等）的增养殖具有受台风影响更小的特点，生产风险较低。

⑤ 东风螺增养殖具有生产技术简单易行、生长快、饵料来源有保证、经济价值高等优点，其产品深受日本、韩国、东南亚国家及香港地区的欢迎，市场需求量巨大。

⑥ 湛江市在对虾、珍珠、鲍育苗高潮期间，建设的育苗场数量众多，由于各自行业的低迷，部分已成闲置，可充分利用这些现有设备，发展东风螺的苗种生产，可大大降低生产成本，提高经济效益。

⑦ 东风螺的育苗技术已渐趋成熟。广东、广西、海南等省区属于热带和亚热带气候，大多数沿海地区有条件在不同的地理环境中从事多种模式的养殖生产，这对北部湾捕捞渔民转产转业是一个较好的选择，有足够的群众基础，是一条极有发展潜力的致富之路。

⑧ 在合适的温度条件下，东风螺干露10多个小时并不影响其存活，便于长途运输，这有利于拓展国内外市场。因此，通过进一步开展东风螺增养殖业，推动我国综合开发利用浅海资源，挖掘浅海海域潜力，大力推进浅海养殖业向规模化、产业化方向发展具有广阔的前景。

五、东风螺的人工育苗技术

我国广大的水产科技工作者，近几年已经做了大量的工作，并取得了非常突出的成就，已基本解决了从亲贝催熟、孵化、饵料培养及供给、附着变态等关键技术问题，大面积生产的技术流程已经确立。东风螺的经济种类较多，其育苗工艺大同小异，为了便于掌握，现将湛江市发展的两个主要养殖品种方斑东风螺和泥东风螺的养殖技术介绍如下。

（一）生物学特性

1. 生态分布

东风螺属于匍匐生活型的浅海底栖贝类，生活在5～30米水深的沙泥质海底。日本东风螺达50米水深；台湾东风螺在60米水深也有分布；方斑东风螺以5～10米分布的数量最多，有明显的季节迁移现象；台湾东风螺在夏季栖息于4～20米水层，冬季转移到40～60米。东风螺有群栖、日伏夜出习性，移动速度可达51～72米/小时。

2. 适温性

东风螺主要分布在华南沿海，在地理分布上基本一致，可见其适温习性范围比较接近，都属于热带、亚热带暖水贝类。其中台湾东风螺的适温范围为14～33℃，最合适水温为19～30℃。方斑东风螺的适温范围为16～33℃，最适水温为23～32℃，其抗高温能力不足，水温高于35℃时，螺体容易发生跑肉现象，低以20℃时，基本上不摄食不生长。泥东风螺在18℃左右基本停止摄食，但在高温33℃和低温14℃水温下，仍可正常生存。从养殖现状看，湛江市低温对其生长的影响更为突出。

3. 适盐性

我国的东风螺大多属于广盐性，台湾东风螺的适盐范围为14.22～34.34，方斑东风螺和泥东风螺对盐度的适应性较强，可见其合适范围也几乎接近。但育苗生产中的海水盐度变化要求远远高于此范围，在盐度低于27.6时，孵化率明显降低，但高于40.9时，仍可获得67.8%的高孵化率。此外，对贝类而言，盐度的突变比超出适盐范围的危害更大。从其生存范围可以看出，除了河口性海湾及其附近海域外，一般都合适开发养殖东风螺。

4. 食性

不管是哪一种东风螺，其食性的变化都是一样的，即在其浮游幼体阶段为滤食性，以海洋单细胞藻类为食物来源；转入附着变态进入稚贝期后即刻转为肉食性。在短时间内的变态前后，有着明显的食性转变。因此，在人工育苗生产上，必须做到满足其变态前后的不同营养需求，否则将导致减产甚至全面失败。东风螺的摄食不分昼夜，并对不同的食物有一定的选择性，其嗅觉特别发达，饵料入池后仅 2～3 秒钟就纷纷抢食。在静水时，可嗅到 1 米内食物，流水状态可达 6.8～8.2 米。

5. 繁殖习性

东风螺是雌、雄异体，性比为 1：1，两年性成熟。在福建沿海，台湾东风螺的繁殖季节大多为 6—9 月份；海南、广东和广西约提前 1 个月以上，湛江方斑东风螺的繁殖季节为每年的 4—10 月份；泰国在 1—6 月份，多在 3 月份形成高峰。泥东风螺基本同期或略早半个月，繁殖水温 21℃以上。最合适水温在 23℃以上，一直反复排卵到当年 10 月份。在福建 7 月份才进入繁殖期。东风螺通过交尾行为进行体内受精，雌、雄交配后 2～3 天产卵，其产出的卵囊内卵子已经完成受精，属体内受精和自然产卵。东风螺在其繁殖期季节内，可进行多次产卵，日本东风螺一个雌贝可产卵 3～9 次。泥东风螺卵囊具有附着性，方斑东风螺的卵囊不需附着，呈半透明高脚杯状，卵囊下部有一肉茎，与砂子黏结板块相连，肉茎对卵囊起支撑作用，使其不倒伏于池底。

6. 生长

东风螺的生长速度在不同品种、不同发育阶段、不同水温条件、不同养殖密度，都有较大的差异。单从品种而言，方斑东风螺的生长速度是最快的，体长 5 毫米以下时，日均增长 0.14 毫米；5～10 毫米时，日均增长 0.19 毫米；10 毫米以上时，日均增长为 0.25 毫米。养殖 3—4 个月，可达到商品规格。泥东风螺在水温为 23～31℃，体重也可达到每个月增长30%～35%；水温在22℃以下时，每个月体重只增长8%，养殖到上市规格最少需要6—11个月。东风螺的幼体成活率，随个体的增长而大为提高，体长在4毫米以下时，成活率仅有15%，体长在5毫米以上时，成活率可达90%以上。东风螺几乎都是在5厘米内的生长速度最快而且相对一致，之后生长速度明显减慢。

（二）育苗技术流程（图38）

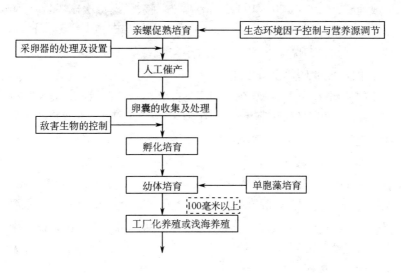

图38 东风螺育苗技术流程

（三）主要技术路线

（1）**亲贝的选择** 从自然海区选择体表无附着物，吸附力强，摄食强，体形完整，达到性成熟2龄以上的健康雌雄亲体。选择性比约1:1进行培育。雌、雄的鉴别办法：在同一海区采捞到的成螺中，个体较大、交接器短、腹足部在距离头部1/3处的中间有明显生殖孔者为雌性；个体较小、交接器长、腹部没有生殖孔者为雄性（方斑东风螺）。

（2）**亲贝的强化培育** 在室内进行，保持暗光，免干扰，严格控制盐度和水温在适宜范围，合理调配放养密度（2.5～5

千克/米²），每日保持一倍以上的流水，充气，池底铺一层10厘米细沙（0.3～0.5毫米）。每天投喂两次新鲜饵料，投喂量为体重的8%～10%，及时清除残饵。

（3）**采卵**　亲贝只需经短期（7～10天）的强化培养，在人工条件下促使其自然产卵。泥东风螺要在亲贝交配后及时将采卵器（石棉板、氯乙烯板等）投入池中，产卵多在夜间，白天较少，几天后即有大量木耳状卵囊附着于采卵器的表面，少量卵囊附于池壁或池底，每片有20～100个卵囊。方斑东风螺每次产下卵囊50多个，最多时可产出206个，各卵囊的含卵量差别较大，多的1 040粒/个，少的557粒/个，卵囊的大小与雌螺的大小无必然的联系，只是个体大的雌螺所产的卵囊数量多些。

（4）**孵化**　泥东风螺在采卵器上卵囊达一定数量后，需及时将卵囊移出放到孵化池开始孵化。在孵化过程中，给予适当的换水和连续充气，以提高孵化率和加快孵化速度。方斑东风螺需要每天早上放掉部分水到池底去收聚卵囊，然后集中装在有浮性的养殖筐内，置于孵化池中孵化。在正常情况下，受精卵的孵化率高达95%以上。无论哪一种螺，其孵化的幼体密度以2万～3万粒/米²为宜，在水温28～30℃条件下，经过5天左右的孵化，幼体可破膜而出，在水中营浮游生活，孵化池浮游幼体密度达到目标后，必须马上转移卵囊到其他池继续孵化。

（5）**幼体培育**　面盘幼体从卵囊中孵出后，移走采苗器，给予连续充气，控制幼体密度在10万～20万个/米³，每天上午、下午分2～4次投喂单胞藻，投喂密度要适宜（扁藻2 000～4 000个细胞/毫升），提供最佳生长环境（日换水量30%～50%），使幼体顺利完成变态。台湾东风螺，经过7天的浮游期，即可进入变态附着；方斑东风螺，需要7～10天；泥东风螺需要18天。附着时间与温度、饵料、水质、管理水平有关，除日本东风螺明显快（2～3天）外，其他的基本上是5～8天。

（6）**饵料配给**　东风螺的顶壳前期幼体，对饵料种类的要求较高，由于个体小，口器口径只能滤食粒径3～5微米的小细胞微型藻类，如小球藻、小金藻、卵球藻等，顶壳中、后期的幼体滤食范围扩大，对比较大型的单细胞藻类都可以摄食，如扁藻、金藻、舟型藻甚至骨条藻。饵料生物的培养要进行一级保种、二级扩种、三级大面积培养的三级生产模式，保证幼虫的充足的摄食需要。实际上，饵料生物培养成功与否，就决定了东风螺育苗成功与否。

（7）稚贝培育　浮游面盘幼虫变态为稚贝后，便营底栖匍匐生活，底质铺设沙层的厚度应在 3～5 厘米之间，颗粒大小要求为 0.1～0.2 毫米为最宜。此时须及时投喂饵料，每天投饵两次（或少量多次）。饵料要新鲜，且要及时清除残饵，掌握合理投饵量，做好日常检查和管理工作，保证生态环境良好。经过 30～40 天的培育，可达到 0.5～10 厘米的出苗规格。这部分也是近几年来东风螺育苗最容易出问题的地方，这个阶段死亡率非常高，其主要的技术关键在于合适、充足的饵料、水质条件调控、敌害生物防治等。

（四）主要技术参数（泥东风螺）

东风螺的稚贝聚集率、成活率等主要技术参数详见表 15 至表 20 所示。

表 15　不同规格稚贝对饵料的聚集率

壳高/毫米	1	1.7	4.6
聚集率/%	3.15～7.03	10.08～34.14	21.5～59

表 16　稚贝个体大小与投饵量关系

壳高/毫米	1～2	2～3	3～4
投饵量（与体重比）/%	40	49.6	57.8

表 17　不同日龄稚贝的适宜给饵量（按 100 万个体计）

日龄/日	1	10	20
投饵量/克	7	70	140

213

表18　不同规格稚贝的成活率

壳高/毫米	<5	5~10	>10
成活率/%	77.2	97	99.7

表19　对各种饵料蛋白质的消化吸收率

配合饲料/%	虾肉/%	比目鱼肉/%	小杂鱼肉/%
60.7~79.2	99.8	99.4	86.7~94.2

表20　对不同食物的嗅觉反应

食物名称	三疣梭子蟹	虾	鱼	縊蛏
嗅觉反应/厘米	170~175	140~160	80~125	100~120

（五）育苗过程几个重要问题的分析

1. 亲贝的培育催熟

所有的经济贝类，在人工育苗过程中都必须重视亲体的强化培育，这对于提高配子的营养和遗传优势至关重要。东风螺亲贝培育过程中，优良饵料与水环境的调节是最重要的条件，因为其在繁殖季节多次产卵，对营养要求较高，特别是每次产卵后，体力消耗极大，需要尽快补充营养，这时投喂含钙质和蛋白质较高的饵料是很必要的，因此，应多选用其较喜欢吃的蟹、虾肉进行投喂，投喂时仍要根据具体情况灵活掌握，否则容易引起暴食导致消化不良而损伤消化系统，严重时可导致大批死亡。

2. 浮游幼体最佳饵料的选择和培养

优良的饵料，应该具备适口性、营养丰富、来源广、容易消化吸收等特性，东风螺育苗生产中几乎都坚持使用单细胞藻类，但由于藻类的培养受气候、环境和技术的影响较大，大批量生产的单细胞藻类供应得不到保证，所以部分养殖户也采用了螺旋藻、虾片等人工配合饲料来代替，虽然均能得到变态稚贝，但成活率和对后期的培育都有明显的差别。因此，在大面积生产中，必须高度重视单细胞藻类的选择和稳定生产，以保证幼体生活过程中的营养需求。

3. 稚贝的饵料选择

稚贝对饵料有很高的选择性，这从其嗅觉的反应即可看出。在生产中，我们使用过蟹肉、虾肉、小杂鱼肉、贝肉、虾料、鱼料进行了对比试验。单从摄食反应上看，鲜饵比配合饲料好得多；但从摄食率和生长对比，蟹肉对其生长影响最大，其次是虾肉，第三是小杂鱼，配合饲料最差。所以，对刚刚完成变态的幼体，饵料应该以蟹肉为主。因为刚变态的稚贝，消化器官发育还不很完善，这时如果投喂较难磨碎和难以消化的食物，则容易磨损稚贝的口器和消化器官，而蟹肉相对而言，肉质较松散，且营养丰富含钙高，是最佳的饲料选择对象。

4. 稚贝的培育密度

东风螺的栖息特性与底质的粒度和有机质的含量有关，在附着后的沙粒大小应该尽可能保持在 0.1 ~ 0.2 毫米。这比较有利于稚贝的进出，厚度保持在 3 ~ 5 厘米即可，每平方厘米的放养密度在 10 ~ 20 个之间比较合适。如个体太多容易互残或爬出水面而干死，随着个体的增大，密度要及时加以调整。个体小时爬出部分容易干死，这时应该在水面下 20 厘米处铺设隔板或水管定时淋水。

5. 幼体变态成稚贝的时间

在生产过程中，变态的时间有很大的不同。因为变态是一个很复杂的过程，受不同生态环境因素的影响较大，其最关键的因素是水温、饵料种类及提供量，而不同的附着时间对后期的生长有着非常重要的影响，在相同条件下，合适的温度和全价饵料的供给，会加快附着时间，反之减慢。

6. 病害防治

东风螺育苗过程的病害，主要在接近变态时期，一方面是变态附着前大面积死亡，另一方面是附着稚贝后在 7 天内全部死亡。这一方面是由于水质环境和饵料出了问题；另一方面是饵料转换过程的不合适及原生动物聚缩虫及细菌大量繁殖造成的，这可以通过加大换水量、调节光照、改善水质环境和底质及使用少量药饵进行有效的防治。

六、东风螺的人工养殖技术

东风螺增养殖方式多样化，目前较为普及的有放流增殖、港湾增养殖、筏式吊笼养殖、潮间带围网养殖、水泥池养殖、土池养殖等。日本对日本东风螺人工养殖的方式主要有三种：小港湾增养殖、水泥池养殖和筏式吊笼养殖。国内对东风螺的养殖，主要是浅海围网养殖、虾池养殖、水泥池养殖、沉箱养殖、土池养殖。湛江市目前最为流行的养殖模式主要有四种：自然海区围网养殖、高位虾池养殖、水泥池养殖和海区沉箱养殖。

（一）养殖海区的选择

无论采用哪一种养殖模式，都要选择合适东风螺基本生活要求的海域。因为良好的海域条件，对于促进生长、缩短生产时间、提高成活率，都有非常重要的作用。所以在海域选择上，必须根据实际的养殖模式，最大限度地满足东风螺生长和繁殖的生物学要求。

（二）种苗放养规格和选择

不同规格苗种的放养，成活率有较大的不同，壳高在 5 毫米以下的苗种，成活率在 50% ~ 80%；而壳高在 5 ~ 10 毫米的苗种，成活率可达到 95% 以上；10 毫米以上的苗种，在无大的病害条件下，养殖成活率可达到 98%。因此，在选择苗种上，应该以 5 毫米以上为养殖苗种规格，海上放流更应该选择 10 毫米或者更大规格的苗种，这对于以后的生产把握性更大，成活率更高。优良的苗种，应该是规格比较整齐、活力强、嗅觉灵敏、体表光滑、体色鲜艳、生长轮明显。

（三）养殖模式及日常管理

1. 自然海区围网养殖

（1）海区选择 底质为沙泥底，沙多泥少，适宜养殖方斑东风螺，而泥多沙少则适宜于养殖泥东风螺。最好不要选择滩涂比较平坦且落差低的海域或者靠近河口地带，需要海流畅通、水交换量大，低潮时不干露，最好能保持 0.5 米的水深。海水相对密度在 1.014 ~ 1.023 之间，pH 值为 8 ~ 8.84，常年水温变化在 14 ~ 33℃。

(2) 苗种投放　在天气晴朗的早上或者傍晚，干运壳高在 10 毫米以上的苗种，在围网内均匀播撒，不可堆积倒放。投放密度以 150 ~ 200 个/米² 为最佳，如投放密度超过 250 个/米² 则在后期影响生长速度。

(3) 日常管理　及时清除网内肉食性生物，根据天气变化和苗种的生长情况，酌情调整不同食物及投喂量。正常投喂量按体重的 5% ~ 8%，以投喂后 1 小时内有少量残饵为准。

2. 高位虾池养殖

(1) 场地要求　面积不限，以 1 ~ 4 亩/口最易管理，水深要求在 1 米以上，池底为沙底，最好不设置水泥地板或塑料地膜，有底下充气系统可加大放养量，要求排污畅通，水交换好，不能有死角。养殖用水可直接纳入天然海水或抽取海区沙井海水。

(2) 日常管理　虾池经过暴晒、消毒后纳入清洁海水，保持 0.5 ~ 0.8 米的水位。按 200 ~ 250 个/米² 投放苗种，按体重的 5% ~ 10% 投喂切片的小杂鱼，每 5 ~ 10 天全池换水一次，随着天气的变化，及时调整养殖水深，定时进行不同规格的分苗。定期、适当投喂药饵。

3. 水泥池养殖

(1) 水池面积　大小不限，但要求水流动充分，排污及时，池底有充气系统，沙层 5 ~ 10 厘米，有条件的水池最好隔空为 2 层，上层铺沙，便于水的流通和冲洗，以减少沙质污染。水泥池的顶，要有良好的遮光系统，以防止太阳直接照射。养殖用水为过滤海水。

(2) 日常管理　水池经过消毒处理后，铺上经 20 目过滤的海沙（先消毒处理或用淡水泡洗），投放 5 毫米以上的苗种，按 400 ~ 500 个/米² 的密度放苗，水位保持 30 ~ 60 厘米，流水充气养殖，投喂小杂鱼或其他肉饵、药饵，投喂量以投喂后 2 小时后略有剩余为准。泥东风螺至少用扫把每周清洗一次，每个月用海水冲沙一次，每2个月换沙一次（依底质情况决定）。方斑东风螺每 15~20 天彻底清洗、换沙一次。

4. 海区沉箱养殖

(1) 沉箱形状及结构　圆柱形，水泥混凝土结构，直径 1 米，高 0.8 米，顶上有盖，盖面有投喂孔。沉箱四周，具有很多圆形透水孔，最低潮水位保持在 0.5 米以上，海区水质条件适合东风螺的生存和生长指标。

(2) 日常管理　用 40 目网布，把沉箱四周围住，防止螺逃逸，加入 5~6 厘米厚的细沙层（沙颗粒 0.05~0.2 毫米），按 250 个/箱以下的密度投放苗种。由于受天气影响，只能隔天或多天才能投喂，投喂量以体重的 10%~30% 计算，每个月换沙一次。

（四）饵料的选择与提供

东风螺对饵料有明显的选择性，不同的饵料对其生长也有较大的影响。在生产中，必须确立低成本、快生长的饵料来源。从目前生产中，经常使用的动物性饲料对比，蟹肉对东风螺的生长促进是最快的，体重增长也最为明显；其次是虾类；最差是鱼类。但从生产成本的角度来看，蟹、虾成本较高，小杂鱼来源广而且便宜，目前仍是东风螺养殖最主要的饲料来源。我们在生产中使用了大量的鱼类和虾类配合饲料，对成活率没有表现出影响，但生长速度缓慢。这表明配合饲料仍可作为东风螺的补充饲料来源，但在加工配合饲料的营养比例配方上，还有较大的挖掘潜力。此外，由于东风螺是以舔食方式进行摄食，与其他双壳类不同，所以，投喂方法非常讲究，在投喂小杂蟹和小虾时，要把外壳和附肢敲碎，以有利于摄食；小杂鱼的表皮有鳞片且韧性强，整条投喂效果不佳，因此最起码要用刀把小鱼切成块状，以增加东风螺的摄食面积，最佳的投喂方法为蟹虾类去壳，小杂鱼打成肉糜，这样既便于东风螺及时摄食食物，又可在用药时把药混在肉糜中一起投喂，以提高施药效果。

（五）病害防治

我国东风螺养殖的生物学及人工育苗技术的研究，主要始于 20

世纪90年代，其中育苗技术是近几年才取得较大的突破。由于其发展历史短，相关基础研究及技术储备不足，生产上难免存在一些问题。目前制约东风螺增养殖产业化发展进程的主要环节，仍是养殖技术不成熟，其中病害是最关键的问题所在。

东风螺生长在泥沙海域，是肉食性的贝类，由于自身的排泄物、残饵、死螺等经过长期的累积，这些沉积物通过微生物的分解产生大量的氨、硫化氢等有害物质，促使养殖场底质严重恶化，如果问题得不到及时的解决，经常会造成养殖的全面失收。因此必须高度重视对环境的处理和改善，在养殖一段时间后，要及时清洗沙底、残饵、死螺，注意投喂量的科学、合理调节，以防止自身污染和浪费。在养殖过程中，要定时交替使用0.5～2毫克/升的抗生素（百炎净、氧氟沙星、复方新诺明等）或中草药液汁，也可以用上述抗生素在饲料中添加2%～5%制成药饵投喂，均可有效预防养殖动物暴发疾病。

从长远发展的角度出发，东风螺的养殖，应坚持走健康养殖的道路，坚持以防为主、防治结合的科学方法，以提供优良的苗种、保证良好的养殖环境、使用优质高效饲料为手段，以科技进步为发展动力，统筹布局、合理安排、科学管理，更加有效地促进东风螺养殖向规范化、标准化、产业化发展的进程。

七、东风螺养殖的发展方向

（一）东风螺的立体养殖

养殖业的发展，必须朝低耗、高产、高质的方向前进。贝类立体养殖，是实现这一方向的必经之路。我国在贝类养殖的整体发展上，以鲍的工厂化立体笼养、扇贝的筏式养殖最有代表性，这几个品种已经成为我国贝类人工养殖的主打产品。因此，东风螺的发展，如果能解决好立体化生产，则产量可在原来的基础上提高4～5倍，效益也非常明显。从东风螺的生物学特性来看，东风螺属于比较好的放流增养殖品种，在工场化养殖方面仍有较大的挖掘潜力。所以水泥池立体笼养和海区多层筏式吊养，应成为该品种走上集约化高

东风螺

速发展的有效途径。

（二）东风螺混养

　　水产经济动物的混养已经在海洋渔业领域发挥了重要的作用并取得了良好的经济效益。如虾蟹混养、鱼蟹混养、鲍参混养、鱼虾藻混养等。东风螺由于栖息在沙泥底海区，上层水面浪费较大，可以考虑养殖一些非肉食性的经济种类，而沙泥底的腐殖质及残饵，又可以养殖一些对东风螺无竞争性的高品质的水产动物，目前国内对东风螺的混养主要集中在沙虫、红蚯蚓等品种。因为这些品种，可以加强物质循环，充分利用水体饵料，加速淤泥有机物质的分解，降低有机物的耗氧，减少水质恶化，又达到高产高效的目的，这是东风螺健康养殖、生态养殖的发展主流方向。

（广东省湛江市中海水产养殖有限公司　徐华森）

牡　　蛎

一、基本情况

牡蛎是我国沿海常见的贝类，福建、广东称之为"蚝"，浙江、江苏称之为"蛎黄"，山东以北的沿海称之为"海蛎子"、"蛎子"。牡蛎是一种很有经济价值的贝类，其肉富含蛋白质、脂肪、肝糖，还有多种维生素、灰分和其他物质，是高蛋白低脂肪的海产品，被称为"海洋牛奶"。其肉可食，亦有药用，壳可烧成壳灰，成为建筑材料和动物饲料的钙质源，可说全身都是宝。牡蛎种类繁多，据报道世界上的牡蛎有 200 多种，其分布除了两极和热带外，世界各海区均有牡蛎的踪迹，是目前世界上大宗养殖贝类之一。我国沿海的牡蛎约有 20 种，目前养殖的主要种类有近江牡蛎、长牡蛎、褶牡蛎、大连湾牡蛎及近年引进的太平洋牡蛎等。

二、生态习性

目前我国进行养殖的几种牡蛎，基本上都是广温、广盐性的种类，适宜水温为 15～25℃，当水温超过 28℃时，牡蛎生长缓慢或停止，在天气酷热的盛夏，位于高潮区的蛎苗，常常有被晒死的现象。在盐度为 5～30 的海区，均能正常生活，最适盐度，各个品种稍有不同，养殖时要根据养殖海区的盐度，选择相应的品种。牡蛎养殖对水流的要求是，流速越快越有利，流速快则滤食饵料生物多，牡蛎的肥满度就越高。

牡蛎属于滤食性生物，摄食是通过鳃过滤海水来进行的，其对食物的选择主要是物理性的，即以食物的颗粒大小为主要选择标准。牡蛎食物的种类较多，受生活海区浮游生物组成的变化而有所差异，主要是以浮游藻类中硅藻为主。

牡蛎的繁殖期，由于不同的种类及其所栖息的环境条件不同，因此繁殖季节也有差异，一般在每年的4—8月份。当生活环境的水温进入繁殖适温范围，牡蛎即可进行繁殖，有的种类1年有两个繁殖期。

三、养殖要点

从牡蛎贝苗的采集，到养成达到商品规格的成体这一期间的养殖管理，叫作养成。养成期的长短，随牡蛎的种类的不同而有差异。各种牡蛎的生长期有所不同，我国目前养殖牡蛎的养成期多数为一年，少部分为2~3年。在养成期间，通过加强日常管理，提高成活率，达到提高养殖产量的目的。

（一）养殖场地选择

牡蛎养殖场地的选定，依据条件是以适应所养殖的牡蛎品种的最佳生活环境为准则，即根据各种类对环境因子的适应范围来确定。短时间环境因子超出适应范围（如暴雨造成的盐度下降等），一般对牡蛎生活影响不大，但如果恢复正常状态的时间太长，则会引起牡蛎的不适或死亡，如持续的高温就会引起牡蛎死亡。此外，水质的污染，也须重视，养殖场地不能有工农业有毒有害废物废水等的进入。

牡蛎的养殖场地，一般选在有河水流入的河口、海湾的中、下潮区及近海等地，底质为泥沙或砂泥质底，海水相对密度适中，流速适宜，水质较肥沃，适合于牡蛎的生长繁殖，所以牡蛎的养殖场地，往往也就是其采苗的场地。

（二）养殖模式

我国牡蛎养殖模式有插竹养殖、条石养殖、投石养殖、立石养殖、底播养殖及垂下养殖等。

具体采用哪一种养殖模式，要根据养殖场地条件和养殖户的养殖技术和管理水平来决定。总体来说，插竹、条石、投石、立石等养殖模式，由于其投资大，生产条件较差，劳动强度大，产量较低，目前发展处于停滞阶段，有的地方甚至已淘汰。而底播养殖和垂下养殖由于其适应范围广，生长速度快，产量高，相对生产条件好和劳动强度减轻，便于规模化生产，目前在我国沿海的发展方兴未艾。但插竹、立石等养殖方式养殖的牡蛎，质量要比垂下式养殖的牡蛎好。

（三）养殖管理

垂下式养殖适用于浅海水域，根据其养殖设施的结构，又可分为栅架式养殖、延绳式养殖和台筏式养殖等三种，我国目前发展较多的是延绳式养殖，下面以介绍这种养殖模式操作管理为主。

1. 养殖区布局

养殖密度过大，病害多，肥满度差；过稀，水体利用率低，成本高，产量低。实践证明，浅海吊养太平洋牡蛎的面积占水域面积的 15%～20% 较为合理。每 0.7～1 公顷为一区，每区应留一定的水道，保持潮流畅通和船只通行，一般区间距为 50 米，呈"品"字形排列。

2. 台筏设置方向

台筏设置方向主要依据当地的潮流和季风，内湾水域还要考虑其所处的地形。台架一般应与潮流的主流方向成 50°～60° 偏角设置，形成拉流现象。

3. 延绳式养殖的台架结构

（1）桩　根据海区底质状况，选用不同材料的桩头。沙泥质底，宜选用直径为 12～15 厘米、长为 2 米左右的松木做桩；泥沙质底宜选用直径为 15～18 厘米、长为 3 米以上的毛竹做桩；泥质底应抛 50～100 千克的铁锚。木桩或竹桩的末端，要削成锥形，便于入土。离桩顶 10～15 厘米处，钻孔插入直径为 1 厘米、长为 25～30 厘米的钢筋一根，以防止桩缆滑脱。毛竹桩的末端，要打通竹节（长度为全长的 1/3 左右），这样可使桩更加稳定牢固。

（2）桩缆　桩缆的粗细，要视海区风浪大小而定，一般选用 3 000～3 500 丝聚乙烯绳。风浪大、潮流急的海区，应用 3 500 丝聚

牡蛎

223

乙烯绳，这样不易造成断缆拔桩。桩缆长度，两端各为 35 米左右，具体应以大潮满潮时水深 2 倍以上确定桩缆长度。

（3）**缆绳** 采用 2 400 丝聚乙烯绳，长度为 110～125 米，每区缆绳平行设置 21 条，可养 0.7 公顷左右。缆绳长度要统一标准，使浮筏排列整齐，受力平衡。

（4）**苗绳** 采用 90～120 丝聚乙烯绳，长度为 2.4 米，苗绳的末端应烧结以便穿结。每根苗绳上的上下壳间距为 20 厘米，相邻苗绳间的间距为 30～35 厘米。当前养殖户大多使用汽车废旧橡胶内胎做苗绳，使用时把橡胶内胎分成宽 5 厘米左右的圆环，用大小合适的聚乙烯绳吊挂在缆绳上，各圆环间距 10～20 厘米。用橡胶内胎为附着器，可多次使用，节省成本，使用方便，附苗多且密，较受养殖户欢迎。

（5）**浮子** 浮子可选用实心的颗粒型泡沫浮球、空心塑料桶等，规格为 20 厘米×25 厘米×40 厘米，浮球用网裹住，两端端绳采用 600 丝的聚乙烯绳，绑在缆绳上。养殖户多使用长条形的废旧泡沫塑料，成本较低，操作简单。浮子数量，根据牡蛎生长速度进行调整，以保持牡蛎串稳定在 1 米水深左右为好。

4. 采苗

一般来说，养殖牡蛎的品种，应是当地的品种，其生产用苗，多为自然采苗，而引进品种，则通过工场化人工育苗来获得生产用苗。

采苗前要准备好牡蛎采苗器。选用的牡蛎采苗器，应力求取材方便，价格低，坚固耐用，表面粗糙，附着面大，操作方便。目前各地常用的采苗器有石块、石条、贝壳、水泥制件、竹木棒、陶瓷块、橡皮条和化纤绳等。

采苗场地有专用场地，也有直接在养殖场地采苗的。养殖户在养殖当地品种时，为了方便和减小劳动强度，大多在养殖场地处直接采苗，进行养殖生产。

采苗期要准确掌握采苗季节，及时投放采苗器，这是采苗成功的关键。牡蛎的采苗期，主要是根据不同品种牡蛎的繁殖季节。由于各海区的海况不同，同种牡蛎的繁殖期也不一样，因此，采苗期也不同。一般繁殖盛期，则为采苗高峰期。

养殖户要准确掌握采苗期，可根据下列几种情况作为采苗期的依据：一是观察牡蛎生殖腺的变化。牡蛎进入繁殖期，其内脏团周围的生殖腺非常丰满，而产卵后生殖腺突然消失，内部几乎呈透明；二是观察水温变化。温度是促使牡蛎生殖腺成熟的重要因子。水温高，生殖腺成熟快，产卵期早；相反，水温低，生殖腺成熟慢，产卵期亦相应推迟；三是观察藤壶的附苗情况。藤壶的发苗季节，一般比牡蛎的发苗季节提早半个月左右。当藤壶苗大量出现时，接着便是牡蛎苗的附着高峰。

生产实践证明，在5—6月份采的牡蛎苗（俗称早苗或夏苗），生长较快；而7—8月份采的牡蛎苗（俗称秋苗），生长较慢。从养殖生产的观点出发，应以采早苗为佳。但福建、浙江沿海养殖的褶牡蛎，在4—11月份均可采苗，而立夏苗生产不稳，不大受欢迎，因此，养殖户应以采秋苗为主。

5. 养成管理

牡蛎的养成时间较长，一般为1～2年，因此，海上的日常管理是一项经常性的也是非常重要的工作，要经常性的下海巡查、观察。

在延绳式养殖过程中，养殖前期正值藤壶繁殖高峰，应适当减少浮子，使浮筏下沉，以减少藤壶附生。随着牡蛎生长，重量增加，适时在缆绳上加挂浮子，增加浮力，防止浮筏下沉，蛎串着泥；要及时清除附着在筏架上的泥沙杂藻；发现苗绳缠绕在一起时，要及时解开，以防互相碰撞脱落或断裂，如发现壳串断绳掉入泥中的，要及时捞起挂好，特别要防止棚架断裂、拔桩断绳等事故发生。在台风季节前，要及早做好台架的加固工作，提高安全系数。

6. 收获

牡蛎养成达到上市规格后，即可采收上市。一般来说，牡蛎的收获季节大多集中在冬、春两季，这是因为在这段时间内收获有三个好处：一是牡蛎肉质肥满、味道鲜美，且在春节前后，商品售价高，销路好；二是气温低，产品易保存；三是正值冬闲时节，有较多的劳力可投入采收。

延绳式养殖的牡蛎，先将养殖的蛎串从缆绳上割下，收入船舱后运回岸上，统一开壳取肉或带壳销售。取出的蛎肉，尽量做到表皮完好，保证产品质量，放入准备好的清水中保存。近年宁波市发生过食用生鲜蛎肉而患伤寒的情况，经查是保存蛎肉使用了不洁河水之故。因此，养殖户要注意食品安全问题，不要使用河水和其他露天水源，要使用清洁的井水和消过毒的自来水等来保存蛎肉。

牡蛎采收后，将苗绳上附着的蛎壳削去或放在路上用拖拉机来回碾过后去壳，以供下一生产季节使用。

四、生产实例

浙江省宁海县一市镇东岙村养殖户李定贝，在三门湾旗门港海区养殖牡蛎40亩（图39）。采用延绳式养殖方式，每根绳子挂苗长度70米，绳上挂附苗器的间距为30厘米，一根70米的绳上一般可挂200根附苗器，按照通常的统计方式，以800根附苗器为一亩计算，4根绳子为一亩。绳与绳之间间距为5米，20～50根绳子为一组，组与组之间应留出50～100米的距离，绳的两头用木桩固定，

图39　养殖实景

绳上用废弃泡沫作浮子。采用废弃的自行车橡皮轮胎作为附苗器。2008 年 7 月 15 日开始附苗，到 8 月 6 日附苗完成，养殖过程中每隔一周或半个月下海检查一次，发现附着器相互纠缠，要及时解缠，在蟹类活动频繁季节里，加强管理，清除敌害。在台风季节，则要在延绳上增加浮子，以增强抗浪能力。

2009 年 11—12 月份开始收获销售，一根附苗器最高可收 5 千克带壳牡蛎，差一点的也可收 3 千克，李定贝养殖的 40 亩牡蛎，共收获 125 吨，产值 25 万元（平均价格为 2 元/千克），除去生产成本 10 万元，获利 15 万元，投入产出比为 1∶2.5。

（浙江省宁海县水产技术推广站　徐开崇，陈国年）

牡蛎

泥　　蚶

泥蚶俗称花蚶、血蚶、粒蚶，蚶血鲜红，肉味鲜美可口，是我国华东、华南沿海的酒席之佳肴，主供鲜食，亦有腌渍加工而食。蚶肉含有丰富的蛋白质和维生素 B_{12}，民间认为具有补血养颜之功效。蚶壳则可作药用，有"消血块，化痰积"作用。因它富含碳酸钙，也可烧制石灰和作为陶瓷工业上的原料。

一、特征特性

泥蚶没有出、入水管，活动力差，是生活于潮流畅通和风平浪静的内湾中的贝类。泥蚶的栖息深度，以刚埋没全身为限，在泥滩表面，形成2个出、入水孔，借以进行海水的交换。泥蚶抗浑浊的能力较强，多生活在软泥底质中，更适于生长在富含腐殖质的软泥滩涂。泥蚶是广盐性贝类，对盐度适应能力较强。成蚶在盐度为10.4~32.5的海水中均能生活，盐度为20~26.2的半咸水区更适于泥蚶的繁殖和生长。在盐度降得过低时，泥蚶向下潜伏，出入水孔被淤闭，使其在泥层内受到保护，待盐度上升后，再回到上层，进行正常生活。如果盐度长时间低于8，泥蚶会死于泥下。泥蚶对水温适应能力较强，尤其对高温的适应能力较强，对低温的适应能力较差。成蚶生长适宜温度是10~30℃，3℃以下出现冻伤，40℃以上呈现麻痹状态。泥蚶露空能力较强，据实验，将成蚶包装在麻袋中，在气温18~24℃条件下，8天后才开始死亡；在11~13℃条件下，可存活15天。泥蚶系滤食性贝类，对食料的大小和形态具有选择能力，对食料营养价值的选择能力非常差，其肠胃内容物绝大部分是硅藻。

二、养殖要点

为提高养殖泥蚶效益，养殖模式以围塘混养为主，混养品种为缢蛏、南美白对虾、青蟹。

1. 养殖塘条件

（1）水质要求　水质好坏直接关系到泥蚶的生长栖息，一般要求养殖池塘水质新鲜稳定，不受污染、排水通畅，水量充足，海水相对密度为 1.012 ~ 1.022，pH 值在 7.8 ~ 8.4 范围。

（2）养殖塘滩面底质　要求滩面平缓，以软泥适当含沙质（泥 80% ~ 90%，沙 10% ~ 20%）为宜，底质要求柔软、细腻、软硬适中。

（3）面积和水深　较为理想的养殖塘面积为 20 ~ 40 亩，长宽比以（2 ~ 4）：1 为佳，滩面水深 40 ~ 50 厘米。

（4）养殖塘环沟　环沟宽 3 ~ 6 米，深 1 ~ 1.5 米。

（5）水源　有条件的虾塘，要开辟淡水水源。

2. 清塘、整涂

（1）清淤除害　因泥蚶营埋栖生活，主要生活在底泥当中。老塘经多年养殖后，底质开始老化，泥质偏酸性，pH 值在 7 以下，适宜病菌孳生繁殖，另外在高温季节或温差变化较大时，污泥将会产生有毒、有害气体溶解在水中。因此，要进行彻底清塘，将池内积水排净，封闸晒池，去除池中及沟内污泥、杂质，沟内淤泥、杂质可用泥浆泵吸污清除，并通过进排水进行数次冲泥除污。

（2）滩面要翻耕，暴晒去污，改善底质　放养前，必须清除不利于泥蚶生存的敌害生物、争食生物及致病生物。能排净池水的养殖塘可排干池水后暴晒，使用生石灰干法清塘，生石灰的用量为 100 千克/亩。清塘时，在塘四周挖几个小潭，让水流入，再把生石灰放入溶化，不待冷却立即均匀遍洒全池。有积水的养殖塘，选择药物清塘，以生石灰（0.5 ~ 1 千克/米³）或漂白粉（30 ~ 50 毫克/升）为好。

泥蚶

229

（3）**蚶田整理** 放养泥蚶之前，必须选好养蚶滩面，经过翻土、耙耕、细耙、整平、开沟（深 20～30 厘米），建好蚶田，构建一个适宜栖息生长的良好生活环境。蚶畦用围网围起，在水沟中套养青蟹和南美白对虾。在蚶畦中，对于底质较硬的硬涂质，应多翻松，较软的涂质，也需要整平，将低洼处填平，使场地平坦无积水。

3. **培养基础饵料**

泥蚶为滤食性动物，主要的食物为单细胞藻类，水体中藻类的多少直接影响到泥蚶的生长，因此，在泥蚶放养前和养殖过程中，要注重藻类的培养。传统的养殖培育藻类，一般施用有机肥，但有机肥未经发酵前本身可能带有细菌，特别是夏天，气温较高，使用有机肥不当容易导致水体中细菌大量繁殖，使水质恶化。现提倡使用化肥进行施肥培育藻类，主要为氮肥、磷肥。清塘消毒 1 周后，使用 60 目锥形网进水，水深 40 厘米。首次施肥，加氮肥 2～4 克/米^3，磷肥 0.2～0.4 克/米^3，以后每隔 2～3 天施肥一次，用量为首次的 1/3。待池水透明度达 30 厘米左右时停止施肥，放养泥蚶苗种。

4. **苗种放养**

泥蚶养殖，以混养为主，混养的比例直接影响养殖效益，泥蚶养殖混养的品种有缢蛏、青蟹、对虾等。泥蚶混养要求掌握三个原则：一是精养泥蚶、缢蛏，疏养虾；二是控制泥蚶、缢蛏养殖面积和养殖产量；三是提高效益，放大规格苗。

（1）**养殖塘养殖比例** 苗种规格和放养密度。养殖泥蚶、缢蛏面积，要求占养殖塘面积的 40%～50%，泥蚶、缢蛏养殖比例为1:1，泥蚶放养规格为 200～300 颗/千克，放养密度为 200～260 颗/米^2；缢蛏放养规格为 1 200～2 500 颗/千克，放养密度为 300 颗/米^2。亩投放南美白对虾（0.8 厘米以上）1 万～2 万尾。青蟹放养规格为 50 克/只，亩投放苗 100～250 只。

（2）**放养时间** 宜早不宜迟，季节要抓紧。放养原则：先播贝苗，再放虾蟹苗。泥蚶可在 2—4 月份放养。缢蛏养两茬，第一茬为

1—2 月份，第二茬为 5—6 月份。南美白对虾第一茬在 3—5 月份放养，第二茬则视第一茬具体情况而定。青蟹放养视自然苗收捕情况而定。

(3) 苗种质量要求　① 泥蚶、缢蛏苗：选择苗种要求大小均匀，长势好，苗体健壮，泥蚶规格 200～300 颗/千克，缢蛏规格 1 200～2 500 颗/千克。

② 虾苗：选择大小均匀，体质好，活力强，规格在 0.8 厘米以上。

③ 青蟹苗：选择肢体完好，体质好，活力强，规格在 50 克/只以上为好。

5. 日常管理

(1) 水质　根据泥蚶和对虾不同的生长阶段，适时换水，保持适宜水位。一般一汛期换水一次，进水时前期使用 60 目锥形网过滤。后期改用网目径为 0.5～1 厘米的锥形网过滤。春秋季节保持水位 40～50 厘米，夏季炎热，冬季严寒天气水位控制在 60～70 厘米。

(2) 投饵　对虾饲料不用海水张网虾，使用对虾配合饲料。青蟹饲料使用蓝蛤、鸭嘴蛤等低值贝类。投喂数量根据对虾、青蟹摄食量，结合水质环境、天气、生长状态等而定。实行定点、定时、定量投喂。不能将饲料投到贝类养殖区内。

(3) 适量施肥　塘内生物量高、阴雨天多、藻类密度降低、水色变淡时，应及时用化学肥料追肥，不提倡施用粪肥。并降低水位，促进水中藻类的繁殖，培养基础饵料，以利于贝类的生长。

(4) 蚶 (蛏) 田管理　每旬要干露蚶田一次，露滩时间不能过长，但在对虾长大且密度较高或在火热天气不能露滩。利用换水露滩之机，加强蚶田管理。检查贝类生长情况，整理滩面堤坝，捕捉敌害生物。

(5) 加强日常管理，及时巡塘　经常检查对虾、贝类体 (壳) 长，体重，及时掌握其生长情况，发现问题，及时解决。

(6) 防洪防寒　在台风、大暴雨、严寒天气来袭前，适当提高养殖塘水位 (80～100 厘米)，减少盐度、温度变化幅度。

（7）**病害防治**　泥蚶养殖过程中病害较少，但一旦发生病害较难治疗，一般以预防为主，对养殖的围塘要清塘，水质恶化时要及时换水。在日常管理中，要注意观察泥蚶的生长情况，对出现死亡的围塘要及时消毒，以免致病菌的大量繁殖，防止病害大面积发生。

6. 起捕

根据养殖情况、养成规格及市场需求，适时起捕。一般至春节前起捕完养殖塘内产品，以安排来年养殖塘清塘及生产。

三、养殖实例

浙江省乐清市雁荡镇西门岛村保西塘，养殖面积为 30 亩，2009年 2—3 月份陆续投放 270 颗/千克的泥蚶苗种 2 003.5 千克；缢蛏养两茬：1 月份投放 2 024 颗/千克的缢蛏 231 千克，6 月份投放 1 200颗/千克的缢蛏 875 千克；南美白对虾也分两茬投苗：3 月份投放体长 0.8 厘米的虾苗 50 万尾，5 月份投放体长 0.8 厘米的虾苗 45 万尾；投放 50 克/只的青蟹苗种 7 170 只。2009 年共养成 100 颗/千克的泥蚶 4 750 千克，两茬共养成 65 颗/千克的缢蛏 4 602 千克，两茬共养成 30 克/只的南美白对虾 698 千克，180 克/只的青蟹 398 千克。总产值为 186 808 元，养殖成本为 124 428 元，养殖效益 62 380元，平均亩效益为 2 079 元，投入产出比为 1：1.5。

（浙江省乐清市水产技术推广站　吴明浩）

扇　贝

扇贝隶属于软体动物门（Mollusca）、瓣鳃纲（Lamellibranchia）、翼形亚纲（Pterimorphia）、珍珠贝目（Pterioida）、扇贝科（Pectinidae）。世界上扇贝的近缘种有近 300 种，我国有 30 余种。

扇贝科的种类全部为海产，分布范围较广。栉孔扇贝仅分布于我国北部、朝鲜西部沿海和日本。在我国，栉孔扇贝自然分布于辽宁东部和山东沿海低潮线以下，水深 10 ~ 30 米的岩礁或有贝壳沙砾的硬质海底。我国养殖的海湾扇贝和虾夷扇贝分别从美国和日本引进。海湾扇贝为暖水性种类，自然分布于美国东海岸，我国南方和北方均可养殖；虾夷扇贝为低温性种类，自然分布于日本、朝鲜沿海，仅在我国北方养殖。近年来我国沿海各地，根据具体条件，因地制宜地开展了扇贝人工育苗、养殖工作，主要品种包括原有的栉孔扇贝以及从美国引进的海湾扇贝和从日本引进的虾夷扇贝。

一、栉孔扇贝养殖

栉孔扇贝（*Chlamys farreri*），肉质细嫩，味道鲜美，营养丰富，在很早以前就被认为是高级水产食品。据化验分析：每 100 克鲜扇贝柱内，含蛋白质 14.8 克、脂肪 0.1 克、碳水化合物 3.4 克、热量 74 千卡。扇贝柱的干制品称"干贝"。每 100 克"干贝"含蛋白质 63.7 克、脂肪 3 克、碳水化合物 15 克、热量 342 千卡。此外，扇贝还含有钙、磷、铁等多种营养元素和维生素。栉孔扇贝在我国主要分布在山东和辽宁等地。

（一）栉孔扇贝半人工采苗

半人工采苗是在栉孔扇贝繁殖季节，把附着基放在自然海区中，使达到附着期的扇贝幼虫附着其上，待附着稚贝长到一定规格再供生产上使用。为了提高采苗效果，选择适宜的附着海区，投放适宜的附着基，适时的投放以及掌握适宜的投放水层，都是半人工采苗生产中的重要环节。

1. 海区的选择

要选择栉孔扇贝资源比较好，风浪较小，水质清澈，浮泥较少的海区。采苗的海区，还必须具备不受外部海流的强烈影响和内外水团交换缓慢的条件，以使扇贝浮游幼虫不至于过分流失。烟台周边沿海，一般在套子湾至八角湾一带采苗效果较好。

2. 采苗时间

栉孔扇贝的繁殖季节，在 5 月中、下旬至 9 月底。一般采苗时间在 6 月上、中旬，水温为 16～20℃时。采苗时间的确定，根据不同年份、各地具体条件不同有所差异。

3. 采苗器的种类

采苗器的选用首先要考虑是否适于稚贝的附着；其次还要考虑附着面积大，重量轻，在水中不易腐烂，价格便宜等因素。目前栉孔扇贝采苗，多用胶丝网袋（14～16 目），内置网套或碎网衣等，效果较好；此外，红棕绳、扇贝壳、棕榈片、聚乙烯网片等，也均可作为采苗器。

4. 采苗方法

附着基投放的适宜深度，以 3 米以下较好。如果水层浅，水表层浮泥、杂藻过多，影响稚贝的附着和生长。同时，幼虫垂直分布规律显示浅层水中幼虫分布较少。采苗过程中，要严禁随意提动采苗袋，以免引起初附着稚贝的脱落。一般在 9 月中、下旬，稚贝 1 厘米左右时，应根据个体大小及时分笼。

（二）苗种的中间培育

1. 海区的选择

中间培育海区应选择风浪较小、浮泥少、饵料丰富、水流畅通的海区。

2. 挂苗方法

中间培育使用养殖筏架。筏身沉于水下 1 米，扇贝苗吊于水下

4～5米，苗绳下的坠石2～3千克/个，每绳间隔0.5～1米，每台筏架约吊挂100～120条苗绳。

3. 日常管理

挂苗前7天，不要提动苗绳。以后如果网袋上浮泥较多，可轻提网袋。要经常检查筏架、吊绳、浮子和坠石是否安全，经常清除网袋上的浮泥、杂藻及附着生物等。

4. 及时分苗

当贝苗个体有70%以上达到1厘米时，应立即开始分苗。分苗时，采苗袋可以拿到陆地的室内或棚子里，不要在露天进行。分苗过程中，动作要轻快，干露时间一般不宜超过4小时，特别是气温较高时。

分苗要求按不同规格把扇贝苗分开。分苗后的苗种，可以放置于网笼中，网笼直径为30厘米左右，分为6～7层，层间距为15厘米，网目为4～8毫米。壳高小于1.5厘米的贝苗，每层码放500只；壳高大于1.5厘米的贝苗，每层码放200～300只。每台筏架约挂100笼。

（三）栉孔扇贝养殖方式

1. 筏式养殖

（1）海区选择 扇贝的养殖区，应选择水质较肥、浮泥少、水流畅通、饵料丰富的海区，要求底质平坦，以泥沙或沙砾底为好，软泥底也可以。养殖环境条件，应符合以下要求。

① 水质应符合《无公害食品 海水养殖用水水质》（NY 5052—2001）的规定。② 水深在大潮期低潮时为5～25米。③ 流速为10～40厘米/秒。④ 水温为1～26℃。⑤ 盐度为25～33。⑥ 透明度不低于60厘米。

（2）养殖设施 由浮缏、浮漂、固定橛、橛缆、养成笼等部分组成。首先划分海区并确定位置，留出航道，行向与流向成垂直。一般每条筏架长60米左右。

（3）养成方式 栉孔扇贝的养殖方式，主要有笼养、串耳吊养。

扇
贝

235

① 笼养。利用聚乙烯网衣和直径为 30 ~ 35 厘米的带孔塑料盘制成的数层圆柱形网笼。网衣网目大小，视扇贝个体大小而定，以不漏掉扇贝为原则。一般网笼分隔为 7 ~ 10 层，层间距为 20 ~ 25 厘米。每层一般放养个体规格为 2 厘米左右的栉孔扇贝苗 30 ~ 35 个。400 笼为 1 亩。悬挂水层为 1 ~ 6 米。

② 穿耳吊养。经海上中间培育的扇贝苗养到翌年 4—5 月份，选择壳高 3 厘米左右的扇贝，在其左壳前耳基部钻一个直径为 2 毫米的小孔，用直径为 0.7 ~ 0.8 毫米的胶丝线或聚乙烯丝线穿入小孔，系于直径为 2 ~ 3 厘米的棕绳或直径为 0.6 ~ 1 厘米的聚乙烯主干绳上。每小串可串几个至 10 余个小扇贝，串间距 20 厘米左右。长 2 米的养成绳，每绳可吊养 130 ~ 150 个扇贝。钻孔操作时要注意，应从右壳朝左壳钻孔，不要损伤扇贝的足部，防止韧带拉伤造成错壳。缠绕时幼贝的足丝孔都要朝着附着绳的方向，以利于扇贝附着生活。目前多采用机械钻孔，幼贝的穿孔、缠绕均应放在水中进行，操作时尽量缩短露空时间，穿好后要及时下海挂养。筏架上绳距为 0.5 米左右，投挂水层为 2 ~ 6 米。

（4）养成期间的管理　主要是根据不同季节和海区调节水层，根据扇贝生长情况，进行分笼和更换网衣，注意附着物的清理和确保安全。

① 调节水层。养殖的水层要随着不同季节和不同海区适当调整。春季可将网笼挂于 3 米以下的水层，以防浮泥、杂藻附着。

② 清除附着物。附着生物与扇贝争夺饵料，网笼外大量附着生物，堵塞网笼，影响扇贝生长。因此，要在生物附着高峰后更换网笼，洗刷网笼，清除贝壳上的附着物。

③ 确保安全。养成期间，由于扇贝不断长大，需要及时调整浮力，防止浮架下沉。要勤检查筏架和吊绳是否安全，注意防风。

2. 扇贝的底播养殖

将 2 ~ 3 厘米幼贝，直接撒播在选好的海区中粗放养殖，为了提高底播效果，应将底播海区中海星、红螺及其他敌害生物清除出去。目前底播粗养的放养密度为每平方米 10 ~ 15 个。由于底播养殖

的生长速度较慢，因此，栉孔扇贝 20 个月左右才能收获，存活率为
30% ~ 50%。

（四）栉孔扇贝收获

将养成的扇贝连养殖笼一起从筏上解下，运至岸上，将扇贝倒
出，养殖笼留作下次使用。扇贝的收获季节一般选在秋季水温降至
5℃以后，至春季水温回升至 5℃之前。

二、海湾扇贝养殖

海湾扇贝 [*Argopecten irradians*（Lamarck，1819）] 自 1982 年由
中国科学院海洋研究所从美国引进以来，经过多方努力，已发展成
为北方主要的养殖品种之一，以其养殖周期短、见效快等优点给沿
海广大养殖单位和渔民带来了显著的经济效益。

（一）海湾扇贝中间育成

中间育成，亦称为保苗。海湾扇贝保苗，分为海上保苗和虾池
保苗两种方法。因海上保苗受环境因素影响较大，保苗率较低，因
此目前多采用虾池过渡，海上暂养销售的方法。

1. 池塘选择与消毒

池塘应以沙质底为好，岩礁底次之，泥沙底质差，泥质底最差。
保苗虾池在进水之前清除池底污泥和杂草，然后平整池底，夯实池
沿，用 30 ~ 50 毫克/升的漂白粉或 500 毫克/升的生石灰带水消毒。
污泥少的虾池，可以干晒翻耙后，再用海水浸泡冲刷 1 ~ 2 次即可。

2. 肥水

稚贝入池前 7 ~ 10 天进水 0.5 米以下，施氮肥 3 ~ 5 毫克/升、磷
肥 0.3 ~ 0.5 毫克/升。进苗前 2 ~ 3 天，加至最高水位。肥料种类为
硝酸钠、硝酸铵和尿素、磷酸二铵等。肥水后透明度为 60 ~ 80 厘
米，水色呈黄褐色、黄绿色、绿色、淡绿色等鲜嫩颜色，透明度太
大可在晴天早晨追肥 2 ~ 3 次，肥料用量为氮肥 1 ~ 2 毫克/升、磷肥
0.1 ~ 0.2 毫克/升。

3. 筏架设置

浮绳长以 20～50 米为宜，两端以木桩固定，浮力应较密集、均匀设置，采苗袋宜吊挂在 30～40 厘米的弱光水层中，每串 6～8 袋，垂挂间距 50 厘米。

4. 稚贝出池

确定合适的出池时机，最近 2～3 天内没有大风雨及寒流；虾池最低水温在 13℃以上而且稳定多日，盐度在 35 以下，其他理化生物指标皆在正常范围内；育苗池已逐步完成了降温增光锻炼，水温在 20℃以下，与虾池温差在 2℃以内，盐度差在 5 以下；稚贝规格为 400 微米以上。装苗帘的网袋应使用 60 目的，网袋大小以 30 厘米×40 厘米至 40 厘米×50 厘米为宜，网袋过小效果差，装袋密度为 4 万～6 万粒/袋，网袋内须放置一块网片或棕绳，以便将采苗袋撑开，以增大袋内环境，通常采用装袋后干运法，长距离运苗宜选择晚上进行，时间不超过 6 小时。

5. 日常管理

从稚贝入池第三天开始，日换水量：前期以 10% 为宜，中、后期以 20% 左右为宜。换水不仅可以防止水质老化，维持水温相对稳定，而且可以形成水流，促进采苗袋内的水体交换。根据天气情况，在雨天，应尽量提高池塘水位，降低采苗袋，防止表层池水盐度突变，造成稚贝不适应甚至死亡。在分苗的前 3 天内，应加强池水交换，换水量可在 30% 以上，使池水环境状况与自然海区水环境状况有所接近，从而提高稚贝下海时的适应能力，提高养殖成活率。

6. 分苗

保苗 20 天后，规格达 2～3 毫米时，可将贝苗从附着基上刷下，向 30 目袋分苗。方法是搭棚遮光挡风，用毛刷刷苗或用摆洗法刷苗，原附着基视剩苗数量 2～4 片装袋后继续暂养。然后收集贝苗，按容量法计数装入 30 目袋，密度为 1 000～2 000 粒/袋。苗袋绑扎，采用 2 袋/簇，间距为 20 厘米，10～12 袋/串。

7. 海上暂养

重新分装的贝苗，经 3~5 天后均匀分布在网袋上，此时由于贝苗个体较大，生长迅速，虾池温度过高，如换水量较小，贝苗极易脱落，最好将贝苗移至海上暂养，等待销售。

（二）海湾扇贝养成

1. 网笼制作

按每亩放养 10 万粒贝苗计算，每亩需要直径为 300 毫米（最好采用 350 毫米）、层数为 8~10 层的养成笼 400 个（目大为 15~20 毫米）。同时需要目大 3 毫米和 5 毫米的小苗暂养笼，分别为 30 个和 20 个，以作育苗和疏苗用。在缝制时，不论是养成笼还是暂养笼，层间距（100 毫米）的各塑料盘，一定要保持相互间的平行。

2. 选用"早、壮、大"苗种

海湾扇贝的生活周期只有 1 年，所以养殖海湾扇贝要早育苗（每年 3—4 月进行控温育苗），应尽量选用早苗、大苗和壮苗。养殖用苗最好选用 6 月中旬以前壳高就达到 5 毫米的商品苗。分笼养成的时间，只要苗种达到养成规格，应以尽早为宜。

3. 及时疏苗、倒笼

小苗购进后，要加强海上管理，凡是壳高达到 5 毫米时就要及时筛选进暂养笼（目大为 3~5 毫米）。当壳高达到 20 毫米时，就要抓紧倒入养成笼（目大为 20 毫米）进行养成。切不可等小苗壳高全部达到 5 毫米后再进入暂养笼，更不可等暂养笼中的贝苗壳高全部达到 20 毫米再进入养成笼，而是要分期筛选、分批进笼，暂养笼中的贝苗有 20%~30% 壳高达到 20 毫米的就要把大苗筛选到养成笼中。一般经 2~3 次筛选，贝苗都可进入养成笼中。

4. 合理放养密度

密度是指每笼每层的布苗数量。合理的布苗密度是海湾扇贝高产、高效益的重要的技术环节之一。放养密度以 30 个/层为宜。

5. 科学管理

养成管理比较简单，只需经常检查是否有掉漂、缠架等现象发生，特别是大风过后，一定要抓紧检查，发现问题及时解决，以保证扇贝安全、正常生长。

6. 收获

每年的 11—12 月份，是海湾扇贝养成的集中收获季节。

三、虾夷扇贝养殖

虾夷扇贝为冷水性贝类，原产于千岛群岛的南部、朝鲜北部、日本北海道及本州北部等水域，分布于底质坚硬、淤沙少和水深不超过 40 米的沿岸海区。

虾夷扇贝于 20 世纪 80 年代初从日本引种进入我国，现在已成为我国北方主要的养殖扇贝之一。

（一）虾夷扇贝中间育成

稚贝在培育池中经过 15 天左右培育，当壳高生长到 600～700 微米时，便可移到对虾养成池或海上继续培育，直到培育成商品苗（壳高 0.5～1 厘米）出售给养成单位。

1. 稚贝海上过渡的方法

（1）**网袋**　采用 20～60 目窗纱网制成，小的网袋，长 40～50 厘米，宽 30～40 厘米；大的网袋，长 60～75 厘米，宽 40～50 厘米。

装袋时，将采苗帘（长约 5 米）装入一个袋中，若采苗密度过高，可在袋内追加一部分洗净的空白网衣。网衣采苗，每袋可装网衣 100 克左右。网袋绑扎在直径为 0.5 厘米左右的聚乙烯垂绳上。垂绳一般长 3 米左右，袋与袋之间不应碰撞，为防缠绳，垂绳下面应有沉石。

（2）**塑料筒**　直径约为 25 厘米，长约为 60 厘米，两端的筒口用 20～60 目的塑料窗纱封闭。筒装苗帘或网衣，最好把苗帘或网衣固定在筒中，不使其在筒内乱动。装好后，先用 40～60 目聚乙烯网封扎两端，然后随着个体的生长，再换用较大网目的窗纱封住筒的两端。

（3）**网箱**　系 20～60 目的窗纱网缝制而成的方柱形的网箱。网箱长70厘米，宽、高各为40厘米，刚好能套在一个用直径为6毫米铁条焊接而成的框架上，为防止铁条磨网衣，铁条上缠上一层塑料布。稚贝出池前，将苗帘绑在两根长的铁条上。每个网箱可吊2～3层，各层之间要有一定距离，防止相互摩擦，装好后用尼龙绳把网口缝好。

（4）**网笼** 利用一般养殖扇贝的网笼，笼外套上40～60目聚乙烯网，将苗帘置于每层隔盘中。为了疏稀密度，每层隔盘中增投少许网衣。由于网笼支撑较好，保苗率高于网袋。稚贝在装袋、筒、笼过程中，要求操作要轻，动作要稳而快。

2. **提高稚贝海上过渡保苗率的技术措施**

（1）**选择良好的保苗海区** 在海上过渡的海区，要求应是一个风平浪静、透明度大、流速缓慢、饵料丰富的囊形海湾。

（2）**提高稚贝出池规格** 将稚贝培育至壳高700～800微米的规格下海，有利于提高下海保苗率。

（3）**采用双层网袋保苗** 稚贝出池时装入20～30目的聚乙烯网袋中，外罩40～60目的网袋（规格略大于内袋）。出池下海后10天左右，袋内稚贝已经长大，将外袋脱下。脱外袋时，应将内袋外侧的稚贝用刷子刷下，装入40目网袋暂养。双层网袋的保苗率，一般可达30%～50%。

（4）**利用对虾养成池进行海上过渡** 在未入对虾养成池之前，先进行清洗，然后进水并施肥，接种各种单细胞藻类。由于池水温度较同期海上水温高（一般高4～6℃），具有饵料丰富、池塘无风浪、无浮泥、水清、管理简单方便等有利条件，可以提高稚贝生长速度，提高保苗率，从而缩短扇贝稚贝的过渡时间。

（5）**利用圆形网袋保苗可以提高保苗率** 圆形网袋，系20目和40目的聚乙烯网片缝制而成的圆柱形的网袋，底部直径为200毫米，高为280～300毫米，内置一个塑料框架。框架为一圆柱形，直径为185毫米，高为50毫米，用高压聚乙烯与橡胶铸塑而成。

圆形网袋具有许多优点，它在塑料框架的支撑下，保持较大的生活空间，水流畅通，使贝苗能自由移动，便于水的交换和增加摄食几率，可避免稚贝相互咬合，防止稚贝堆积和摩擦而引起的死亡，可防止自身的污染。

（6）利用网笼下海保苗 可以利用扇贝养成网笼，外套一层 40～60 目聚乙烯网将苗帘置于其中，下海保苗。随着稚贝生长，逐渐分袋或分笼。为了疏苗生长，在网笼内放置少许网衣。

（7）及时疏稀密度 随着稚贝的生长，应及时疏稀，当壳高达 2 毫米左右时，疏稀的密度约为每袋 4 000～5 000 粒。稚贝壳高达 5 毫米左右时，再疏稀一次，随着稚贝的生长更换较大的网目，每袋（30 厘米×25 厘米）装稚贝 1 000 粒左右。在同一时期分袋的稚贝，如密度小，则生长快；如密度大，则生长慢。

（8）加强管理 防止网袋相互绞缠，及时洗刷网袋，增加浮力，防止断架、断绳、掉石等。认真做好海上管理，也是提高海上保苗率的重要措施。

（二）虾夷扇贝养成

1. 贝苗暂养

购入的商品苗，不能直接分笼养成，须进行贝苗暂养，即从壳高 0.5～1 厘米的商品苗培育成壳高为 2～3 厘米左右的幼贝（亦称贝种）。这一过程是缩短养殖周期的关键，应做到及时分苗，合理疏养，助苗快长。

（1）暂养海区 应选择水清流缓、水温适宜、无大风浪、饵料丰富的海区，或利用养成扇贝的海区。

（2）暂养时间与分苗 应将购入的商品苗过筛，将大个体的挑出，装入暂养笼中；将小个体的苗，留在网袋中继续暂养。经过一段时间培育，再进行挑选。筛选分苗这一过程，应在 8 月份高温季节前完成。早分苗是缩短养殖周期非常重要的措施。

分苗时应尽量在室内或拱棚里作业，防止风吹日晒；挑选的动作要轻快，应在有水条件下选苗，避免贝苗受伤致死；应经常更换海水，水温不要超过 25℃，保持水质新鲜；分苗时要清除敌害生物。

（3）暂养方法 主要有网笼、网袋和套网笼等方法。

① 网笼暂养：网笼呈圆形，直径为 30 厘米左右，分 8～10 层，

层间距为 15 厘米，网目为 4 ~ 8 厘米，壳高小于 1 厘米的苗种每层放养 200 ~ 300 个；壳高大于 1 厘米的苗种每层放养 150 个左右。一台长 60 米的浮绳，可挂 80 ~ 100 个网笼。

② 网袋暂养：利用半人工采苗袋或人工育苗过渡袋，长为 40 ~ 50 厘米、宽为 30 ~ 40 厘米，网目大小为 1.5 ~ 2 毫米，每袋可装 200 ~ 300 个，10 袋为一串，每台浮绳可挂 100 串左右。

③ 网笼暂养：利用大网目（2.5 ~ 3 厘米）扇贝养成笼，外套小网目（0.8 ~ 1 厘米）廉价聚丙烯挤塑网，贝苗的放养量同网笼法，这种方法可以减少分苗次数，适时脱掉外套网，可清除网笼上的附着物，有利于扇贝的生长。

（4）暂养期间的海上管理　① 控制好暂养水层，前期水层可在 2 ~ 3 米处，8 月高温前应将水层调至 5 米以下。② 检查笼或绳的坠石完好情况，坠石一般要求在 3 千克左右。③ 每次风后检查浮绳、浮球等是否安全。④ 经常洗刷网笼、网袋，清除淤泥等附着物，提高网笼、网袋的透水性。

2. 养成

虾夷扇贝的养成海区，应选择在水深 10 米以上、潮流畅通、风浪不大、透明度终年保持在 3 ~ 4 米以上、盐度较高、夏季水温不超过 23℃、饵料丰富、无污染、底质平坦的海区。

虾夷扇贝养成，主要有筏式养殖和底播养殖两种方式。

（1）筏式养殖　养殖方式与栉孔扇贝、海湾扇贝基本相同，据其自然习性，尽量满足其生长条件的要求。

① 入笼时间及密度：因其为低温种，应在 10 月底至 11 月中旬进行分苗入笼，此时分苗密度可控制在 1∶3 的比例，即每层 41 个（平均壳高 3 厘米左右），严禁高温期间操作。

② 养成笼下要加坠石，坠石重 3 ~ 4 千克左右。

③ 采用浮沉筏法养成，浮球吊绳应在 6 ~ 7 米，养成笼吊绳长 2 米左右。

④ 根据扇贝生长情况及时调整养成密度，最终养成密度可控制在每层 10 个左右，防止扇贝互相咬合，造成死亡。

⑤养成笼要保持平整，海上分苗要细致，苗种不能堆积，要随分随挂。

⑥大力提倡健康养殖和生态养殖，坚持贝藻套养、轮养、混养，以改善生态环境，及时清除养成笼上的附着物或更换养成笼。

(2) 底播养殖 底播养殖海区，以选择泥底或沙泥底为最好，还应注意选择敌害生物少的海区。潜水员先清除底播海区中的海星、红螺及其他敌害生物，然后再将壳高 2~3 厘米的幼贝直接撒播在选好的海区中粗放养殖。目前虾夷扇贝的底播密度为每平方米 4~6 个，由于底质等生长环境的限制，其生长速度及成活率不及筏式养殖。

（山东省渔业技术推广站　李鲁晶）

贻　贝

一、基本情况

贻贝俗称淡菜，也叫海红（东海夫人），是一种双壳类软体动物，生活在海滨岩石上，在我国沿海广有分布。贻贝是大众化的海鲜品，可蒸、煮，营养价值很高，并有一定的药用价值，素有"海中鸡蛋"之称。据分析，每百克鲜贝肉含蛋白质 10.8 克，糖 2.4 克，灰分 2.4 克，脂肪 1.4 克，干制贻贝肉蛋白质含量高达 59.3%。贻贝还含有多种维生素及人体必需的锰、锌、硒、碘等多种微量元素。贻贝的营养价值高还由于它所含的蛋白质有人体需要的缬氨酸、亮氨酸等 8 种必需氨基酸。目前浙江省主要养殖品种为紫贻贝和厚壳贻贝。

贻贝属软体动物，滤食习性，食物成分以有机碎屑和硅藻为主。多栖息于海水潮流急速、水质澄清的海区，对赤潮、污水等不良环境有较强的抵抗能力，在溶氧量低于 4 毫克/升、氨氮高于 400 毫克/升的环境中，也可短暂生活。紫贻贝生存水温为 2～28℃，最适水温为 13～26℃，盐度在 5（相对密度为 1.003）时才引起死亡，盐度在 20（相对密度为 1.015）以上能正常生活生长；厚壳贻贝生存水温为 5～33℃，最适水温为 15～26℃，盐度在 30（相对密度 1.023）左右就能正常生长。贻贝有较强的耐干露能力，在阳光直射下，夏季（指气温为 27～30℃）可保持 1 天不死，冬季（指气温为 0～5℃ 时）可保持 3 天不死；若没有阳光直射，则夏季露空可达 2 天，冬季可达 4～5 天不死。贻贝软体部分左右对称，前闭壳肌小，后闭壳肌大。有棒状足，不发达，由足丝腺分泌足丝，以附着于固形物上。主要供食用，也可用做饲料和钓饵。具有分布广、适应性强、繁殖力强、生长快、产量高、营养丰富和易于养殖等特点。

二、繁育与生长

紫贻贝繁殖的最适水温为 12~14℃。厚壳贻贝的产卵温度与紫贻贝基本相同，在浙江的产卵季节为 4—6 月份和 9 月下旬至 11 月上旬。贻贝多为雌、雄异体，仅个别为雌、雄同体。成熟的性腺，雄性为乳白色，雌性为橘红色。贻贝具有旺盛的繁殖力，这是适于养殖的重要特性之一。壳长 4~6 厘米的个体，平均产卵量为 30 万~600 万粒，最多 1 000 万粒，超过 8 厘米的个体，平均产卵量为 1 500 万粒，最多可过 2 500 万粒。对翡翠贻贝，壳长 11 厘米的个体，一次产卵量达 900 万~2 500 万粒。贻贝的生长，与年龄有关。生长速度以第一龄、第二龄为最快，随着年龄的增加，壳长和体重的增长速度显著减慢。1 周龄 6 厘米左右，2 周龄壳长 8 厘米左右，3 周龄壳长 9.5 厘米左右。贻贝的生长，与水温有关。在适温范围内，水温越高，生长越快。浙江的贻贝，一般在 4—9 月份生长较快。此外，饵料、养殖密度、养殖水深及风浪等因素对贻贝的生长，也有很大的影响。

1. 养殖海区的选择

贻贝的养殖方式为延绳式垂下吊养。其养殖海区应具备以下自然条件。

①风浪较小，潮流畅通，不易受台风或强风的侵袭。

②底质以泥质为好，倾斜度小，易于打桩。

③水质良好稳定，饵料生物丰富，透明度高，无工业污染。

④水深在 8~30 米以上。

2. 苗种来源

目前贻贝的苗种来源，主要为本地野生苗采集、本地自然附苗、本地人工苗和异地装运苗种。对于本地的野生苗和自然附苗，当幼苗在 1 厘米以上时，即可包苗进行人工养殖。下面介绍本地人工苗和异地装运苗种。

（1）**本地人工苗** 本地人工苗指室内人工培育的苗种经海区保苗后生长到一定规格可进行人工养殖的苗种。过去传统的保苗方法是用附苗帘保苗，目前多采用类似扇贝保苗的方法，即用保苗袋保苗，此方法具有成活率高、效益好的特点，一般达到 1 厘米时即可进行人工养殖。

（2）**异地装运苗** 多用干运。目前浙江、福建养殖的紫贻贝，多从大连、山东等地用冷藏船运输，运输时间一般在 40 小时以上，长的甚至达 60 小时以上。一般冷藏温度在 0℃ 左右，注意保持舱内温度的均衡，并定时洒水，保持一定的湿度。短途运输，多采用泡沫箱内加冰袋的方法。在 20 小时内可确保较高的成活率，如以前浙江舟山的厚壳贻贝养殖，苗种很多为福建的野生苗，其运输就采用这种方法。

3. **养殖筏架的结构设置和器材**

贻贝养殖的浮筏结构与设置与扇贝大体相同。养殖器材包括浮绠（大绠）、桩缆、桩子、浮球、串缆、吊绳、包苗用的网片和管理小船等。

4. **包苗**

用网片将贝苗包裹在苗绳上，当贝苗附着牢固后，再拆掉网片。一般直径为 4 厘米、长度为 2 米的养殖苗绳，紫贻贝苗包 2 000 粒左右，厚壳贻贝苗包 1 200 粒左右。在贻贝生长季节，一般 4 天内即可拆除网片。

5. **养成期间的管理**

（1）**防风** 风浪是贻贝养殖中的主要灾害，因此，要注意天气变化。大风来临前，要仔细检查浮筏等不安全的因素，做到预防为主，防止断缆、断绠、拔桩、养成绳互相摩擦、浮子脱落等。

（2）**防断** 特别是贻贝收获前几个月，筏架和苗绳要承受较大的重量，因此要经常检查各种绳索，发现问题及时采取加固措施。

（3）**加浮子** 在春夏季，贻贝生长较快，要及时加浮子，防止筏架下沉，影响生产。

（4）防脱 在贻贝养成过程中，脱落是影响产量的重要因素。造成脱落的原因是密度过大，贻贝生产拥挤或冬季水温低等原因。解决脱落的方法很多，如选择优良的附着基，包苗密度适宜，选择合适的包苗时机等，主要是根据脱落的具体原因，积极寻找解决方法，防止贻贝脱苗。

（5）防病 贻贝养殖较少发生病害，养成期间可能会出现少量的敌害生物，如黑鲷、寄居蟹等，对生产无大的影响。

6. 贻贝的收获

贻贝的收获，主要是根据其肥满度而定。在浙江，紫贻贝一般在7—9月份放养，第二年6—8月份收获。此时肥满度最好，而且尽可能避开台风期。厚壳贻贝一般要养2～3年，每年5—10月份放养，一年四季均可收获。收获的方法是将养成绳从大缆上解下装船，运回岸上后用专用机器将贻贝从养成绳上剥下来。

三、贻贝生产的重点和难点

1. 养殖筏架的设置与器材

随着贻贝养殖的快速发展，养殖海区逐渐向水深为20～30米海区发展，所以养殖筏架要承受更大的潮流和风浪，这对筏架的安全和器材提出了更高的要求，养殖材料远强于过去。目前在浙江养殖海区，基本上以15台浮缆为1区来设置。

（1）浮缆 每台长度100米，台与台间隔4米。材料为直径26毫米的聚氯乙烯绳。

（2）桩缆 长度60米左右，材料采用直径为28毫米的聚氯乙烯。

（3）串缆 长度70米左右，材料采用直径为26毫米的聚氯乙烯，两边的串缆则直径为45毫米，共7条。

（4）养成绳 长度2～2.3米左右，材料采用直径为40毫米的聚氯乙烯，养成绳之间的间距为70～80厘米，1区约2 000串。

（5）吊绳 长度为2.5米左右，材料采用直径为8～9毫米的聚乙烯。

（6）桩子 长度为 4~5 米左右，直径为 30 厘米左右，材料为毛竹。串绳桩为双桩。

（7）浮子 苗种放养时间用塑料浮漂，每个浮力为 13 千克，以后随着贻贝的生长，采用浮力为 25 千克的泡沫浮子。

2. 幼苗的再浮游习性

附着后的幼苗，若环境条件不适，则会脱掉足丝重新浮游，在新的地方，适合的基质上再次附着。这种再浮游的习性会给人工养殖造成一定的困难，即出现"脱苗"、"逃苗"现象，造成损失。贻贝幼苗再浮游现象，普遍出现在壳长 0.5 厘米左右的个体中，在这一体长范围内，若遇风浪冲击或养成绳提离水面后再放入水中，就会有部分个体脱落。所以贻贝苗养成宜选择 1 厘米长以上的苗种。

3. 厚壳贻贝保苗技术

近几年厚壳贻贝工厂化育苗获得突破，成为厚壳贻贝养殖的主要苗源，但还必须通过海区保苗生长为幼苗后才可供人工养殖。所以海区保苗环节，是贻贝养殖的重要环节，其重点在于做好以下几点。

（1）保苗袋的设计 稚贝出库时规格在 2 毫米左右，保苗袋选择 60 目的筛绢袋，规格 30 厘米 ×40 厘米，内可装放 1 万粒稚贝。

（2）海区选择 采用贻贝养殖的筏架保苗，宜选择风浪大，潮流急，附着生物少的海区，有利于稚贝的生长。

（3）日常管理 应经常观察稚贝的生长情况，如出现附着生物过多或生长较快显得拥挤时，应及时换袋。

四、典型案例

1. 失败案例

1998 年浙江省嵊泗县某养殖公司在绿华岛从事贻贝养殖。8—9月份正值紫贻贝包苗放养季节，但由于该年长江特大洪水暴发，长江冲下淡水使绿华岛周围的海水盐度急剧下降，基本下降至 15 以下，海水盐度的下降，使得出苗后的贻贝迟迟得不到附着，并开始出现死亡现象。直到盐度回升正常值后，贝苗才得以附着，但也造成30%左右的贝苗损失。

2. 成功案例

目前在浙江嵊泗从事贻贝养殖的单位，都得到不同程度的盈利。一般养殖个体户以养殖10～15亩居多，养殖大户、企业、专业合作社等，则基本上在200亩以上。以养殖10亩紫贻贝为例，固定资产投入约5万元，按5年折旧计算，年生产成本1万元，苗种费0.5万元，其他杂费0.5万元，年成本大约共2万元，实际产出6万元，所以年净利约为4万元左右，投入产出比为1∶3。

（浙江省嵊泗县渔业技术推广站　刘祖毅）

海　带

　　海带（*laminaria japonica*）是一种大型的海产经济藻类，也是我国海藻养殖的重要品种之一，其产量和养殖规模均列世界首位。我国的海带养殖，主要集中在山东和辽宁沿海一带。海带是我国人民普遍喜欢的食品，不但味道鲜美，还具有很高的营养价值；此外，海带是提取褐藻胶、甘露醇和碘的主要原材料，海带含碘量一般为0.3%～0.5%，在海藻中实属罕见。它对防治人体因缺碘引起的疾病有积极效果。另外，褐藻胶在纺织、医药、食品等轻工业方面用途很广；甘露醇在医学上有降低颅压的作用，是工业上的化学调和剂。

一、海带的分类、地位与地理分布

　　我国的海带在自然分类上隶属于褐藻门（phaeophyta）、褐子纲（phaeosporae）、海带目（laminariales）、海带科（laminariaceae）、海带属（*laminaria*）。

　　海带属的种类很多，全世界约有50余种，亚洲约有20余种。海带属于亚寒带藻类，是北太平洋特有的地方种类。自然分布于日本本州北部、北海道及俄罗斯的南部沿海，以日本北海道的青森县和岩手县分布为最多，此外，朝鲜元山沿海也有分布，我国原不产海带，1927—1930年由日本引进后，首先在大连养殖，后来由于自然光低温育苗和海带全人工筏式养殖技术的推广，群众性海带养殖业蓬勃发展起来。20世纪50年代，秋苗法改进为夏苗法，大幅度提高了单产；20世纪60至70年代通过遗传育种获得海带新品种，而后随着海带配子体克隆繁育研究技术的深入发展，海带保种、新品种培育、育苗生产取得重大进展，对海带养殖业的发展起到了极大的促进作用。

二、形态与结构

（一）外部形态

海带是无性繁殖与有性繁殖世代交替的植物，即有配子体世代和孢子体世代。

1. 孢子体外部形态

孢子体分为叶片、柄和固着器三个部分。

叶片：位于柄上端，是海带光合作用的主要器官。呈带状无分枝，褐色富光泽，中带部较厚，叶片边缘则较薄而软。叶片长度一般为 2～3 米，宽为 20～30 厘米，大的长 8～10 米，宽 50 厘米。生长部位于叶片基部 10 厘米左右的位置。

柄：幼龄期，1 年生的柄呈圆柱形，2 年生柄的则呈扁圆形，非常柔韧。

固着器：位于柄的基部，由柄部生出的多次双分枝的圆形假根组成，其末端有吸盘，用以附着在岩石、棕绳上，以固着整个藻体。

2. 海带不同生长发育期的外部形态

根据不同生长发育的特点，将筏式养殖一年生的海带划分为 6 个时期，在不同的生长发育期，其个体和形态有较大差异。

幼龄期：5～10 厘米的小苗，叶片平滑薄软无凹凸，无纵沟，褐色。

凹凸期：5～10 厘米的海带，叶片基部出现两排凹凸，并较快的被推向叶片上部。

脆嫩期：1 米左右的海带，叶渐厚。凹凸推向藻体尖端，柄粗壮，假根发达，叶片基部呈楔形。

厚成期：叶片长度生长速度渐慢，叶片厚而老成，有韧性。叶片基部变为扁圆形，干重增加。

成熟期：叶片产生大量的孢子囊群并大量放散孢子。

衰老期：大量的孢子放散后，海带叶面粗糙、老化、腐烂至死亡，是由局部逐渐扩散的。

（二）内部构造

海带生长到一定阶段时，细胞开始分化为表皮、皮层、髓部等组织。表皮有分生能力，细胞内还有丰富的粒状色素体，是进行光合作用的主要部位。皮层细胞的原生质内储藏大量有机物质；髓部主要由喇叭丝和髓丝构成，起输导作用。此外，还有能分泌黏液的黏液腔。

（三）配子体的形态

（1）雌配子体 多为一个细胞，球形或梨形，直径为 11～22 毫米，雌配子体形成后细胞只生长不分裂，最初色淡，逐渐转深，变成棕褐色。

（2）雄配子体 一般由多个细胞组成。细胞直径为 5～8 毫米。当孢子萌发形成配子体后，雄配子体不断进行细胞分裂，增加细胞的数目，形成多细胞的分枝体或团成一块的球状体。

三、生活史与繁殖方式

（一）生活史

海带是一种典型的不等世代交替的海藻，它的生活史包括无性世代的孢子体和有性世代的配子体两个阶段。孢子体阶段由合子开始分裂，形成 7 个细胞的小孢子体，进入幼龄期、脆嫩期等直到成长为成熟的海带。这个阶段即二倍体，只产生无性繁殖的游孢子，又称无性世代，孢子体存活 1～2 年；另一个阶段，即微观的配子体阶段，由游孢子发育成胚孢子，又萌发分别形成雌、雄配子体。此后雌配子体排卵、雄配子体排精，形成合子，完成了这个阶段时间很短，在条件适宜的情况下，即可完成生长、发育和有性生殖，这个阶段即单位体，配子体一般存在 2 周。

（二）繁殖

海带繁殖方式有以下两种。

（1）无性繁殖 成熟的海带叶片上，产生大面积的孢子囊群，孢子囊母细胞经 2 次减数分裂，3 次有丝分裂后形成 32 个游孢子。游孢子放散、附着并萌发，最后形成一个配子体。

（2）有性繁殖 雌、雄配子体充分生长发育后，便进入成熟期，产生卵子、精子，受精后发育成合子。整个过程染色体倍数变化，即1个单倍体卵子和1个单倍体精子，形成1个二倍体的合子，合子再经细胞分裂，形成幼孢子体。

四、生态习性

1. 生长海区

海带是冷水性海藻，在我国自然生长的海带，仅出现于青岛以北的黄海、渤海。海带生长海区要求水流通畅，水质肥沃，安全系数高。

2. 温度

海带的适宜生长水温为1～13℃；15～20℃是海带孢子体发育的最适温度；5～10℃是孢子体生长最适宜温度；雌雄配子体的生长以15℃时最快、5℃时最慢。

3. 营养盐

氮、磷两种营养盐对海带配子体和孢子体的生长发育起着重要作用。配子体阶段，若缺乏氮肥，则生长缓慢；若缺乏磷肥，则发育不良。铁对孢子体的生长影响很大，在育苗阶段施一定量的铁肥，可促进幼苗根系的生长发育。

4. 光照强度

游孢子在强光、弱光、黑暗条件下均能放散，在黑暗到400勒克斯光照下，胚孢子也能萌发；配子体适宜光照强度为1 000～3 000勒克斯，但生产上通常控制在800～1 500勒克斯。海带的幼孢子体（5～10毫米）阶段，最适光照强度为2 000～3 000勒克斯，脆嫩期则适宜10 000勒克斯左右的光照强度。

五、海带的人工养成

（一）海区的选择

养殖海区应设在无工业"三废"及农业、城镇生活、医疗等废弃物污染的海域。海区底质要求以平坦的泥沙底、泥底为好，凹凸不平的岩礁海底，可采用下石砣设筏养殖。以水深 8 ~ 30 米为宜，其中水深 15 ~ 25 米的海区最佳，属高产区。海水流速要求在 0.17 ~ 0.7 米/秒，以 0.41 ~ 0.7 米/秒为宜。透明度变化幅度要求以小于 3 米为宜。

（二）养殖筏

（1）**养殖筏类型** 基本分为单式筏和双式筏两种，单式筏是我国主要的养殖筏型，因为每台都是独立设筏，更加有抗风浪能力。

（2）**养殖筏的设置** 要求有合理的布局，能够充分利用海区生产有利条件，使海带有一个适宜的生长环境。首先要保障安全，利于管理操作。一般 30 ~ 40 台筏子划分一个区，区与区之间以"田"字形排列，平养的筏距，则以 6 ~ 8 米为宜，考虑筏向时，风和流两者有一个为主，当前推广顺流养殖，筏向与流向平行，若采用"一条龙"养殖，筏向与流向必须垂直。

（3）**单式筏架及结构材料** 单式筏由浮绠、橛缆、橛子、浮子、吊绳、苗绳等构成。浮绠长一般约为 60 米，在风浪大的海区，则较短些，浮绠的直径为 1.5 ~ 2 厘米，所用的材料，一般是聚乙烯、聚丙烯绳，这些材料经济耐用，抗腐蚀性和抗拉力强。

橛缆与橛子：橛缆用于固定筏子，长度随水深而异，一般是水深的 2 倍，风浪、海流较大的海区为 2.5 ~ 3 倍，所用材料与浮绠材料相同。橛子主要是木橛，不能打橛的海区用下砣的方法，一般质量在 1 000 千克以上，半径为 50 厘米。

浮子：通常是塑料材质，其浮力大、自重轻、坚固耐用，是最理想的材料。

（三）分苗

在养殖生产上，分苗是将生长在附苗器上的幼苗剔下来，再夹到苗绳上，经过这个过程再进行养成。

1. **分苗前准备工作**

苗绳：是海带的生长基，又要承担藻体重量。苗绳既要求要经久耐用，又要求绳细，松紧要适中，这样不至于夹坏其生长部。苗绳的长度，要根据不同海区的具体条件和养成方式酌情确定。

吊绳：其材料与苗绳相同，都是聚乙烯绳。吊绳长度，要根据水深和海区透明度而定，北方平养，一般为 2 米左右。

坠石：风浪大的海区，吊绳上需绑坠石，以防苗绳被风浪、水流冲击而漂浮海面，造成强光刺激和缠绕。坠石一般质量为 0.25 千克，大的为 0.5～1 千克。

工具：分苗用的工具有夹苗器、运苗筐、挂苗筐等。所有工具必须经过海水浸洗方可使用。

2. 分苗操作技术

分苗时间：北方一般在 11 月上旬开始分苗。

分苗规格：一般幼苗长到 10 厘米即可分苗，12～15 厘米最适宜。分苗的个体规格大小，应根据分苗时间的早晚而有变化，早期分的苗可略小些，为 10～12 厘米；中期为 15 厘米；晚期为 20 厘米以上。分苗的标准是"早分苗，分好苗，分大苗"。

分苗操作：包括剔苗、运苗、夹苗、挂苗。① 剔苗工作要仔细，一般要勤剔，少剔，提高剔苗质量，也可提高苗种的利用率；② 运苗工具要用海水浸泡或浇湿，以免磨伤幼苗或被晒伤；苗不可互相挤压，所以应采取少装勤运的办法，尽量缩短运输时间，不要积压；③ 夹苗中尽量做到每一苗绳大小均匀，不能夹得太深或太浅，发现掉苗时要及时补苗；④ 挂苗要尽量减少陆地上的积压时间，一般采用平挂方式挂苗，初期水深设为 1 米，过一段时间再提水层。

（四）海上养成

从分苗到海带养至可以收割的厚成期，属于养成期。在北方地区要经历 6～7 个月。

1. 养成方式

我国目前养成的方式，主要有平养和垂养，但也有垂平轮养、"一条龙"养成法、贝藻间养等方式。

2. 密度

不同海区有着不同的适宜放养密度（表 21），养殖密度直接关系到养殖产量。过密过稀，都达不到最佳养成效果。

表21　在各类海区基本条件下的养殖密度

海区条件	一类海区	二类海区	三类海区
流速/（米·分钟$^{-1}$）	30~50	10~20	<10
透明度/米	1~3	1~5	0~5
含氮量/（毫克·米$^{-3}$）	>20	5~10	<5
在当地产量	高	中	低
每绳夹苗/株	20~30	30~40	>40
每公顷放苗量/万株	15~18	18~24	>24

3. 水层调节

养成初期，一类海区可深挂分苗，北方海区初挂为80~120厘米；二、三类海区，可先密挂暂养，再分养，也可深挂分苗。养成中期，注意做好以下工作：一是调节水层，北方海区水层调节至50~80厘米；二是疏散苗绳，当海带长至100~120厘米时，应该疏散，移苗绳，移筏子，叠挂改单挂，垂养改平养；三是倒置，为使海带轮流受光，应在适当时间（苗绳上部和下部海带长度接近，并从下层海带刚出现有正常的褐色、白褐黄色变化时）开始倒置，倒置次数视情况而定。

4. 切尖

切去海带叶片1/4以上的尖端，可以提高海带的质量和产量，还能防止海带病烂的发生，减轻架子的负荷，提高安全系数。一般早期、中期分苗的海带，切去叶片全长的40%，晚期苗切去30%为宜。北方一般在3月底4月初进行。

5. 施肥及日常管理

施肥：主施氮肥。一是挂袋施肥；二是泼肥；三是浸肥。为了提高肥效，还应注意：合理安排施肥量，在北方海区，在夏苗暂养阶段施肥量占总量的15%，分苗后到12月底占35%，3、4月份占

海
带

35%，后期占 15%。其他日常管理工作，如整理筏子、增加浮力、更换吊绳等，都要抓紧时间进行，以确保海上作业的安全。

六、海带养殖中的病害与防治

海带养殖中的病害，主要有叶片腐烂、卷曲等病，通常是由于环境因子不适或营养不良引起的，在充分了解常见病害的基础上，要提前做好疾病预防工作。

1. 绿烂病

由于受光不足，藻体梢部变绿、变软，或出现绿斑，而后腐烂，由叶缘向中带部，由叶尖向基部扩展，严重时整株烂掉。防治办法：首先培育健壮苗种，合理放养，及时调节受光条件，加强施肥、切尖；二是强化管理，提升水层，倒置切尖回收，稀疏苗绳和洗刷浮泥。

2. 白烂病

由于营养不足，受光过强，藻体自叶片尖端开始，由褐色变为黄色、淡黄色，直至白色，并且迅速向上扩展，也发生从局部到整体的腐烂，腐烂部分有时还是红褐色。分壮苗、勤施肥、适光照，可有效地防病。

3. 点状白烂

由于光照突然增强，先从叶片中部或梢部出现部分规则的小白点，随之扩增，变白腐烂，形成一些有规则的孔洞，并扩展甚至全叶烂掉。白烂有时也带微绿色。这是由于强光性引起的病害。采取改善受光条件，增强水流交换，控制水层，分苗后施足肥料和适时倒置等措施，可有效地防治此病。

4. 泡烂

当大量淡水注入海区，易发生泡烂，叶片上部位部分发生许多小泡。水泡破裂后沉淀上浮泥，继而变绿，烂成许多孔洞，夏季多雨的浅水薄滩海区易发生此病。因此，在大量降雨前，应及时下降水层，避开表层的淡化水。

5. 卷曲病

由于受光过强，叶缘卷至中带并烂掉，或生长点出现"卡腰"现象，茎部伸长，局部肥肿，叶茎加宽，藻体停止生长。此病多发生于 60～80 厘米的小海带或是在风平浪静的 1—2 月份。防治办法：适当外移海区，改善水流和受光条件，注意天气变化，适当调节水层，以避免强光刺激。

6. 柄粗叶卷病

发生于暂养苗绳的小苗和分苗的藻体上，叶片右旋卷或左旋卷，茎部粗肿，俗称"灯笼海带"，病藻大、脆易断，叶片网状褶皱，叶片增厚。其预防措施为：力争在发病水温到来前分完苗，分壮苗，弃病苗；改善海区水流、光照、肥力，加大筏距、区距、绳距、苗距，实行浅水层养殖。

7. 黄白边

在贫瘦海区养殖的海带，一般有 1/3～1/2 的叶片带有黄白边，严重时可达 2/3。这是缺肥与光照不足所致。需采取施肥及推迟后期的提升层时间，以预防此病发生。

8. 其他病敌害

附着生物，特别是后期，海鞘、石灰虫、苔藓虫的附着，蚤钩虾、麦秆虫的繁殖，还有夜光虫等大量浮游生物繁生形成的有害赤潮，对海带养成造成危害。可通过加强管理、及时清除污染加以预防。

（山东省荣成市渔业技术推广站　王大建）

海
带

全国水产养殖主推品种

龙 须 菜

一、龙须菜生物学特性和应用

1. 龙须菜的分类地位

龙须菜是一种重要产琼胶的红藻，隶属于红藻门、杉藻科、江蓠属。

2. 龙须菜的形态特征

龙须菜的藻体，呈直立圆柱状，鲜藻呈紫红色或者棕红色，经过干燥后变成黑色；藻体一般为丛生，长度为 50 厘米左右，最长的藻体可达 1 米以上；龙须菜的分枝较多，互生或偏生（图 40 和图 41）。

图 40　龙须菜形态　　　　　　图 41　龙须菜野生状态

3. 龙须菜生态及分布

龙须菜为温带性海藻，分布于我国、日本、美国、加拿大、南非等国家，在我国产于山东半岛沿海。野生的龙须菜生长在向阳、海水洁净的低潮带到潮下带的岩石上。

4. 龙须菜的生活史及繁殖方式

龙须菜的四分孢子体，与配子体在形态上是相同的。雌配子体性成熟，产生果胞；雄配子体性成熟，产生精子，受精后形成合子，发育成果孢子体。寄生在雌配子体上的果孢子体，能产生几百个果孢子。果孢子发育成四分孢子体，四分孢子体成熟后经过减数分裂，产生四分孢子，四分孢子发育成雌、雄配子体（图42）。

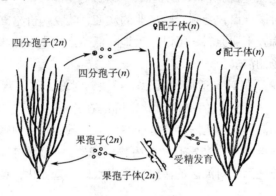

四分孢子(2n)
四分孢子(n)
♀配子体(n)
♂配子体(n)
果孢子(2n)
受精发育
果孢子体(2n)

图42　龙须菜生活史

5. 龙须菜的化学成分分析

汕头大学生物系的专家对南澳海域龙须菜的营养成分及其活性多糖的组成进行了分析，结果表明：龙须菜的粗蛋白、总糖、粗脂肪、粗纤维、灰分含量分别为 19.14%、43.76%、0.5%、4.8%、28.77%，并富含人体八种必需氨基酸和牛磺酸及铁、锌等微量元素，其中钾含量较高，有利于改善人体的钾钠离子平衡，对高血压和心脏病病人有益；同时，龙须菜是很好的食物纤维素源，含量达到50%以上，其中85%为水溶性食用纤维，主要包括琼胶和黏性多糖等成分。食用纤维在人体内具有重要的生理功能，有利于胃肠的蠕动，防治便秘，能清除肠道的有害物质。

龙须菜味性寒，有软坚化痰、清热利水的功效，可以作为食用海藻，有很好的保健功效。经常食用龙须菜，可以用来防治肥胖、胆结石、便秘、肠胃病等代谢性疾病以及有降低血脂和降低胆固醇等作用。

6. 龙须菜的用途

龙须菜用途广泛，它既能提取琼胶的主要原料海藻，又可供人类食用，也是养殖鲍鱼的优质饲料。

研究表明，龙须菜是江蓠属海藻中提取琼胶质量最好的种类之一，其凝胶强度高于 1 000 克/厘米^2，琼胶含量约为 25%，比细基江蓠繁枝变种高一倍，受到琼胶产业的欢迎，其收购价格高。采用龙须菜作为琼胶工业原料，可以大大地降低生产成本，提高质量，满足国际市场的需求。

由于龙须菜具有适应性强，生长快，对氮、磷等营养物质吸收快等特点，经济价值高，因此，目前在广东、福建、浙江、山东和江苏沿海得以广泛推广，是近海环境中重要的生物修复材料之一，也是海洋环境中非常有效的生物过滤器。大面积栽培龙须菜，对于减少养殖污水对海区的污染，防止水体富营养化，具有积极的作用。

二、龙须菜栽培产业的发展过程

龙须菜在原产地的生长季节为每年的春、秋两季，生长期短，自然资源量较少。

经中国科学院海洋研究所费修绠研究员和中国海洋大学张学成教授等选育出来的龙须菜"981"品系（图43），1999 年在广东省汕头市南澳岛试验栽培获得成功（图44），通过广东省科技厅组织的成果鉴定，为南方龙须菜的栽培产业发展奠定了基础。龙须菜"981"于2006 年被农业部全国水产原种和良种审定委员会评审为水产新品种。品种登记号：GS－01－005－2006。

龙须菜以其能适应较高水温，生长快、琼胶含量高等特点，在南方海区广泛养殖。近年来龙须菜栽培技术在我国南方沿海地区迅速推广应用，已经形成产业化规模。据初步统计，至 2010 年春季全国龙须菜的栽培面积已经达到了 20 万亩以上，主要集中在福建省莆田湄洲湾、宁德罗源湾、漳州东山湾和广东省粤东南澳岛等地。

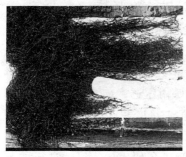

图43　龙须菜 "981"

图44　2000 年南澳栽培龙须菜试验

三、龙须菜高产、优质栽培技术

1. 栽培龙须菜要求的生态条件

龙须菜适宜栽培的海水温度为 10 ~ 26℃，其最适宜生长的水温为 18 ~ 24℃。适宜栽培的海水盐度为 6 ~ 34，其最适宜盐度为 23 ~ 32。龙须菜栽培的海区，应选择潮流通畅，水深一般在 3 ~ 10 米。

龙须菜的栽培海区，应选择浅海海区，特别是水质呈富营养化状态的海水动物养殖区域（如海水鱼类网箱养殖和牡蛎等贝类吊养区），水体中大量的氮、磷等富营养化物质可以被龙须菜吸收利用。龙须菜栽培的海区，要求选择无工业废水排入的海区，以避免龙须菜对重金属离子的富集，水质符合《无公害食品　海水养殖用水水质》（NY 5052—2001）的要求。

2. 龙须菜苗种培育技术

（1）苗种选择和运输　龙须菜 "981" 品系是采用生物技术方法培育的，目前采用营养枝繁殖方式进行育苗。栽培的龙须菜，是四分孢子体，主要通过营养枝的形式进行生长来增加生物量。在人工栽培生产过程中，利用龙须菜的藻体具有营养枝繁殖的特性，选取一定数量的藻体作为苗种，在适宜的条件下培育出大量的藻体，为栽培生产提供优质苗种，使龙须菜的大规模栽培成为可能。

龙须菜在营养盐供应充足的海区一般生长正常，颜色呈现棕红色；在缺乏营养盐、光照过强状态下，颜色为黄绿色。作为苗种的龙须菜，应选择藻体无损伤、无虫害、杂藻附生和泥沙等杂质。在海区栽培的龙须菜中，应挑选颜色呈紫红色或棕红色、小枝分枝多而短的未成熟藻体作为苗种。

　　龙须菜苗种可采用编织袋或网袋包装，一般的规格以 25 千克/袋为宜。运输时可以在装车后用海水喷淋湿透，在气温 20℃ 左右离水运输，要求在 24 小时内到达目的地。

　　（2）苗种下海扩大培育　每年秋季，当海水水温下降到 25℃ 以下时，可以将龙须菜苗种移至没有篮子鱼侵害的海区，进行扩大培育。

　　（3）龙须菜夹苗　用 120 纱以上的聚乙烯绳作为夹苗用的苗绳，苗绳长度为 25 米，按每米苗绳夹上龙须菜 100 克的密度进行夹苗，每簇龙须菜的长度为 6～8 厘米，簇与簇间距为 8～10 厘米，每 40 条苗绳为 1 亩（1/15 公顷）。

　　（4）养殖筏架的设置　夹苗后把 7 根苗绳平行排列，苗绳间距 40 厘米，两端绑紧在长度为 2.5 米的缆绳上，中间每隔 5 米绑上 1 根横绳，构成长方形的养殖筏架。筏架采取顺流的方向排列，用木桩和绠绳固定在海上，保持漂浮在水面而不干露出水面。把每台筏架之间的横绳对应连接，形成一个养殖小区，小区之间留出一定距离的工作沟，保持水流的通畅。

　　（5）苗种的采收　经过 1 个月时间的培育，龙须菜的重量一般能够增长 60 倍，每亩产量可达到 1 000 千克以上，可以将龙须菜采收作为栽培的种苗。

　　3. 龙须菜高产栽培的生产技术

　　（1）龙须菜的分苗　每年农历 11 月当篮子鱼（图 45）等敌害鱼群移动到外海海区，就可以进行龙须菜的分苗工作，开展龙须菜的规模栽培。

　　龙须菜栽培分苗时，用 120 纱以上的聚乙烯绳作为夹苗用的苗绳，每亩用苗绳 1 000 米，需要种苗的数量为 50～100 千克。按每米

图45　篮子鱼

苗绳夹上龙须菜50～100克的密度进行夹苗，每簇龙须菜的长度为6～8厘米，簇与簇之间的距离为8～10厘米。要注意，如夹苗间距太宽，则会导致龙须菜的产量下降，还会因为附着其他杂藻而影响质量。

（2）龙须菜栽培的方式　龙须菜目前栽培的方式有龙须菜单养、龙须菜与牡蛎等贝类套养两种模式。

① 龙须菜单养。夹苗后把7根苗绳平行排列，苗绳间距40厘米，两端绑紧在长度为2.5米的缆绳上，中间每隔5米绑上1根横绳，构成长方形的养殖筏架。筏架按顺流的方向排列，水深为3～8米的海区，用木桩和缏绳固定在海上，水深为8米以上的海区，则用铁锚和缏绳固定在海上，以保持筏架漂浮而不干露出水面。把每台筏架之间的横绳对应连接，形成一个养殖小区，小区之间留出一定距离的工作沟，保持水流的通畅。

② 龙须菜与牡蛎等贝类套养。将夹好龙须菜的苗绳，绑成筏架，固定在太平洋牡蛎等贝类养殖筏架的缏绳上，利用贝类养殖的筏架，进行藻、贝套养。

由于太平洋牡蛎等养殖贝类在养殖区中滤食海水中的有机颗粒物质，消耗水体中的氧气，释放出氮、磷和二氧化碳，而栽培龙须菜可以利用海水中的氮、磷和二氧化碳进行光合作用，转化为有机物质，并释放出氧气，改善了养殖区的水质条件，达到生态养殖的目的。

一般每 10 台牡蛎养殖筏架套养 6～7 台龙须菜筏架，留出一定的空间，保证海流的畅通。

（3）龙须菜栽培的日常管理　在龙须菜的栽培过程中，日常的管理措施主要有以下方面。

① 适时施肥：根据龙须菜的生长状态和海区环境条件，采取施肥的措施，进一步促进龙须菜的生长，提高产量和质量。在龙须菜栽培前期，采用吊挂或喷洒含氮的肥料（如尿素、硝酸铵等）的方法，可以促进龙须菜的分枝形成，提高它的生长速度；而在龙须菜收成的 2 周前，采用吊挂或喷洒含磷的肥料（如磷酸二氢钾、过磷酸钙等）的方法，可以促进龙须菜的营养积累和成熟程度，以提高它的琼胶含量。

② 提高浮力：要根据龙须菜的生长状况，及时在养殖筏架上增加泡沫塑料块，以保证龙须菜在水层中的浮力，在间隔 5 米的横缏绳上加挂 1 个泡沫塑料块，大小为 30 厘米×20 厘米×20 厘米。

③ 调节光照：按照龙须菜的生长规律，及时调节光照强度。栽培前期，龙须菜幼苗对强光的适应能力弱，需要降低养殖的水层。随着龙须菜的生长，藻体对光照的需要增强，应提高养殖的水层。一般地龙须菜栽培的水层，应保持在海区透明度的 1/3～1/2，在南澳海区，一般吊养水深为 50～100 厘米。

④ 防止风浪：做好养殖筏架的防风防浪工作，定期检查苗绳之间有无互相缠绕或者脱落。

⑤ 清除敌害生物及杂藻：加强日常管理，及时做好敌害生物和杂藻的防除工作。

（4）龙须菜栽培的敌害生物、杂藻及其防除技术　① 龙须菜栽培生产中常见的敌害生物和杂藻。敌害生物，主要有篮子鱼类、藻钩虾（图 46）、团水虱（图 47）和麦秆虫（图 48）等，杂藻有刚毛藻、仙菜（图 49）、多管藻（图 50）、水云和草苔虫等。

敌害生物以龙须菜为食物，特别是篮子鱼会大量侵食龙须菜，藻钩虾和团水虱等甲壳类动物，会蚕食龙须菜的嫩芽，影响龙须菜的正常生长。在潮流不通畅、养殖密度过大的海区，因为藻钩虾侵

图46 藻钩虾

图47 团水虱

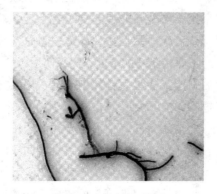

图48 麦秆虫

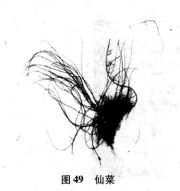

图49 仙菜

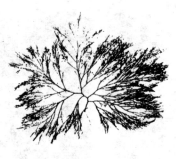

图50 多管藻

食龙须菜，使夹苗处的龙须菜伤口发生溃疡而大量脱落，造成龙须菜栽培减产、失收。杂藻与龙须菜竞争营养盐和空间，影响龙须菜的正常生长。

②敌害生物及杂藻的防除技术。在对龙须菜的敌害生物及其发生的季节规律进行调查的基础上，在避开篮子鱼的地点和季节进行龙须菜栽培。

对于藻钩虾和团水虱等敌害生物和杂藻的防除，主要以预防为主，要特别注意龙须菜放养的密度不能过高，夹苗的间距不能过大，以保持龙须菜栽培区域的水流通畅，避免敌害生物和杂藻的侵害，保证龙须菜栽培的正常产量和质量。

对于藻钩虾、团水虱、麦秆虫等敌害生物的侵害，在夹苗前后，龙须菜苗种可以采用淡水浸泡3~5分钟；在海上栽培发生敌害侵食严重时，采用吊挂或者喷洒敌百虫、硫酸铵、尿素等药物、肥料的方法进行防除。为了保持药物的浓度，可以使用塑料袋装上50~100克的药物，扎口后在塑料袋上用针扎出小孔，再吊挂到养殖的筏架上，吊挂数量根据实际情况而定。

对于刚毛藻、仙菜、多管藻和水云等杂藻的侵害，可以用淡水浸泡苗绳5分钟，或通过调节龙须菜养殖水层的深浅来调节光照强度，抑制杂藻的生长，达到防除杂藻的效果。一般绿藻类的杂藻生长在较浅的水层，可以通过降低筏架的水层来防治。而多管藻等杂藻，主要通过降低栽培密度，改善海水交换条件，才能避免杂藻侵害。

（5）龙须菜的收获 龙须菜在每年的 1 月份上旬下海栽培，经过 50 天以上的生长期，藻体的长度一般可以达到 60 厘米以上，每米苗绳鲜菜重量在 1.5 千克以上就可以收成。

在南澳海区，篮子鱼鱼群在每年 4 月份以后大量从外海游到沿岸养殖区，对龙须菜的栽培构成了严重危害，因此，龙须菜的收成时间，应在 4 月中旬至 5 月中旬。

收成时，将龙须菜由海上养殖筏架上采下，运载到陆地上进行处理。除了部分鲜菜提供给人类食用及作为鲍鱼养殖的饲料外，大量的龙须菜，主要是通过晒干处理作为琼胶工业原料。

晒菜时，应选择晴朗无雨的天气，把龙须菜平铺在海滩或者陆地上晒干。一般龙须菜的鲜干比为（6~7）：1。

4. 龙须菜产品的分类和质量要求

龙须菜收获后，产品按用途可以分为直接作为人类的食品、鲍养殖业的饲料和琼胶工业的原料，其具体质量要求分别为：

① 食品级龙须菜的质量要求：鲜食的龙须菜，要求藻体新鲜、干净，无杂藻和杂质，无异味，不变红、不腐烂；供食用的干品龙须菜，要求用淡水洗净、晒干后用塑料袋密封，干品外观呈黑色，有芳香味，无杂质和异味。

② 用作养殖鲍的饲料，对龙须菜的质量要求是：龙须菜新鲜，允许带有部分杂藻和杂质，但藻体不能变红、腐烂。

③ 用作琼胶工业原料的龙须菜质量要求是：龙须菜晒干后允许带有少量的沙土等杂质，杂质含量应低于 4%；不能吸潮腐烂，水分含量一般不能超过 15%。

四、栽培龙须菜的经济效益

1. 经济效益

（1）生产成本 以 1 亩为生产单位计算，需要龙须菜苗种费 100 元、夹苗苗绳材料费 60 元、筏架材料购置费 60 元、夹苗人工费 40

元、筏架布设及日常管理和收成晒菜劳务费 240 元，生产成本合计为 500 元。

（2）产值　每亩（以 1 000 米苗绳长计）龙须菜栽培的平均产量鲜菜为 1.5 吨，折合干品 250 千克，以每千克干菜 5 元计算，每亩年产值为 1 250 元。

（3）纯收入　扣除生产成本，栽培每亩龙须菜可获得纯利 750 元。

（4）投入产出比　投入产出比为 1∶2.5，经济效益显著。

2. 社会效益

栽培龙须菜的生产过程中，在夹苗、日常管理和收成晒菜等环节，均需要大量的劳动力，对于扩大农村劳力就业及收入具有重要的现实意义。

3. 生态效益

龙须菜具有快速生长，单位产量高等特性，能够大量吸收海水中的二氧化碳和氮、磷等富营养化物质，有效地净化了养殖海区的水质，其生态效益和环境效益明显。

五、龙须菜栽培产业的发展趋势

随着龙须菜栽培规模的不断扩大，近年来出现了龙须菜苗种性状退化和因栽培密度过大、敌害生物侵害而造成经济损失的问题，严重影响到龙须菜栽培产业的发展。

据不完全统计，南澳县 2007 年春季龙须菜栽培有 30% 左右的面积因为苗种性状退化和敌害生物侵害而造成减产甚至失收，龙须菜的栽培产量，也呈现逐年下降趋势。

针对以上存在的问题，今后龙须菜栽培产业应重点抓好以下工作。

① 要做好龙须菜栽培的规划、生产布局和引导工作，降低栽培密度，合理放养，确保龙须菜栽培海区水流的通畅，为龙须菜的生长提供良好的生态环境条件。

② 由于龙须菜在不同的海域栽培后，受到不同海区生态环境条件的影响，其个体性状会发生变异，导致栽培产量、质量发生变化。因此，必须做好耐高温、生长迅速和琼胶含量高的龙须菜优良品系的选育研究工作，以防止优良品质的退化。

由中国海洋大学、汕头大学和中国科学院海洋研究所等单位的专家进行龙须菜良种培育技术攻关，已经取得突破，选育出琼胶质量好、适应低水温、生长速度快、病虫害抗逆性强的 07－2 新品系，2008 年初在南澳海区试验，并进行扩大培养，逐步在养殖海区进行推广。

③ 要进一步研究龙须菜栽培中敌害生物的防除技术；同时探索龙须菜栽培和海水鱼、牡蛎养殖相结合的生态养殖模式；要研究不同养殖海区对龙须菜的栽培容量。

④ 加强对龙须菜产品深加工的研究工作，拓宽龙须菜在医疗、食品领域的应用开发，提高产品的价值和质量，提高生产的经济效益。

总之，我们相信，在地方政府和主管部门的领导和重视下，通过多方面的共同努力、共同配合，一定会实现提高龙须菜栽培的产量和质量，达到提高经济效益的目的，推动龙须菜栽培产业的健康发展。

（广东省汕头市水产技术推广站　郑端义，赖向生）

条斑紫菜

一、基本情况

条斑紫菜（*Porphyra yezoensis*）有野生型条斑紫菜或人工选育条斑紫菜，是我国重要的大型经济海藻之一，其产值在海藻中位居第一。紫菜营养丰富、味道鲜美，作为一种佐餐食品，紫菜所含蛋白质、脂肪、糖、无机盐、维生素等，都是人类所需的营养成分。条斑紫菜隶属于红藻门、原红藻纲、红毛菜目、红毛菜科、紫菜属。条斑紫菜生长于浙江舟山群岛以北的东海北部，黄海和渤海沿岸，在江苏、山东、辽宁等省都有栽培（图51），其中，江苏为主要栽培区。本种为北太平洋西部特有种类，除我国外，还分布于朝鲜和日本。条斑紫菜最显著的特征是淡黄色的精子囊区呈较粗的长条或长块状，混杂在深紫红色的果孢子囊中而成条斑纹状。条斑紫菜藻

图51　条斑紫菜栽培

体叶片状，卵形或长卵形，体高一般为 12～30 厘米，少数可达 70 厘米，生长在人工养殖筏上的有时可达 1 米左右；宽 2～6 厘米，少数可达 15 厘米以上；藻体厚 35～50 微米，单层，切面观细胞内腔高

25～28 微米，宽 14～22 微米。藻体呈鲜紫红色或略带蓝绿色，基部圆形或心脏形，边缘有褶皱，边缘细胞排列整齐，色素体单一，长假根丝的附着细胞呈卵形或长棒形。条斑紫菜的生活史由两个显然不同的阶段组成，即宏观的叶状体阶段和微观的丝状体阶段。9 月底至 10 月中旬，丝状体成熟放出壳孢子，壳孢子附着在网帘上萌发生长成叶状体

图 52　条斑紫菜叶状体

（图 52），叶状体一般在当年年底或翌年年初成熟放散果孢子，果孢子遇到贝壳或其他含碳酸钙的物质时，进入贝壳，形成丝状体，这样就完成了条斑紫菜的生活史。条斑紫菜采用半浮动筏式栽培，亩产 500 千克左右。

二、栽培技术要点

1. 苗种培育

紫菜苗种培育（图 53），包括从果孢子萌发钻入贝壳，一直到壳孢子放散的整个过程，约需 5～6 个月的时间。期间，需按照丝状体的生长发育变化，采取不同的培育措施，其中温度与光照的调控，是培育技术方案的制定以及落实管理措施的主要依据。

图 53　紫菜种苗培育

（1）**温度** 丝状体培育在自然温度下进行，水温以 14～27℃ 为宜。条斑紫菜果孢子萌发的适宜温度是 15～20℃，以 20℃ 萌发率为最高；丝状藻丝生长最适宜的温度为 20～25℃；孢子囊枝形成与生长，以 20～25℃ 为适宜；17.5～22.5℃ 是条斑紫菜丝状体形成壳孢子囊的适温范围，也是放散壳孢子的适温范围。

（2）**调节光照** 光照强度及长短，对丝状体的生长、发育具有明显的调节作用。光照强，丝状体生长快。因此，光照的调节也是调节丝状体生长的重要方法。但过强的光照和直射阳光，对丝状体有强烈的伤害作用。3 000 勒克斯的光照强度，对丝状藻丝生长较为适宜。孢子囊枝形成与生长，采用 1 500 勒克斯左右的光照较为合适。壳孢子囊形成所需的光照，与孢子囊枝一致。

（3）**换水与洗刷贝壳** 定期洗刷贝壳、换水，是丝状体培育期的主要工作。采果孢子后 2 周左右，开始第一次换水，以后约 15～20 天定期进行。若培养池有碱性，应增加换水次数，以确保丝状体生长不受影响。换水要注意海水相对密度的变化，相对密度为 1.0017～1.002（盐度为 2.16～2.56）为合适的海水相对密度。换水对丝状体的生长发育有较明显的促进作用，可作为调节丝状体生长的重要方法。

（4）**施肥** 在培养海水中添加氮、磷，促进丝状体的生长。在壳面出现藻落时，开始施半肥；至藻丝布满壳面时，改用全施肥量。氮含量为 14 毫克/升、磷含量为 3 毫克/升。生产性培育，对肥料的种类没有严格要求。

（5）**pH 值** 海水的 pH 值，一般要求约在 8～8.3 之间。生产中须注意新建的培育池，虽经充分浸泡处理，但在培育过程中仍存在碱性的影响，可根据培育池水 pH 值的检测，采用勤换水来改善。

（6）**促进孢子囊枝的形成与生长** 这是丝状体培育中的关键技术。在规模生产条件下，条斑紫菜孢子囊枝的形成与生长，以壳孢子采苗前 10～25 天为适宜期，不宜过早形成。调节操作主要是结合光、温等条件以及规定每天的流水时间，使孢子囊枝在 8 月底 9 月初起适时地大量形成，提高壳孢子采苗的效率。调节期间经常进行显微镜检查，以掌握成熟度，安排好适时采苗。

2. 栽培区域

半浮动筏式栽培是条斑紫菜在潮间带的主要栽培形式。海区选择，底质应为沙质、泥沙质，滩面平坦，比降小，营养盐应含氮总量在200毫克/米³以上，流速应为10~30厘米/秒的海区（图54）。苗网培育的潮位，选择大潮汛干露4~5小时，成菜栽培潮位选择大潮汛干露2.5~4.5小时的海区。筏架设置，浮缆用直径为18~22毫米的聚乙烯绳制作，长度为120~150米。浮架用直径为6~8厘米的毛竹制作，长度为2.8~3.3米。支腿用竹梢或树棍制作，高度为55~85厘米。设置方向，筏架与冬季主导风向平行或成小于30°的角度，筏架两头空缆需分别留足25~35米（不小于当地潮差的5倍）。挂网量，每张筏架可有24~36个网位，台距为每台筏架间的中心距为10~14米，8~10台筏架为一小区，小区间距20~30米，三个小区为一个大区，大区间距60米以上。

图54　紫菜栽培区域

3. 出苗期管理

从网帘下海，到肉眼可见大小的幼苗为止，这一时期为紫菜出苗期。4~5小时的大潮干时，是出苗较合适的潮位。为取得较好的出苗效果，栽培者一般是将采上壳孢子的网帘重叠挂在这一潮位的筏架上集中出苗，约10~15天再分挂至较低潮位的栽培筏架上。对于较高潮位的网帘，大都先松挂再张平。在实际的生产作业中，采取经常洗刷的办法来保持苗网的清洁是较难做到的，或者说在大多数情况下是来不及做的。一般情况下，网帘下海2周以后，遇上风平浪静的小汛，苗网上的浮泥杂藻发展很快，如不及时处理杂藻很快就会覆盖网帘。适时晒网，是有效的防范措施。近年来，这样的晒网常和进库冷藏处理结合在一起，即晒网后接着进库冷藏，待海况改善后再下海继续完成出苗期的生长。

4. 冷藏网技术

紫菜幼苗有很强的耐冻性，从壳孢子萌发时的数个细胞，到数厘米的苗株（图55），均能进行冷冻保存（图56和图57）。生产上针对苗期管理中出现的杂藻浮泥、病害、天气、海况以及栽培网苗群结构的调节等，分别实施冷藏网技术，可有效地防止因上述原因对紫菜栽培的影响，使紫菜生产的产量、质量稳定提高。冷藏网从根本上改进了条斑紫菜苗期管理技术，已成为我国条斑紫菜生产的主要方式和提高半浮动筏式栽培苗网质量的重要技术措施。在网帘下海约30天，幼苗大小一般1厘米左右，镜检苗量达500~1 000株/厘米时，是苗网进库冷藏的适宜时机。出库的时间，一般由幼苗规格决定，苗大可稍晚出，但苗较小应尽量安排在适宜水温时出库。在我国江苏南部的紫菜产区，一般出库时间在11月中旬至下旬期间。网帘冷藏前应晾晒，一般含水率控制在20%~40%。冷藏期间，应防止温度忽高忽低，一般温度应保持在-15℃以下，苗网是安全的，下海张挂后完全能够达到生产要求。

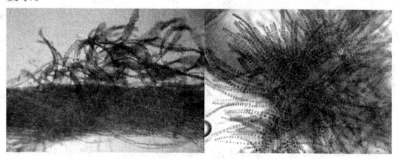

图55 紫菜栽培网上单孢子苗群

图56 紫菜苗网专用冷库

图57 冷藏库中的紫菜苗网

5. 栽培管理与采收

　　紫菜栽培期间，每天需进行巡视，特别是大风大潮汛后，发现损坏的设施、网帘等要及时修复。网帘应尽量拉平、吊紧，防止拖地。当海况环境不好时，要求把海区的网帘入库冷藏，待海况好转后，重新下海张挂。紫菜采收的合理与否，直接影响紫菜的质量，也影响其产量。条斑紫菜一般经 50～60 天的生长，即可采收（图58）。实际采收的时间，可能受温度、潮位、风浪以及冷藏网出库时间等影响而推迟。一般长至 15～20 厘米时即可采收。如长得过长，容易脱落，在一些流大浪急的海区，特别容易流失。在风浪平静的海区，可以稍长一些，但也不宜过长，否则藻体容易成熟，影响原藻质量。在水温较高的时候，为避免发生病害，应尽量早收。正常生产一般在 11 月下旬至 12 月中旬，即可开始采收第一水菜。根据水

图58 紫菜采收

温或藻体的生长速度，每隔 15～25 天可采收下一水菜。成菜可采收至翌年 3 月中旬至 4 月初结束。

6. 加工

紫菜是生长在沿海潮间带的海藻，其加工利用，分为原藻加工和食品加工。将采摘的新鲜紫菜叶状体，制成干紫菜的过程为紫菜的原藻加工。紫菜原藻，一次加工有其相应的加工工艺要求和加工操作执行的相关标准，其工序包括晾菜、洗菜、切菜、浇饼与脱水、烘干、剥菜、分级、再干和包装等。

条斑紫菜生产，由于其较早引进国外先进加工机械，生产制品采用国际标准，原藻加工都采用全自动机组加工（图 59）。加工自动化程度高，产品均一规范，质量稳定，并且 70% 以上产品出口，在国际专业市场领域竞争优势明显。条斑紫菜的干紫菜，一般不直接进入消费市场销售，而仅作为原料在专门交易市场通过招投标竞争买（卖）方式交易（图 60）。

图 59　紫菜原藻加工

图 60　紫菜交易市场

紫菜的二次加工，属食品加工（图 61）。紫菜二次加工，不受季节限制，以原藻加工后的干紫菜为原料（干紫菜可采用低温冷藏、氮气密封等措施长期保存），通过专用的紫菜二次加工设备，按销售商品要求，分别加工成为烤菜、调味紫菜等最终产品。并且在加工过程中，将紫菜的颜色、光泽、鲜味成分等都较好地保存下来，使人们能够充分享受品尝到紫菜的独特风味（图 62）。

图 61　紫菜食品加工　　　　　　　图 62　紫菜产品交易

三、生产实例

1. 江苏省条斑紫菜良种场

江苏省条斑紫菜良种场是 2007 年经江苏省海洋与渔业局批准成立的省级紫菜良种场（图 63），其前身为海安县兰波实业有限公司紫菜种苗场，拥有面积 1 万多平方米的紫菜种苗培育基地及完备的辅助设施。该场积极依靠科研院所的技术力量，培育、保存紫菜良种，严格按照良种标准和良种生产技术操作规程，为紫菜栽培企业提供良种。持续 10 年，取得紫菜种苗培育的良好业绩，平均每年为紫菜栽培企业提供良种达 2 万亩，为江苏紫菜产业的发展做出重要贡献。

图 63　江苏省条斑紫菜良种场

2. 盐城市海瑞食品有限公司

盐城市海瑞食品有限公司成立于 2005 年，发展至今已拥有紫菜种苗培育面积 4 400 平方米，海区栽培面积 4 000 亩（占用海域面积 1.5 万亩），紫菜原藻加工机组 5 台（套）。该公司虽然成立较晚，但十分重视科技创新，注重先进技术与生产实际的有机结合，成为江苏紫菜产业中的后起之秀。2007—2008 生产年度，该公司结合当年的气候条件，认真分析栽培区域的环境特点，制定了切实可行的冷藏网技术实施方案，较好地把握了紫菜苗网进出库时间，并在海区精心管理，取得了良好的生产业绩，3 000 亩栽培紫菜，共加工标准制品 1.36 万箱，实现产值 1 800 多万元。

（江苏省海洋水产研究所　陆勤勤）

羊栖菜

羊栖菜［*Sgassum fusiforme*（Harv. Setch）］，又名海大麦，隶属于褐藻门、马尾藻科、马尾藻属。其肉质肥厚多汁，营养丰富，每100克羊栖菜含水分13.6克，蛋白质10.6克，脂质1.3克，糖类47克，纤维素9.2克，灰分18.3克，钙1 400毫克，磷100毫克，铁5.5毫克，维生素B_2 0.14毫克，烟酸108毫克。

羊栖菜既是食品，又是中药材，享有"保健珍品"、"海中人参"的盛誉，被推崇为保健、长寿食品，深受国内外消费者青睐。据报道，日本长期年销量保持在6 000吨以上（半成品，其中从韩国进口3 800~4 000吨，从我国进口1 000多吨，日本产1 000余吨）。国内随着人们对羊栖菜的保健功能的认识，销量渐增。羊栖菜除制干品食用外，还可制造成"长寿菜"、"长寿茶"、"羊栖菜酱"、"海麦舒"等即食、保健食品。此外，以羊栖菜为原料提取降血脂、降血糖药物已在临床试验中。

羊栖菜的养殖方式主要为海上筏式养殖，养殖季节一般为9—10月份至翌年的5—6月份，可避开台风灾害，养殖管理较易掌握。养殖羊栖菜投入产出比可达1:（2~3），经济效益显著。目前，羊栖菜产品主要出口日本市场，价格波动较大。随着国内消费市场的逐步开拓，其发展前景将非常广阔。

一、生物学特性

1. 形态特征

羊栖菜藻体呈黄褐色，野生藻体株高一般为60~80厘米，人工养殖的藻体株高可达2米以上。藻体分为假根、茎、叶片和气囊四部分。假根呈圆柱形，具分枝，匍匐固着在海底岩石等附着基

全
国
水
产
养
殖
主
推
品
种

图64 羊栖菜

上；茎部直立细长，直径一般为 2～5 毫米，圆形；除主茎外，一般还长有侧生茎，起到支撑作用；叶片初生时呈中空的棒状，扁而厚，叶缘平滑或长有稀疏的锯齿，叶柄较短；稍大的藻体具有气囊，使藻体浮起立于水中（图64）。

2. 生活习性

羊栖菜为太平洋西岸特有大型藻类，属暖温带性多年生藻类，韩国、日本和我国沿海均有分布。在我国分布很广，北起辽东半岛，南至雷州半岛均有分布，以浙江沿海分布数量最多。山东的石岛、长岛和辽宁的大连等北方沿海岛礁有产出，但资源量较少，藻体也不如南方生产的大。羊栖菜一般生长在低潮带的海底岩石上或岩礁区，分布水域较深，可达低潮线水下数十米，通常不露出水面或露出水面的时间很短，对干露却有相当强的抵抗能力，即使干露时间较长，但一旦浸入海水中仍能正常生长。羊栖菜对海水盐度的适应范围较广，即使受雨水淋湿也不会影响其生长，但在盐度稍高的海域生长较好。羊栖菜对温度的适应范围在 4～26℃，不耐高温，最适生长水温为 18～22℃。羊栖菜喜光好浪，在气候温暖、水质肥沃、盐度较高、浪大流急、透明度大的海区，生长尤为茂盛。

3. 繁殖与生活史

羊栖菜雌、雄异株，既能有性繁殖，也能无性繁殖。有性繁殖为：雌、雄异株的孢子体成熟后，自叶腋间长出生殖托，形成繁殖器官——生殖窝，在生殖窝上分别形成精囊母细胞和卵囊母细胞。精卵成熟后破囊而出，在水中结合成合子，然后萌发成为新的孢子体。无性繁殖，即营养繁殖，又叫假根度夏。羊栖菜的假根，具有再生能力，能不断萌发成新的孢子体。

羊栖菜生活史无世代交替现象，具体见图65。

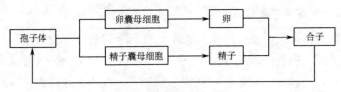

图 65　羊栖菜生活史

二、苗种培育

羊栖菜养殖的苗种来源，主要有三种方式：自然采集、假根度夏培苗和室内工厂化育苗。目前，以后两种苗种提供方式为主，基本上能满足大规模生产需要。

（一）室内工厂化育苗

室内苗种培育，指用人工方法将生殖细胞（即受精卵）培育成羊栖菜孢子附着于育苗帘上，在室内育苗池中经控温、控光、施肥、洗刷、流水等技术措施，使幼苗密度、长度达到一定标准的培育过程。

1. 建设育苗室

根据各地环境条件和经济能力，建设切合实际的育苗室。育苗环境条件应符合如下要求：水质，符合《渔业水质标准》（GB 11607—1989）和《无公害食品　海水养殖用水水质》（NY 5052—2001）的规定；水温为 18 ~ 25℃；盐度为 25 ~ 31；pH 值为 7.8 ~ 8.3；光照，要有充足的漫射光，避免直射光，光照强度为 500 ~ 5 000 勒克斯。

育苗室应有遮光帘和聚乙烯薄膜，可调节光线，保温性好；培育池采用水泥钢筋浇注或砖块水泥浆砌结构，池面积为 15 ~ 30 平方米，有效水位 0.3 米以上；育苗室内应具备供电系统、供水系统、供气系统和可调温系统；沉淀池与蓄水池的总蓄水量，应大于日总用水量；沙滤池铺沙 80 厘米以上，沙子颗粒直径 0.1 ~ 0.3 毫米。采苗前将海水抽到沉淀池内，暗沉淀 24 ~ 48 小时，使浮泥、杂质及浮游生物沉淀下来；再将沉淀后的海水抽到沙滤池内，进行过滤使用。

2. 准备育苗附着基

附着基种类很多，经实践证明，育苗附着基以混纺维尼纶绳或竹帘为好，白色的确良等次之。维尼纶绳编成 50 厘米 × 5 厘米的长带，长带再编成 50 厘米 × 50 厘米的苗帘，放入淡水中浸泡 10 天，洗净，晒干备用。

3. 采集受精卵

① 采集水温 23℃ 左右，成熟亲菜开始释放精卵，一般多在大潮汛间集中受精卵。

② 选择形态标准、色深有光泽、主枝粗壮、叶片肥厚、生殖托表面有粒状突起、手感黏滑的健壮植株作为亲菜。亲菜雌、雄重量比例为（10 ~ 15）：1。亲菜经充分清洗，阴干 5 ~ 10 小时后放入育苗池，每平方米附着基用亲菜 7 ~ 10 千克，予以强光和流水刺激培育。

③ 采集幼孢子体，亲菜在刺激 1 小时后，即可排卵、受精，受精后 24 小时，就分化发育成有假根的幼孢子体。将幼孢子体收集、制成幼孢子液（200 个/毫升），均匀喷洒到附着基上，静止 6 小时后开始微量流水，24 小时后附苗结束，进入正常室内幼苗培育。

4. 幼苗室内培育

室内培育到下海，一般需 1.5 ~ 3 个月。附苗 24 小时后开始换水，初期微流水，以后逐渐增加流水量和提高流水速度。刚附着调节光照为 500 勒克斯，以后通过调节遮光帘逐渐增强到 5 000 勒克斯。水温控制在 25℃ 以内。培育期间还要加强洗刷育苗器等工作，一般每 5 ~ 10 天一次，用喷洗法洗刷附着基，具体根据杂质情况来调整洗刷时间。每 7 ~ 10 天将池内脏物洗净一次，并用 10 毫克/升高锰酸钾消毒。

5. 幼苗海上培育

羊栖菜的幼孢子体，在室内培育到一定时间（一般为 30 ~ 40 天）后，室内条件已不能满足其生长需要，为了使生长得更好，需要及时下海培育。下海时应选择藤壶类敌害生物少、潮流通畅、不易遭受台风袭击、水清（透明度大于 30 厘米）的近岸海区，以减少苗种损失。苗种出池下海运输时，温度控制在 7 ~ 25℃，分箱装运，空气流通，避免直接风吹。幼苗海上培育期间，将苗帘垂挂在吊绳上，下端系坠石，距离水面 30 ~ 50 厘米。海水水温稳定在 25℃ 以下，要勤于清洗淤泥，每天用高压水枪冲洗苗帘，清除杂藻、敌害，并检查苗帘有无脱落，吊绳是否牢固。及时调节水层，选择适宜光照。

6. 分苗养殖

幼苗经培育长到 2 厘米以上时，可将 2 厘米以上的幼苗剥下夹苗养殖；而小苗仍留在附着基上继续培育，陆续分苗养殖。

（二）假根度夏培苗

羊栖菜的假根具有再生能力，其假根所再生的苗和由受精卵发生的苗，在外形和个体大小上均无明显区别。经假根度夏培育成大批养殖用苗，为目前人工苗的主要来源之一。

1. 留取假根

利用自然苗进行养殖，收获时选择假根密度大、固着牢固的苗绳，收割藻体直立部分，保留假根于苗绳上，以苗绳作基质并清除附着的有害生物，将这些苗绳集中到栽培或育苗筏架上进行假根度夏培育。

2. 调整水层

在养殖前期水温 27℃ 以下时，养殖水层可浅些；当水温上升后，适当下降苗绳，降低光照；当海水水温重新下降到 27℃ 以下时，再将苗绳提升到表层，保证假根正常再生幼苗，直到分苗时期。

3. 抵御台风灾害

在海区假根度夏时期，正值台风活动频繁时期。台风来临之前，要适当加固筏架，沉降苗绳或暂收育苗室内露空喷水保湿挂放，避开台风灾害。

4. 清除敌害

及时、定期对度夏苗绳进行清洗，清除淤泥，拔除杂藻和敌害

羊栖菜

生物。

5. 分苗

到 10 月中、下旬，假根再生成的幼苗已达株长 2 厘米以上，可分苗进行养殖。分苗的方法，可采用采大留小、采密留疏进行夹苗养殖。

（三）自然苗种采集

采集自然苗供应养殖生产，是目前养殖苗种的主要来源之一。应从保护生态着手，有组织、有计划地进行采集，切不可盲目滥采，致使自然苗资源遭到破坏。羊栖菜的苗种质量，因分布海区不同而有差异。其中浙江北部采来的苗种，生长快，养殖产量高；浙南和福建采集的苗种，其养殖产量次之；山东采来的苗种，养殖产量最低。

采集质量好的自然苗，是羊栖菜养殖的一个重要生产环节。在采集自然苗时，应注意挑选幼苗藻体长度要在 5 厘米以上、主茎顶端和假根完整无缺者为好。

1. 自然苗种的采集

（1）**采集季节**　9 月下旬至翌年 1 月份。

（2）**采集潮区**　低潮区附近。

（3）**采集时间**　风平浪静的晴天。要避免日光照晒而影响苗种成活率。

（4）**采集工具**　铁铲、手套、刀片、箩筐、下水裤等。

（5）**采苗方法**　羊栖菜苗所含水分较多，藻体脆嫩，根部比较发达且附着牢固，采摘时可捏住苗的基部，左右摇摆数次，使根部疏松后轻轻拔起，这样可避免假根折断。另外，可用铁铲将附生在岩礁上的细苗连同假根一起铲下，除去杂质，即可作为种苗；但操作要小心，绝不能损伤或折断假根采下来装入麻袋或竹筐里，运回养殖海区，进行夹苗挂养。

2. 自然苗种的运输

短途运输，采取干运，并在箩筐上加盖帆布之类遮光，帆布下面应留有空隙，让空气流通，定时淋浇海水，保持藻体潮湿，避免长时间干露，一般运输时间为 18 小时。若运输时间较长，将采摘下来的苗种，除去杂质、杂藻，分装在有盖的泡沫箱中。每箱装放冰袋（2～3 千克）、封盖密封后起运，可运输 4～5 天。苗种运到养殖区后马上拆箱，淋上新鲜海水，然后尽快夹苗放养。

三、养成技术

1. 养殖海区的选择

羊栖菜喜光好浪，养殖羊栖菜应选择在水流通畅，光线充足，营养盐丰富，无城市污水、工业污水及河流淡水排放的海域；水质应符合《渔业水质标准》和《无公害食品　海水养殖用水水质》的要求；海底较平坦，泥或泥沙底质，大干潮最低潮位水深应大于 3 米；海水相对密度在 1.017 以上，骤变幅度小；海水透明度大于 0.3 米。

2. 筏架的设置

目前羊栖菜养殖的筏架主要有软式筏架和蜈蚣架两种。

（1）**软式筏架**　用塑料泡沫做浮子，与浮绳联成一区，一般苗绳长度 3～5 米，筏距的大小及区之间的距离视海区具体情况而定，一般每区以 15 亩（1 000 米苗绳为一亩）为宜，区间距保持在 20 米（图 66）。

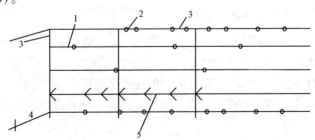

图 66　软式筏架
1. 苗绳　2. 浮子　3. 浮绠　4. 桩绠　5. 藻体

（2）**蜈蚣架** 用毛竹代替浮子，一般浮竹长 4～7 米，苗绳平挂在两浮竹之间，筏距可按海区具体情况和苗绳长度设置，一般为 4～5 米，架距 5 米（图 67）。区架在海上设置，以成"品"字形排列为宜。

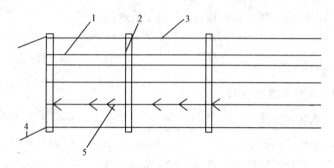

图 67　蜈蚣架
1. 苗绳　2. 毛竹　3. 浮缆　4. 桩缆　5. 藻体

3. 苗种的选择和运输

（1）**苗种选择** 选择色泽鲜活、大小均匀、无杂质、苗株长 2～10 厘米、假根生长完整的苗种进行养殖。以人工培育和海区假根度夏萌发的菌种为好。

（2）**苗种运输** 运输中要防止暴晒。短途运输可采取干运，中途泼海水；长途运输用冷藏车，保持车内温度在 10℃ 左右。苗种运回后除去杂质，分株选带有假根或顶端完好的植株进行夹苗。

4. 苗绳的选择及夹苗

（1）**苗绳选择** 用 360（3×120 股）～600 股（3×200 股）的聚乙烯绳，苗绳的粗细视海风浪大小而定，要求苗能捻得紧些。

（2）**夹苗** 夹苗时间以 9—10 月份（海区自然水温在 26℃ 以下）为最佳。夹苗前先将苗绳在海水中浸泡，使苗绳处于湿润状态，夹苗时将苗种根部穿过苗绳夹紧即可。夹苗分簇夹和单株夹，一般以 3～4 颗为一簇，簇距 8～10 厘米；单株夹苗距 5～10 厘米，夹苗完毕，及时下海。

5. 苗绳的挂养方式

苗绳挂养方式分单绳水面平养和双绳摩擦平养两种方式。

（1）单绳水面平养 单绳夹苗后平行挂于水面，苗绳间距视海区流水情况而定，一般为 60 ~ 120 厘米。

（2）双绳摩擦平养 单绳夹苗后，每两绳同挂在一条吊绳上，苗绳间距 120 ~ 200 厘米（图68）。

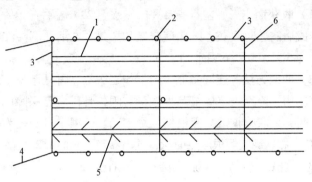

图68 双绳摩擦平养

1. 苗绳 2. 浮子 3. 浮绠 4. 桩绠 5. 藻体 6. 吊绳

6. 日常管理

（1）除害 定期清洗污泥，清除附着杂藻和敌害动物，改善藻体受光条件。

（2）检查 及时平整绠索、苗绳，使同类绳索之间平整、受力均匀；发现筏架缆绳松动或磨损折断，要及时扎紧绑好或更换新绳；对容易拔起的桩要重新加固，防止逃架。在养殖后期，藻体重量大，要注意观察，以防逃架。对风浪大、流急的养殖海区，要及时加固养殖筏架。

（3）补苗 及时补夹流失苗种。对因苗种假根折断、风浪冲击、苗绳夹不紧而造成苗种流失，需及时补苗。

（4）调节 视筏架浮沉情形，及时调节养殖水层，有利于藻体生长。

（5）监测 定期对羊栖菜养殖海域水质及生长情况进行监测，

发现异常情况，及时采取措施。

（6）环保　做好海洋环境保护工作，对沙蚕等敌害采用抓捕清除，杜绝养殖船上废油、臭舱水等向养殖海区倾倒。

（7）标识　搞好航道标记和夜间灯光标记，防止偷盗及来往船只撞缠筏架。

7. 养成收获及产品加工

（1）收获期　一般在养殖海区自然水温 25℃ 左右开始收获。羊栖菜养成后需适时收获，以保证产量和质量；在浙江洞头海区的收获时间为 5 月中旬至 6 月上旬。

（2）收获方法　连同苗绳一起上岸晒干后，再从苗绳上剥离藻体装袋出售。为克服羊栖菜苗种数量有限，且供应无保障问题，藻体收获时，采取剪收留其假根部度夏培苗。留根重量一般为收获量的 1/20 左右，剪枝假根度夏面积，须占养殖面积的 1/2 左右。

（3）加工　产品一般加工成半成品后出口日本、欧美市场，或加工成即食小包装、羊栖菜茶、羊栖菜酱等供应国内市场。提取药物等精深加工，正在研制中。

（浙江省洞头县水产科技推广站　林振士）

海洋出版社水产养殖类图书目录

书　名	作　者
水产养殖新技术推广指导用书	
黄鳝、泥鳅高效生态养殖新技术	马达文 主编
翘嘴鲌高效生态养殖新技术	马达文 王卫民 主编
斑点叉尾鮰高效生态养殖新技术	马达文 主编
鳗鲡高效生态养殖新技术	王奇欣 主编
淡水珍珠高效生态养殖新技术	李家乐 李应森 主编
鲟鱼高效生态养殖新技术	杨德国 主编
乌鳢高效生态养殖新技术	肖光明 主编
河蟹高效生态养殖新技术	周　刚 主编
青虾高效生态养殖新技术	龚培培 邹宏海 主编
淡水小龙虾高效生态养殖新技术	唐建清 周凤健 主编
海水蟹类高效生态养殖新技术	归从时 主编
南美白对虾高效生态养殖新技术	李卓佳 主编
日本对虾高效生态养殖新技术	翁　雄 宋盛宪 何建国 等 编著
扇贝高效生态养殖新技术	杨爱国 王春生 林建国 编著
小水体养殖	赵　刚 周　剑 林　珏 主编
水生动物疾病与安全用药手册	李　清 编著
全国水产养殖主推技术	钱银龙 主编
全国水产养殖主推品种	钱银龙 主编
水产养殖系列丛书	
黄鳝养殖致富新技术与实例	王太新 著
泥鳅养殖致富新技术与实例	王太新 编著
淡水小龙虾（克氏原螯虾）健康养殖实用新技术	梁宗林 孙骥 陈士海 编著
罗非鱼健康养殖实用新技术	朱华平 卢迈新 黄樟翰 编著
河蟹健康养殖实用新技术	郑忠明 李晓东 陆开宏 等 编著

黄颡鱼健康养殖实用新技术	刘寒文 雷传松 编著
香鱼健康养殖实用新技术	李明云 著
淡水优良新品种健康养殖大全	付佩胜 轩子群 刘芳 等 编著
鲍健康养殖实用新技术	李霞 王琦 刘明清 等 编著
鲑鳟、鲟鱼健康养殖实用新技术	毛洪顺 主编
金鲳鱼（卵形鲳鲹）工厂化育苗与规模化快速养殖技术	古群红 宋盛宪 梁国平 编著
刺参健康增养殖实用新技术	常亚青 于金海 马悦欣 编著
对虾健康养殖实用新技术	宋盛宪 李色东 翁雄 等 编著
半滑舌鳎健康养殖实用新技术	田相利 张美昭 张志勇 等 编著
海参健康养殖技术（第2版）	于东祥 孙慧玲 陈四清 等 编著
海水工厂化高效养殖体系构建工程技术	曲克明 杜守恩 编著
饲料用虫养殖新技术与高效应用实例	王太新 编著
龟鳖高效养殖技术图解与实例	章剑 著
石蛙高效养殖新技术与实例	徐鹏飞 叶再圆 编著
泥鳅高效养殖技术图解与实例	王太新 编著
黄鳝高效养殖技术图解与实例	王太新 著
淡水小龙虾高效养殖技术图解与实例	陈昌福 陈萱编 著
龟鳖病害防治黄金手册	章 剑 王保良 著
海水养殖鱼类疾病与防治手册	战文斌 绳秀珍 编著
淡水养殖鱼类疾病与防治手册	陈昌福 陈萱编 著
对虾健康养殖问答（第2版）	徐实怀 宋盛宪 编著
河蟹高效生态养殖问答与图解	李应森 王武 编著
王太新黄鳝养殖100问	王太新 著